EDA 产教研融合之路

中国电子学会　组编

周祖成　主编

電子工業出版社

Publishing House of Electronics Industry

北京 • BEIJING

内 容 简 介

集成电路产业链是一个涉及设计、制造、封测、材料和设备的产业链，而 EDA/IP 是随着实现电子信息系统的超大规模电路集成、片上系统集成和封装 3D 集成发展起来的，并成为集成电路产业发展重要支撑的工业软件。本文汇集国内 EDA 产教研各界英才的心血之作，全面地介绍了国内 EDA/IP 产业在数 / 模集成电路的设计、制造、设备及工艺方面的进展与突破，以及它们的 EDA/IP 工具在国际市场应用的前景。

AI 和 ToP 的高速发展给数据、算法和算力带来巨大的压力，也增加了对工业软件 EDA/IP 的需求。但归根到底是对 EDA/IP 人才的需求，走“产教研”的 EDA/IP 的人才培养之路势在必行！

图书在版编目（CIP）数据

EDA 产教研融合之路 / 周祖成主编. —北京：电子工业出版社，2022.9
ISBN 978-7-121-44225-4

Ⅰ. ①E… Ⅱ. ①周… Ⅲ. ①电子电路－电路设计－计算机辅助设计－产学合作－研究－中国
Ⅳ. ①TN702.2

中国版本图书馆 CIP 数据核字（2022）第 163814 号

责任编辑：白　楠
印　　刷：北京瑞禾彩色印刷有限公司
装　　订：北京瑞禾彩色印刷有限公司
出版发行：电子工业出版社
　　　　　北京市海淀区万寿路 173 信箱　邮编 100036
开　　本：720×1 000　1/16　印张：19.5　字数：393 千字
版　　次：2022 年 9 月第 1 版
印　　次：2022 年 9 月第 1 次印刷
定　　价：138.00 元

凡所购买电子工业出版社图书有缺损问题，请向购买书店调换。若书店售缺，请与本社发行部联系，联系及邮购电话：（010）88254888，88258888。

质量投诉请发邮件至 zlts@phei.com.cn，盗版侵权举报请发邮件至 dbqq@phei.com.cn。

本书咨询联系方式：bain@phei.com.cn。

编委会名单

周　斌（深圳市南方集成技术有限公司董事长、深圳半导体行业协会会长）

杨道虹（湖北省半导体行业协会会长）

时龙兴（东南大学首席教授、南京集成电路产业服务中心主任）

孙玲玲（杭州电子科技大学原副校长、教授、研究员）

曹学勤（中国电子学会副秘书长）

王　娟（中国电子学会副主任）

白　楠（电子工业出版社分社副社长）

倪光南院士 致辞

很高兴看到由周祖成教授牵头，清华海峡研究院协同南京集成电路产业服务中心，联合《电子报》共同开辟 EDA 专栏，如今在中国电子学会的支持下结集出版。

EDA 是电子行业设计必需的，也是最重要的工具。随着电子行业设计复杂性的提升、工艺的发展，EDA 行业发展空间巨大。为响应国家战略需求，来自业界的专家学者、企业家、行业领军人物，在书中全面系统地介绍了国内外 EDA 的状况和国内 EDA 的发展，深入探讨自主可控的国产 EDA 软件形势。我很赞赏作为行业重要的科技推广力量——中国电子学会、《电子报》积极地参与和服务 EDA 产业的发展。行业也应该与学术组织、媒体进行更深入的融合，才能共同进步、一起提高，透过专栏与书籍，行业和读者之间可以取长补短，在学术上共同探讨，促进整体 IC 业的技术进步。

倪光南

2022 年 1 月

前　　言

为自主可控的国产 EDA 软件而努力

EDA，即电子设计自动化（Electronics Design Automation）的缩写。通常 EDA 设计工具的形态是一套计算机软件，所以在电子信息产业中，无论是设计集成电路，还是设计 PCB（印制电路板）系统，都离不开 EDA 工具。

观察二十世纪七八十年代集成电路带动信息产业飞速发展，印证了摩尔对集成电路每 18 个月特征尺寸缩小一半而集成度和性能（速度、功耗和面积）成倍改善，集成电路造价不变的预言。

实际上集成电路产业处在信息产业的上游，它要把行业标准[自有知识产权(IP)的规范和协议]映射到一个可实现电路与系统的架构上；信息产业的中游提供一个信息产品（软、硬件）可实现的解决方案；而信息产业下游的制造业，除了生产产品所需付出的元器件和加工成本，还要为使用的 IP 付出知识产权的费用。

集成电路产业链是一个包括设计业、制造业、封测业、材料和装备在内的完整产业链。不同于半导体器件产业（受工艺和材料的制约）的仅以半导体专业人士为主，集成电路设计业是整个产业链的龙头，即使是 IDM（集成器件制造商），如英特尔，也是大量的人才集中于前端的设计。

二十世纪九十年代，我国集成电路产业在一批半导体“大咖”（1956 年北大半导体专业）指导下，虽然做了“907”“908”等工程，引进了一批工艺制造线，但设计业跟不上，等于是“无米之炊”，也难见到投资的效果。直到 2000 年国务院出台《国务院关于印发鼓励软件产业和集成电路产业发展若干政策的通知》（国发〔2000〕18 号）（即通常所说的“18 号文件”），明确集成电路设计业是产业链的龙头，还在全国建了 8 个产业化 IC 设计中心，情况才有所转变。因此在中国，所谓“集成”应该说是集“政府、资本和产学研”之大成，即中国政府主导（产业政策和土地与财政的支持），民间资本的投资紧跟，再加上产（集成电路厂商）、教（高等院校）和研（研究所）的通力协作。

人才和 EDA 工具——集成电路设计业的两大要素。

人才，对集成电路产业而言不仅仅是科技、工艺人才，还包括经营与管理人才。改革开放以来，教育部门在人才培养上基本上满足了制造产业的需求，集成电路产业对人才需求的缺口却很大，高端人才不足，特别是领军人物奇缺。

王阳元院士曾对集成电路人才的培养支招，指出“一是微电子专业培养；二是支持电子设计工程师跨界进入集成电路设计业；三是引进高端集成电路领军的海外归国人才”，这都极具建设性。后来建设示范性微电子学院，设立“集成电路科学与工程”一级学科，都是在人才培养上下功夫。

集成电路产业中，除了人才，EDA 工具也是 IC 研发的拳头。工欲善其事，必先利其器！尽管二十世纪八十年代就集中力量在北京组织了“熊猫系统”的研发，但 30 多年过去了，国内 EDA 市场仍然被国外三大厂商（Synopsys、Cadence、Mentor Graphics）所垄断。究其原因是研发的方针：如果只是“仿”，仿得连界面都差不多，但用户习惯了三大外商的 EDA 工具，他也不想换国产的 EDA 工具。三大厂商还在大学开展“大学计划”，习惯了用三大厂商 EDA 工具的大学生就业也有优势。另一方面是和国外三大厂商争后端 EDA 工具的研发，别人已经有了固定的优势（三大厂商和主流集成电路制造商工艺协同，在技术储备和服务上都占有优势）。所以，要发展国内的 EDA 产业，只能换道，走集成电路设计前端的设计智能化的路。例如针对 AI 的巨大市场和各 AI 领域专有的 IP 包，开发将 AI 的 IP 包转换成集成电路可实现的电路架构的产品，实现电子设计的智能化（Electronics Design Intelligence，EDI)，可能是一个值得关注的发展方向！

如果说解决电路与系统向集成电路后端的工艺映射（Layout），主要是解决电子设计自动化（Automation）的问题。那么 EDA 工具映射 IP 包到集成电路的架构的设计，开辟了另一个方向。即在设计的前端开发大量的 IP，用高层次的综合方案解决电子设计智能化。

集成电路产业是建立在市场对集成电路产品量的需求的基础上的，移动通信的平台已为集成电路的发展提供了一个巨大的平台（数以几十亿计的手机），但无论从 4G 到 5G，还是在现有的移动平台上，集成电路产品的量不会有实质性的变化，只能瞄准下一个市场——AI（人工智能），这是下一个巨大的集成电路市场。车载移动平台对集成电路的需求远远超过手机，还有万物互联、智能制造，基于声音和图像的智能处理和机器人……都会对集成电路提出产业化的需求。我说过“AI is Chip”一点也不过分，AI 的各种 IP，通过 EDI 映射到电路与系统的架构，然后通过 EDA 映射到芯片制造。反过来，实现了 AI 需求的芯片又支持 AI 的产业化。总之，需要更多更好的 IP，芯片才能上市快、成本低。IP 会成为 EDA 公司的重要创利点（IP 年营业额已达 5 亿美元）。

芯片系统该怎么验证？只有芯片设计人员才知道从芯片实现的功能提出验证的方案；如果采用软硬件协同验证，一款有 100 万行软件代码的芯片，就要求芯片设计厂商准备 100 万行的 RTL 代码。当芯片中的软件比硬件更复杂时，芯片设计厂商必须自己做芯片中的软件。在 EDA 工具从自动化向智能化发展的过程中，电子设计逐渐“软化”，即“软件定义的芯片”，越来越有利于解决“可重构”和“异构并存”的架构定义。就像过去我们在 FPGA 平台上做电路与系统设计，因为硬件是可编程的，所以设计主要在编程，实现不同设计规范的算法到 FPGA 架构的映射，为此还去开发在 FPGA 架构上运行的各种 IP 包。同理，在多核的 CPU、GPU 和 NPU 的架构上开发电路与系统也是做编程，实现软件定义的硬件设计。只不过现在我们从专用集成电路设计的角度，实现“算法到架构的映射”，需要一个更高层次的编译平台（我们姑且把它称为 AI Compiler）。那么，这个平台的普惠性、时效性和安全性都是我们十分关注的！

“近几年人工智能、机器学习的快速发展，加上量子运算等更为先进的技术，对于解决已有的问题带来了全新的视野。”新思科技原 AI 研究室主任廖仁亿表示，“一旦大家对人工智能的期望越来越高，加上海量数据的持续增长和无处不在的场景应用，人工智能加上人类智能的赋能，帮助我们用更智能的工具，来设计日益复杂且更为强大的人工智能芯片，给芯片设计带来全新的挑战和机会。”

全球三大 EDA 软件巨头眼里的芯片设计挑战：EDA 云平台（云−边缘−终端）、IDEA（全自动芯片版图生成器）、POSH（针对开源硬件项目），以及 DARPA 关注的软件定义架构 SDH（Software Defined Hardware）和 domain−specific 片上系统。RISC−V 很可能是第一个进行软硬件协同设计的架构，OpenAI 平台 Sutskever 最初研究的序列建模应用于语音、文本和视频，非常实际的应用就是机器翻译等专业技术介绍。所以关注 EDA 专业人才将是 IC 设计最重要的事。随着 IC 设计复杂度的提升、新工艺的发展，EDA 行业将有非常大的发展空间。虽然 EDA 行业需求人才（工具软件开发人才、工艺及器件背景的工程师、熟悉 IC 设计流程的工程师、数学专业人才、应用及技术支持人才和销售类人才）的就业面相对窄，但稳定性非常高。从某种意义上讲，从事 EDA 这种小众行业的人，坚持都是靠理想，而有理想才称得上人才！

EDA 还是信息产业的一个重要的工业软件：推动了集成电路的封装测试业从二维转向三维（从“时间摩尔”到“空间摩尔”）；推动了 PCB 板级信息产品在硅片上的连接，为终端产品的“高密集”和“整机微型化”开了先河；还延伸到信息产品面板和外观的“工业设计”，并支持着柔性屏和可折叠产品的 EDA 工业软件的开发。所以把 EDA 仅仅看成是一个集成电路设计工具的时代已经过去了，应该承认它是信息产业重要的“工业软件”。

二十一世纪的一个变化是信息产业处理对象从数码“信息”转向了物理“信号”，尤其是未来不得不面临从“互联网+”转向以“物联网（IoT）”为主。说得直白一点，以人（语音、文字、视频和虚拟场景）为主的信息获取和传输（4G+互联网），转向了以物理对象（声、光、热、力和电）为主的信号处理和物物互联（5G 传输的高带宽、大容量和满足可靠性前提下的低时延）；继而进入社会管理和生活服务的方方面面的智能，都将给工业软件 EDA 带来机遇和挑战。

继工业自动化之后的智能化，已经从“省力”为主转向高效和“省心”，也给工业软件 EDA 带来空前的挑战。首先，服务面的扩展要将人工智能（AI）各行各业（规范、协议和标准）建立成自有知识产权（IP）；其次是将这些 IP 的算法在一个特定域（或通用域）用算力做结构化转换和高效调度；这些都是设计方法学创新和设计智能化需求对工业软件 EDA 的挑战。最后，工业软件 EDA 将促成“算力”“算法”“数据”三者深层次的融合。

信息化之后必然的趋势是智能化，数据流转分享、算法成本下降、算力安全可靠，才能使 AI 普惠。这要求综合考虑多种因素，首先是数据本身的质量、成本；其次是算法设计和调参的人工成本；第三是计算的能力（用大量计算平台和 AI 芯片都有价格因素）。

解决的途径：

- 数据方面除了量的膨胀还有质的变化，过去习惯的结构化数据（也就是定点、浮点数），在互联网时代变为准结构化的批数据处理；而人工智能又要处理大量的非结构化数据。数据需要流转和分享，大量无用、重复的数据只能浪费存储器的容量，消耗算力。
- 在算力方面，不能把人工智能看成是一种“穷算”，仅靠算力解决的问题叫“机器学习”不是“深度学习”。深度学习的算法和把 AI 的各个领域（图像、语音、机器人……）的 IP 设计规范定义成的框架，是电子设计自动化（EDA）走向电子设计智能化（EDI）的关键。随着摩尔定律面临物理极限，芯片算力的发展会变得缓慢。所以，人工智能肯定有算力的制约。
- 算法是需要 EDA 工具支持的，EDA 工具把“算法映射到了架构”才能把“AI 落实到 IC”。

不管是数据、算力还是算法，都到了关键时间，都在向 EDA 靠近。5G 也会和 EDA 关联，5G 解决的是信息传输问题，那么先要把信号变成信息，很重要的是智能传感，还必须是低功耗的。5G 实现大容量、高速度、高可靠性前提下的低时延，也离不开人工智能和集成电路设计的 EDA 的支持。

CPU、GPU 和 NPU 与 EDA 的关系是去中心化，企业拥有的 x86 架构、Spac 架构，以及 RISC-V 都有去中心化这个问题，核心的问题还是要用 EDA 促成开源。

台积电（南京）总经理罗镇球回顾台积电和新思科技十几年合作的方式的变化：直到 65nm 都是台积电把做出来的工艺交给新思科技，新思科技再去开发 EDA 的设计平台及一些 IP，每出现一种新工艺，到用户设计用上，两个阶段是 1.5+1.5=3 年时间。但在做 7nm 工艺时台积电就和新思科技一起做，一起研究工艺，一起建 EDA 和 IP 平台。只花了一年半的时间，满足新工艺的 IP 就提供给用户设计了，经济上还避免了重复投资。

所有新技术的发展，如果不和 EDA 结合就很难发展，因为你离不开 EDA 提供的方法学工具。

从 2019 年策划和约稿，到 2020 年 1 月至 2021 年 5 月每周在《电子报》上刊发 EDA 业界“大咖”的文章，我本人十分感谢作者们对 EDA 的厚爱和对我做这件事的支持！也感谢《电子报》和徐惠民总编提供的平台！

征得这些“大咖”们同意后，我把汇编出专集的想法，在 2021 年 4 月中国电子学会张宏图书记和王娟主任来家看望我时说了出来，张书记当即表示支持专集的出版，并让王娟联系了电子工业出版社。电子社肯定了出专集的重要性，并给具体运作提供了指导，此书得以出版以飨读者。我衷心地感谢业内提供文章的“大咖”，感谢学会和出版社的大力支持。

周祖成

2021 年 12 月 12 日

目　录

第一章

EDA 之我见

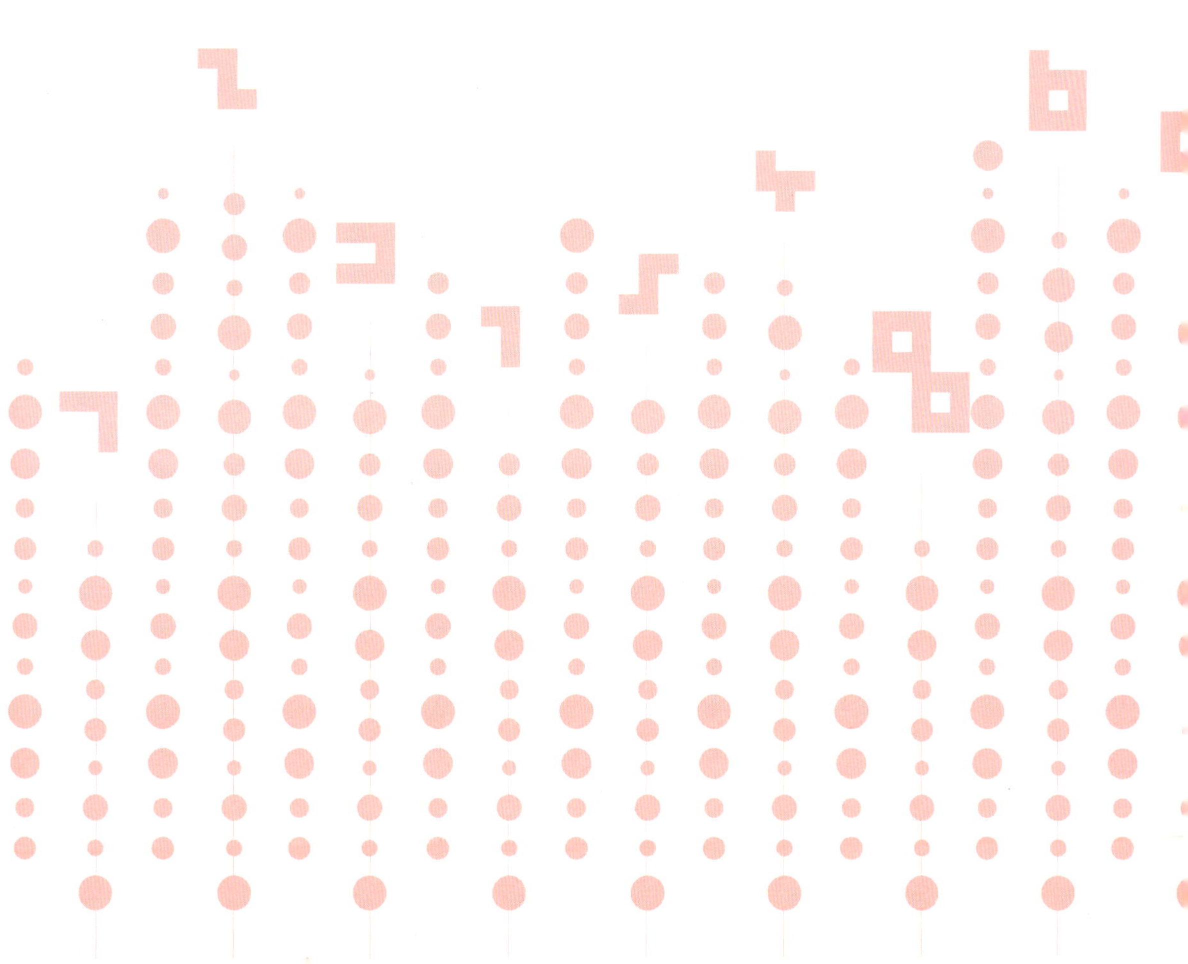

白话芯片 EDA

傅　勇

自从 EDAHUB 网站上线，娃爸娃妈们希望能进行一下科普。“芯片”“EDA”是当下网络上的热搜词汇，但 EDA 究竟是啥，还是有很多人不那么清楚，在给娃选专业时心里也有点不踏实。其实在我们身边也存在类似的尴尬情形，比如我们在和投资方介绍时，有些投资人不太了解 EDA，这会影响投资人对 EDA 项目的专业判断，要么有过多的期待，要么过于失望。

在我决定离开工作了那么多年的 EDA 大企业、出来做 EDA 新项目时，得到了家人和朋友们的无限关怀。一个反复被提到的问题是：“EDA 到底是什么？”可以想象，给不是电子行业的兄弟姐妹们解释这个难度有多大。为了让更多的朋友们了解 EDA 究竟是什么，就有了此文。

EDA 的概念和其覆盖范畴如此之大，以至于在 EDA 圈内摸爬滚打二三十年的人都会心存敬畏。此文不涉及太多的 EDA 细节，例如数字 EDA 流程、模拟 EDA 流程，也不涉及太具体的内容，如验证环节里面有哪几个关键步骤等。业内人士完全可跳过此文。但是如果您也像我们一样，希望周围的朋友们了解一下芯片，了解一下集成电路 EDA 在信息产业的分量，了解一下 EDA 是一件多么有意义的工作的话，欢迎阅读本文。

集成电路是什么?

集成电路还有一个常用名——芯片，英文名叫 Chip（图 1），主要用硅材料制作，和薯片 Chip（图 2）是同一个英语单词。

图 1　集成电路（图片来源于网络）

图 2　薯片（图片来源于网络）

集成电路这个词由两个关键词组成，一个是“电路”，这个好理解，大家都在用电，知道有电线、开关、插头，知道家里没电了可能是电路上有故障、熔丝断了等原因引起的。

另一个关键词是“集成”。但为什么要把“电路”进行“集成”呢?

早先的电路比较简单，拆开电子管或晶体管收音机，里面有电路板（图 3）。

图 3　电路板（图片来源于网络）

随着人们想做的事情越来越多，电路也变得越来越复杂。世界上第一台计算机如图 4 所示。

图 4　世界上第一台计算机（图片来源于网络）

以我们今天的眼光看，这台 1946 年 2 月 14 日诞生在美国宾夕法尼亚大学的世界第一台计算机的计算能力实在是太太太小儿科。

而且，它很大！占一间大屋子！

它好费电！

它很不稳定！短路、零件损坏……

于是就有了小型化和“集成”的需求。最早出现的集成电路功能简单、腿少、集成度低（图 5）。

图 5　最早出现的功能简单、集成度低的集成电路（图片来源于网络）

慢慢地，为了实现更多的功能，于是集成度高了，腿也多了（图 6）。

图 6　集成度较高的集成电路（图片来源于网络）

到今天，功能更复杂、集成度更高，没有腿了（图 7）!

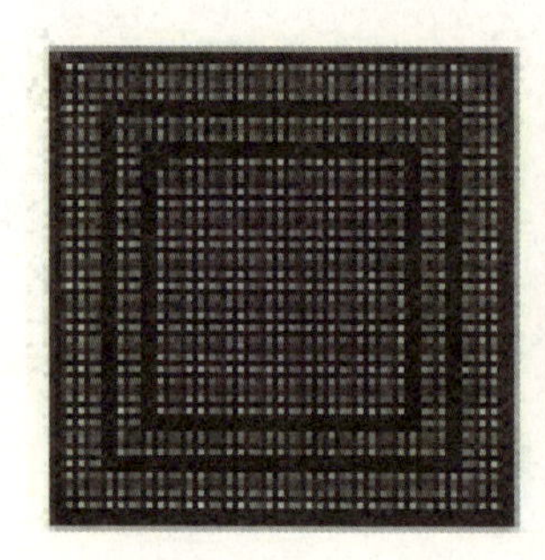

图 7　集成度更高、功能更复杂的集成电路（图片来源于网络）

为什么没有腿了？以手机为例，它的核心就是一片或两片超大规模集成电路。它能做好多的事情，能玩游戏不卡、看视频不断、功能强大、集成度高，而且它要能连接几千万像素的双摄像头，能接高分辨率的大屏，还要接5G的天线，要接Wi-Fi，要接大的内存……所以需要很多和外界连接的功能。早期集成电路的外部连接就和我们平时见的插头类似，是有腿的，但是安装上腿是要占地方的。为了集成电路本身更高的集成度，也是为了电路板上的集成度，干脆就不要腿了。大家看到的上图中一个个发亮的点，是一个个的金属小球，集成电路在和电路板连接的时候，是直接压上去连接在一起的，这种封装方法的专业术语叫作 BGA 封装。

打开一块集成电路的外壳，就能看到一块硅片（图8），这就是核心的电路，像不像是从高空俯看一座城市？

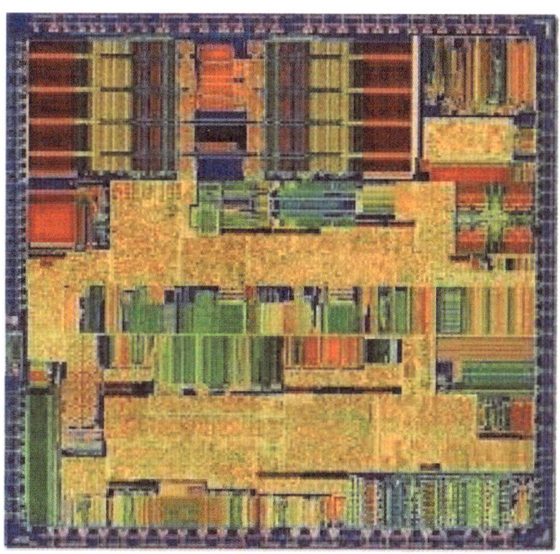

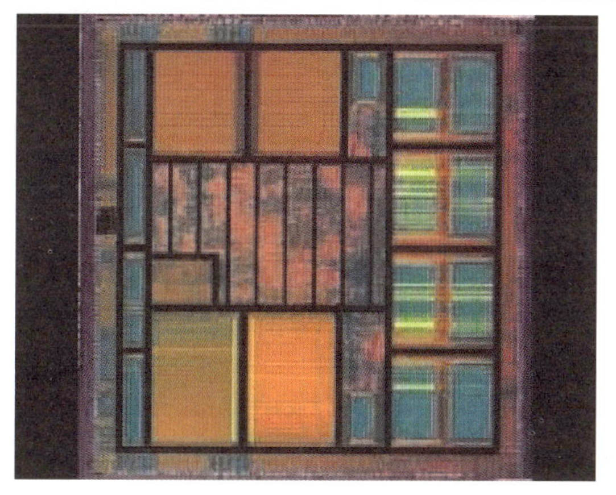

图8　硅片（图片来源于网络）

把它放在显微镜下面，放大，放大，再放大（图9）。

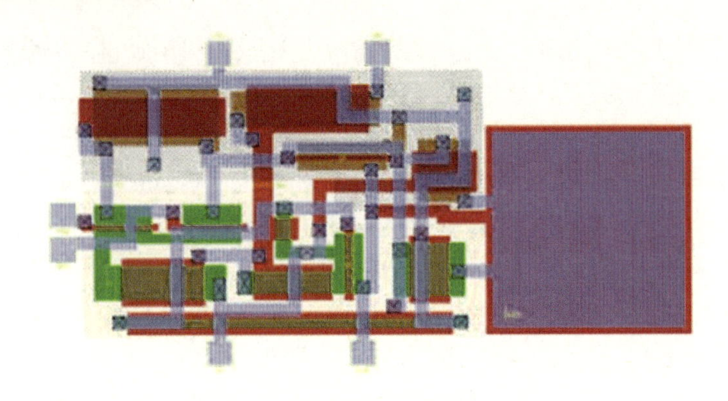

图 9　显微镜下放大的硅片

看到各种线交织连接在一起，这些线显然比大家平时看到的电线细得多，线和线结合的地方有电路开关（专业术语叫作“门”）。所以，不管如何复杂，集成电路还是电路，有连线，有开关（门），只不过是把一个巨大的、完成很复杂功能的电路微小化，在一个指甲盖般大小的硅片上实现而已。

现在芯片的集成度已经这么高，是不是差不多到头了呢？经常听到的“摩尔定律”又是咋回事？那是 1965 年的某一天，戈登·摩尔——一位在仙童半导体公司工作的工程师，做了一个对后来的信息产业影响十分巨大的预测，并发表在《电子学》杂志上，后来被归纳为众所周知的摩尔定律，即芯片的集成度每隔 18 个月翻一倍。这个定律后来被演绎成多个版本，摩尔开玩笑地说：“摩尔定律已经被应用于任何呈现指数级增长的东西上面。”他因此很引以为傲。这位工程师后来是英特尔公司创始人之一。

现今大家常听到科技词汇，如大数据、云计算、人工智能等，这些都需要有更强大计算能力的芯片，并且追求更低成本，因此对芯片更高集成度的追求从没有停止过。

50 多年前人类首次登月，伴随阿波罗 11 号登月的计算机里有处理器。今天，人人都用的手机里有处理器，其计算能力差不多是阿波罗登月舱里处理器计算能力的 10 万倍！

知道了集成电路是什么以及它的重要作用，下面我们还要了解：集成电路是怎么设计和制造出来的？

在进入这个问题前，我们就用城市规划建设做一个类比吧。

首先是立项，这是战略性思考，确定城市性质和发展方向。然后是规划，划分功能分区，综合安排交通、生活、院校等。接下来是设计，布置城市道路、交通运输系统、公用事业等工程规划，还要估算城建投资等。最后是建设施工。

集成电路的设计制造也基本上可简化为立项（计划）、规格定义（功能和规划）、设计、实现（施工）四个阶段。

立项通常是由决策层确定的，例如目前国内一些传统的手机系统商进入集成电路领域进行研发。

规格定义更多的是根据客户需求和市场变化制定芯片的参数规格，这一步非常重要。例如，当大家的手机都是高分辨率的时候，你的芯片仅计划支持低分辨率，为什么这样做？目标市场是哪里，或者给什么人群用？别人的手机都是 8 核玩游戏不卡，你做 4 核的手机性能上行不行？别人的手机用一整天电都用不完，你的呢？当然还要有价格的考虑，同样的情况下集成电路做得越小，成本上就可能越有优势（图 10）。

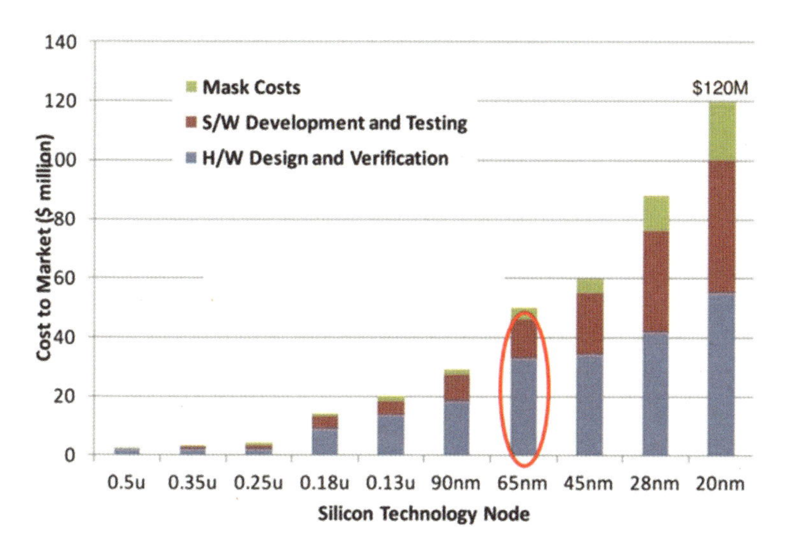

图 10　最小可行产品 / 产品原型（Minimum Viable Product/Prototype）

设计阶段就是把芯片电路图设计出来的过程。如图 10 所示，集成电路设计是非常“以人为本”的一个行业，设计会花费大批工程师的大量时间，所以时间成本和资金成本都很高。设计过程一般可分成两个阶段，第一个阶段是功能实现和验证，一般用专用的集成电路设计语言进行，这种语言通常称为硬件描述语言。当功能、性能、耗电等都满足设计要求时，就进入第二阶段，需要为把这种语言描述的集成电路映射到硅片上进行各种准备，有点像是画一张包含城市里所有细节的工程图。

实现就是集成电路设计完成后，到工厂进行生产的过程。大家经常听到的晶圆厂、封装厂，就是生产的主要场所，就像施工建造一个城市，只不过是一个指甲盖大小的“城市”（图 11）。

集成电路设计生产和城建有类似的地方，有什么不同的地方呢？

先回顾一个实例。1994 年，英特尔发现其 1993 年出产的一款主力 CPU 产品存在缺陷，由于该问题属于芯片电路设计层面，无法通过其他方法进行修正，最终英特尔召回了近百万个有缺陷的芯片，这让英特尔付出相当大的代价。1995 年 1 月发布的季报显示这次召回造成了 4.75 亿美元的损失。为了纪住这个惨痛教训，英特尔把回收来的一些芯片做成了钥匙链发给员工（图 12）。

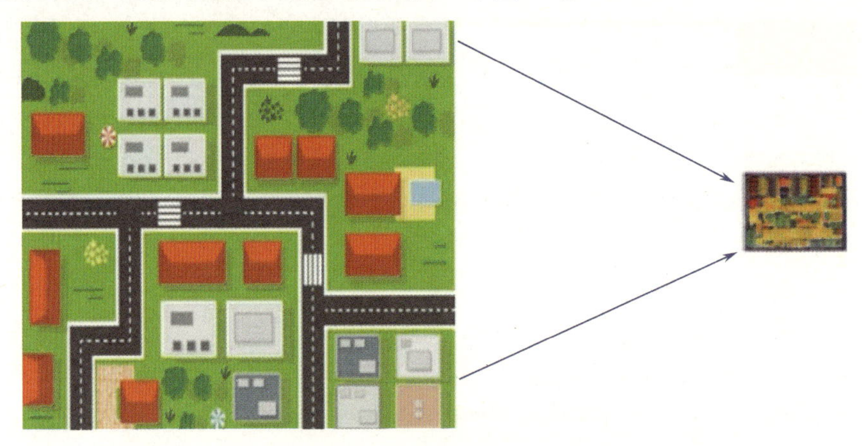

图 11　集成电路设计生产对比城建图（图片来源于网络）

图 12　英特尔制作的设计缺陷问题的钥匙链（图片来源于网络）

因此结论就是：城市建设可以边规划、边建设、边发展，芯片设计不行。

举例来说，芯片设计就是你要设计好一个城市的所有的细节，小区、医院、学校、商业、水、电、气、大路小道，还有各个路口的信号灯……一切都要设计进去，并在图纸阶段就要用各种手段证明可以运作正常，然后一次施工完成，不得返工。

因为集成电路试错的成本非常非常高！大企业钱包鼓鼓可能还好，但对于很多的中小企业，一颗芯片的成败就是他们的全部，只能成功，不能失败！

听上去是一个不可能完成的任务？因此，EDA 是集成电路设计验证过程中必不可少的工具。

EDA 的英文是 Electronic Design Automation，中文翻译为电子设计自动化。EDA 是芯片设计人员使用的软件工具，属于工业软件的范畴。

在集成电路的结构规划阶段:

- EDA 可以帮助架构师进行集成电路的结构分析，根据要求的功能、性能、功耗等，确定一些细化的参数。
- EDA 可以进一步基于数据帮助确定 IP 合作方（例如用 ARM 处理器还是 RISC-V 处理器）等。

在设计阶段:

- EDA 帮助芯片设计师检查设计上的任何微小错误。
- EDA 帮助设计人员在集成电路还没有生产的时候，就能运行软件，例如测试手机性能的安兔兔跑分。
- EDA 可发现设计上对性能有影响的地方并提出优化建议，如同要解决城市里某些路段整天拥堵的问题。
- EDA 可以优化并尽量将集成电路缩小到更小的硅片上，这样生产出来的芯片在价格上才会更有优势。
- EDA 可以评估设计的耗电情况，改善并防止集成电路芯片的局部过热。耗电高可能造成用户的电子产品宕机，或者需要用户随身准备几个充电宝。
- EDA 可以辅助管理成百上千名设计人员的项目，为决策人员提供科学设计开发的依据。

在生产阶段:

- EDA 可以完成芯片测试，坏的芯片就不需要进行封装了，高性能的芯片可以挑出来卖更高的价格。
- EDA 可以进行良率分析从而帮助提高产能、增加竞争优势。
- EDA 让设计和生产集成电路从不可能变成可能。

EDA 的全球销售收入规模不大，2019 年不过 102 亿美元，而集成电路年产值高达 4000 多亿美元，没错，EDA 就是“撬动地球的那个支点”，贯穿集成电路从规划、设计到生产的方方面面，没有 EDA 就没有当前集成电路和信息产业的发展，EDA 是当之无愧的核心工业软件。

到这里，如果读者可以理解 EDA 是干什么的，为什么那么重要，本文的目的就达到了。

根据《中国集成电路产业人才白皮书（2018—2019 年版）》，虽然 2019 年集成电路行业从业人员增长 15.3%，但是到 2021 年前后集成电路全行业仍有 26 万人的缺口，特别是集成电路设计人才的缺口在 10 万人左右。集成电路专业已作为一级学科，从电子科学与技术一级学科中独立出来。正值升学季，给电子行业“安利”一下，欢迎有志同学报考集成电路相关专业，投入产业大潮中。同时作为 EDA 人，也希望在不久的将来看到更多的“后浪”活跃在中国的 EDA 舞台上。

作者简介：

傅勇，瞬曜 EDA 创始人兼 CEO，超过二十五年的 EDA 业界经历，长期专注在数字集成电路的验证领域，也是亚洲地区硬件加速技术的先导者。1991 年和 1994 年分别获得清华大学电子工程系学士和硕士学位。

公司介绍：

瞬曜电子科技（上海）有限公司（简称“瞬曜 EDA”）致力于为全球用户提供下一代数字验证解决方案。公司主流产品聚焦在数字验证领域并实现先进技术的点状突破：瞬系列 RTL 高速仿真器（ShunSim），其仿真速度比传统仿真器高 10～100 倍，加上曜系列验证 IP（YaoVIP），形成了瞬曜特色的更易用、更高效的平台级芯片功能验证解决方案。此外，瞬曜 EDA 基于云原生技术，为广大用户提供逼近实战的云端仿真 EDAHUB 数字平台。基于此，全面赋能超大规模数字芯片的设计者，提供更快、更准的验证能力。联络方式：021-50862985/business@shunyaocad.com。

全面赋能超大规模数字芯片的设计者，提供更快、更准的验证能力。

关于 EDAHUB

EDAHUB 提供强大的云上峰值算力支撑，是旨在推动数字电路验证先进方法学与应用实践相融合而构建的 EDA 云平台。

EDAHUB 携手全球知名专家学者一起积极探索先进的 IC 设计验证方法，以期形成具有国际领先水平和竞争力的突破点；依托自身的技术经验，致力于开发完全安全可控和自主知识产权的集成电路验证工具，支持和其他 EDA 工具有机结合，从而形成功能完整的 EDA 平台。

与此同时，EDAHUB 积极参与和培养 IC 设计的后备人才，免费提供无限逼近业界实战的验证环境，并以此带动 IP/VIP 的积累和生态布局，推动国内 SoC 设计和验证方法学的发展。

集成电路设计和制造的展望

雷　俊

1. 芯片的设计

1）引言

芯片的产生流程可以分为设计与制造（包括封装测试）两个环节。我们先介绍芯片是如何被设计出来的，芯片的制造、封装、测试放在下一节来讲。芯片的设计过程可以分为两个环节：前端设计和后端设计，或者说逻辑设计和物理设计。

2）前端设计

（1）概述

芯片的前端设计主要分为以下几个步骤：

① 制定芯片规格；
② 芯片架构设计；
③ 逻辑设计；
④ 仿真验证；
⑤ 逻辑综合；
⑥ 静态时序分析；
⑦ 形式验证；
⑧ 可测性设计。

在时序分析时，找到设计上存在的功能错误或时序不满足的问题，仍需要反复重做前面的设计步骤才能解决，因此芯片的前端设计是一个迭代优化的过程。

（2）制定芯片规格

芯片规格（Specification）的制定优先于芯片设计，这个阶段可能是整个设计流程中最重要的环节，因为规格将直接决定该芯片是否能取得预期的市场（窗口）份额，它也是设计者知识产权（形成 IP）的集中体现。

通常，芯片设计公司要走访潜在客户来进行市场调研，搞清楚客户对芯片的真实需求。另一方面，还要请（市场和技术）专家来对未来的趋势进行判断。芯片设计周期通常在 6 个月到 2 年，所以判断市场趋势相当重要。市场调研的结果将转化成高层次的产品规格（行业标准和接口协议），包括想用此芯片完成什么顶层的功能、芯片中要实现什么样的处理算法、将来交付给客户的芯片运行在多高的频率、芯片的封装格式（例如 BGA 或 CSP）等。此外，还需要考虑芯片的供电、接口协议、工作温度等特性。

此阶段工作的输出结果是“芯片规格说明书”，它包括为芯片设计打基础而制定的详细而正确的芯片规格，其中的技术规格部分还需要根据技术要求逐步地提炼和细化。

（3）芯片架构设计

芯片规格确定之后，芯片设计通常需要将整个芯片功能映射到芯片的架构中，如果采用软硬件协同设计，就要为软件设计选定相关的体系结构和相应的 IP，同时将硬件部分划分为多个模块。一个好的架构设计在取得高性能的同时，应该尽量减少使用的硬件资源以降低成本。在这个阶段，架构设计师将定义不同模块之间的关系，并为每个模块分配开发时间预算，最后形成架构设计文档。以海思的麒麟 990 5G 芯片为例，从设计规范（5G 标准）出发，芯片的架构被映射为中央处理器（CPU）、图形处理器（GPU）、存储系统（Memory）、图像处理器（ISP）、调制解调器（Modem）、神经网络处理单元等模块。芯片架构设计师进行软、硬件功能划分，即指定哪些功能以软件编程为主、硬件加速单元为辅；哪些功能适合单纯用逻辑（含组合与时序）实现；哪些功能可以编程查表和存算一体；哪些运算适合 CPU，哪些运算适合 DSP；以及片上的数据交换是用总线，还是直接数据通道。所以算法映射到架构对于提高芯片的性价比和争取“市场窗口期”来说都非常重要。

（4）逻辑设计

模块实现的功能定义之后，就要考虑如何描述这些逻辑功能及模块之间的交互，用到“硬件描述语言（HDL）”，当前主流的用于可综合逻辑设计的 HDL 语言仍然是 VHDL 及 Verilog HDL。逻辑设计要将给定的硬件电路功能通过 HDL 语言描述出来，进而形成 RTL（寄存器传输级）代码。

下面是使用 Verilog HDL 语言编写的、实现“二选一”逻辑功能的例子（图 1），即由 S 信号决定输出信号 Y 与 D0、D1 中的哪一个信号相连接。

完成 RTL 代码设计后，可以利用 lint，Spyglass 等工具对代码进行设计规则检查，包括代码的编写风格、命名规则和电路综合相关规则等。

随着芯片复杂度的提高，使用高级编程语言（如 C/C++）来替代传统的 RTL 级编码也提上了日程。当前，主流的 EDA 厂商都推出了自己的高层次综合（HLS）工具，比如 Mentor（现为 Simens EDA）的 Catapult、Cadence 的 Stratus 及 Synopsys

的 Symphony C 等。HLS 允许芯片设计人员使用 C/C++在高层次描述芯片的逻辑设计，这大大降低了芯片逻辑设计的难度。其次，基于 HLS 的设计流程可以自动完成 C/C++语言与转换后的 RTL 语言的功能仿真验证，也缩短了验证周期。

```
module mux_2_to_1
                (
                 D0         , //data in0
                 D1         , //data in1
                 S          , //select
                 Y            //data out
                );
input            D0         ;
input            D1         ;
input            S          ;
output           Y          ;

//Main Codes
reg              Y          ;

always @(D0 or D1 or S)
begin
    if(S==1'b0)
        Y = D0;
    else
        Y = D1;
end
endmodule
```

图 1　使用 Verilog HDL 语言编写的、实现“二选一”逻辑功能的例子

（5）仿真验证

设计规则检查只对代码本身进行检查，而逻辑设计得到的 RTL 代码是否真正实现了设计目的，需要对代码进行仿真验证，检查该模块是否符合设计规格。如前所述，逻辑设计和仿真验证是一个迭代优化的过程，直到仿真验证的结果验证了当前的逻辑设计完全符合规格为止。仿真验证可用的软件工具有 Mentor 的 Modelsim、Synopsys 的 VCS，还有 Cadence 的 NC-Verilog 等。

通常，先要对逻辑设计进行 RTL 行为级仿真（也称前仿真、功能仿真）。顾名思义，前仿真用来检查代码中的语法错误和验证代码行为的正确性，但不包括延时信息。

还是以之前的二选一设计为例，仿真软件得到的各个信号的波形如图 2 所示。从波形输出来看，当信号 S 为 1 时，输出的信号 Y 与输入的信号 D0 相同，反之亦然，说明该逻辑设计的功能是正确的。

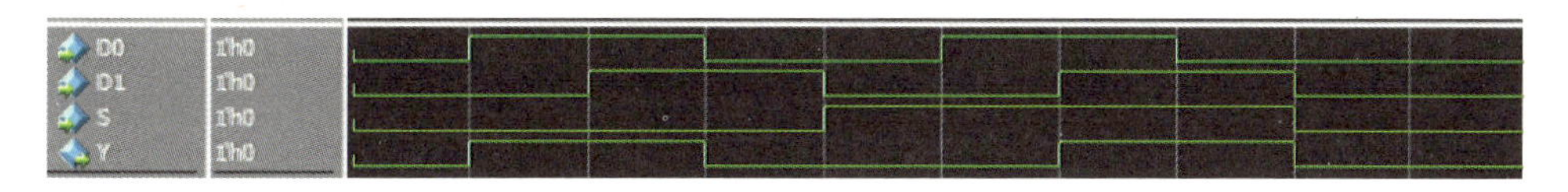

图 2　仿真软件得到的各个信号的波形

另外，对大型的芯片系统进行仿真验证时，一般需要用到通用验证方法学（Universal Verification Methodology，UVM）。UVM 是一个以SystemVerilog类库为主体的验证平台开发框架，验证工程师可以利用其可重用组件构建具有标准化层次结

构和接口的功能验证环境。UVM 指导验证工程从 DUT 的功能规范（Specification）出发，制定验证计划，分解测试点，创建测试用例，定义验收（Signoff）方式和标准，流程自动化和报告自动化，等等。

（6）逻辑综合

RTL 行为级仿真验证通过后即可进行逻辑综合，目的是将 RTL 代码翻译成门级网表（netlist），可以使用的工具软件包括 Synopsys 公司的 Design Compiler（DC）等。

逻辑综合的输入除了 RTL 代码之外，用户还需要输入约束条件（时间、功耗和面积）。优化运算的目标是得到一个给定约束条件下的最佳的解决方案（如优化的门级网表）。还需要对综合生成的门级网表进行后仿真（包括门级仿真和时序仿真）。门级仿真对未加入时延信息的门级网表进行仿真验证，检验综合后的功能是否满足规格要求。时序仿真在门级仿真的基础上加入时延文件（.sdf），从而在仿真中考虑电路的路径延迟与门延迟的影响，验证电路在一定时序条件下能否满足设计规格要求。

（7）静态时序分析（Static Timing Analysis，STA）

STA 基于给定的时序模型，分析逻辑设计是否违反设计者提供的时序约束，例如设计中各条路径是否存在毛刺、延迟路径和时钟偏移等问题。

与不同输入激励向量的传统分析方法相比，静态时序分析提取整个电路的所有时序路径，通过计算信号沿所在传播路径上的延迟，找出违背时序约束的错误。静态时序分析不依赖激励，但要穷尽所有路径，运行速度快，但占用内存很少。静态时序分析可用的工具软件包括 Synopsys 公司的 PrimeTime 等。

（8）形式验证

形式验证（Formal Verification）是从功能上（前面提到的静态时序分析是从时序上）对综合后的网表进行验证。

对功能进行验证可能的一种方法是随机验证，即增加随机产生的大量输入向量作为激励，比较输出与预期结果在功能上是否符合规格要求。该方法即使大量增加输入向量，付出极多测试时间的代价，也很难达到 100%的覆盖率。当然，采用形式验证在理论上可以达到 100%的覆盖率。

形式验证是想通过使用形式证明的方式来验证一个设计的功能是否正确。形式验证基本分为三大类：等价性检查（Equivalence Checking）、模型检查（Model Checking）和定理证明（Theory Prover）。等价性检查用于验证寄存器传输级与门级网表之间、门级网表与门级网表之间是否一致。模型检查用于检查时态逻辑描述规范，通过有效的搜索来检查给定的系统是否满足规范。定理证明把系统与规范都表示成数学逻辑公式，并从公理出发寻求描述。尽管不限制定理证明验证的电路模型，但需要用户的人工干预和较多的背景知识。形式验证可以使用的工具软件有 Synopsys 的 Formality 等。

（9）可测性设计（Design For Testing，DFT）

DFT 是一种集成电路设计技术。它将一种测试电路在设计阶段植入电路，以便流片后进行测试，确保测试过的电子组件没有功能或制造上的缺陷。

由于电路的许多内部节点信号在外部难以控制和观测，所以设计测试电路并不容易。通过在半导体工艺中添加可测性电路结构，如扫描链、内建自测试（Built-in Self-Test，BIST）等，并利用自动测试设备执行测试程序，可以在生产完成后立即进行质量检测。由于集成电路“封装”的成本比“芯”贵得多，所以只有测试合格的“芯”，才被封装成为“芯片”。

3）后端设计

前端设计流程完成后得到的是门级网表，后端设计将其作为输入，使用各种 EDA 设计工具进行布局布线、物理验证等处理，最终输出的是芯片制造所用的 GDSII 数据。GDSII 是一种二进制文件格式，其中含有集成电路版图中的平面的几何形状、文本或标签，以及其他有关信息（含层次结构信息），因此 GDSII 数据可用于重建所有或部分的芯片版图信息。

前端设计注重于逻辑功能，而后端设计注重于物理实现。前端设计虽然认识到了逻辑延迟和速度，但在 RTL 编码和验证的大部分工作中却忽略了这一点。而后端设计从一开始就需要考虑真正的器件延迟。

后端设计流程可以进一步细分为布局规划（Floor Plan）、放置（Placement）、时钟树综合（Clock Tree Synthesis）、布线（Route）、物理和时序验证（Physical and Timing Verification）

（1）布局规划

布局规划是数字后端设计实现中最关键的步骤之一，它的任务是摆放芯片中各个模块。这一步将整个芯片的裸片区域（Die Area）划分（Partition）成分区来放置不同的模块。分区的形状、大小与模块需要的面积、数据和控制信号的传输等相关。芯片的管脚也会被指定到一个最初的位置，后续再根据布局布线的结果做进一步细化。如果摆放不好，一方面是时序可能满足不了需求，出现时序违例（Timing Violations），另一方面也可能会影响芯片面积，增加成本。

（2）放置

设计的放置阶段将安排摆放设计中的所有标准单元（Standard Cell）。摆放的原则是既要减少走线长度，又要保证时序收敛。

（3）时钟树综合

在芯片中的时钟作为同步节拍来协调各种功能模块的正常工作。时钟树综合指从某个时钟的源点到各个终点的时钟缓冲器 / 反相器（Clock Buffer/Inverter）所形成的树状结构。同一时钟源到达各个同步单元的最大时间差被称作时钟（相位）偏移。可以使用工具软件来优化时钟树，从而降低时钟（相位）偏移。

时钟是设计中翻转频率最高的信号，所以时钟树的功耗在整个芯片动态功耗中占比很大。通常还在架构设计上增加时钟门控（Clock Gating），用于当模块处于空闲状态时，及时地关闭相应的时钟，从而降低动态功耗。

（4）布线

布线完成模块、节点的互连。由于芯片规模越来越大，通常会先使用诸如 Synopsys 的 IC Compiler 等 EDA 工具进行自动布线，之后再进行人工优化和修正。还可以在局部区域进行有人工干预的自动布线，甚至由有经验的工程师进行人工布线。

（5）物理和时序验证

前端设计中的验证主要是逻辑验证，目的是保证功能正确。后端设计中的物理验证则用来保证布局正确。物理验证包括 DRC（设计规则检查）、LVS（布局与原理图）、电规则检查（ERC）、模式匹配（PM）违规、短路、开路、浮空（Floating Net）等。这些验证要与布局、布线流程并行进行，以免在流片初始发生意外。

DRC 工具检查将按芯片代工厂（Foundary）提供的规则文件检查当前设计的 GDSII 是否符合工艺生产需求，比如基层（Base Layer）的检查、金属层（Metal）之间的空间检查等。LVS（Layout VS Schematic）检查主要检查自动布局布线后的布局（物理层面）是否与电路图（逻辑层面）是一致的。ERC 检查主要检查版图的电性能，比如衬底是否正确连接电源或地、有无栅极悬空等。该步骤中常用的工具软件包括 Mentor Graphics 的 Calibre 等。

（6）定案下单（Signoff）

从字面理解，Signoff 是负责人签字，即将设计数据交给芯片制造厂商生产之前，对设计数据进行复检，确认设计数据达到交付标准，这些检查和确认统称为 Signoff。Signoff 之后就可以正式进入流片（Tapeout）环节。

2. 芯片的制造

1）引言

完成芯片的前端、后端设计并得到 GDSII 设计文件后，就可以进入芯片制造环节了。芯片制造涉及的厂商不仅包括芯片代工厂（晶圆加工厂），还包括为芯片制造提供原料的硅片制造厂商，以及裸片（Die）制造完成后需要的封装、测试厂商。

下面将对硅片制造、晶圆加工、封装、测试等流程分别做介绍。

2）硅片制造

芯片的原料是硅片，也叫晶圆。硅片是半导体材料，目前 90%以上的芯片和传感器都是用半导体单晶硅片制造成的。

硅片由高纯度的单晶硅制成。随着单晶硅制造技术的提升，目前占据主流市场的是 12 英寸硅片。硅片尺寸越大，能切割得到的合格的芯片就越多，即芯片的成本就更低。但大尺寸硅片对制造设备和工艺的要求也会较高。

硅片制造分成三大步骤：提纯、生长和成型。

① 提纯

评价硅的主要指标是纯度，芯片级高纯硅要求的纯度为 99.999999999%（11 个 9），这么高的纯度要分阶段提纯。首先是冶金级纯化，加碳产生还原反应可将氧化硅转换成 98%以上纯度的硅。再用三氯氢硅法，加热含碳的硅石直至生成气态的二氧化硅（SiO_2），再用纯度约 98%的二氧化硅，通过压碎和化学反应生产含硅的三氯氢硅气体（$SiHCl_3$），最后用氢气作为还原剂，从三氯氢硅中还原出高纯度硅。

② 生长

提纯后的硅虽然纯度很高，但排列混乱，会影响电子运动，只能叫多晶硅。想得到硅原子排列整齐的单晶硅，则需要进行长晶处理。即将多晶硅融化形成的液态硅，用单晶的硅种（seed）和液体表面接触，一边旋转一边缓慢地向上拉起（拉单晶），等到离开液面的硅原子凝固后，就得到了排列整齐的单晶硅。

③ 成型

单晶硅棒经过切段、滚磨、切片、倒角、抛光、激光刻后，就成为晶圆加工厂使用的基本原料——硅片。

3）晶圆加工

有芯片设计公司提供的 GDSII 版图，晶圆加工厂就可以对硅片进行加工，生产出满足设计要求的芯片了。

晶圆加工过程非常烦琐，主要的步骤有氧化、光刻、刻蚀、离子注入……每一步都要用到对应的加工设备，且整个过程要若干次迭代。

晶圆加工的步骤从氧化开始。

硅暴露在氧气中会形成二氧化硅。氧化即将硅片置于 1000℃左右的高纯氧环境中，生长出一层二氧化硅的热氧化层，如图 3 所示。

氧化后的晶圆经过了化学气相沉积（CVD）及溅射处理后，开始进入光刻环节。

光刻跟照相相似，将光罩（Mask）的图形传送到晶圆。光刻是半导体制程中非常重要的一个环节，芯片制造的设备成本有近一半都来自光刻。另一方面，由于半导体器件的线宽受制于光刻，这就使得光刻成为提高半导体制程最主要的瓶颈。

图3　氧化

光刻用的“底片”是光罩。光罩利用电子束或激光束，依据芯片设计的 GDSII 版图，对涂有铬层的玻璃板上进行刻画，从而形成相应的诸如线条、孔等图案，图案之外的区域允许光透过。

光罩准备好就在晶圆上涂光刻胶，又叫光阻（Photoresist），如图 4 所示。类似照相对涂层曝光、显影后，曝光部分的光刻胶被溶解，未曝光部分的光刻胶则留下来，这种光刻胶称作正性光刻胶。

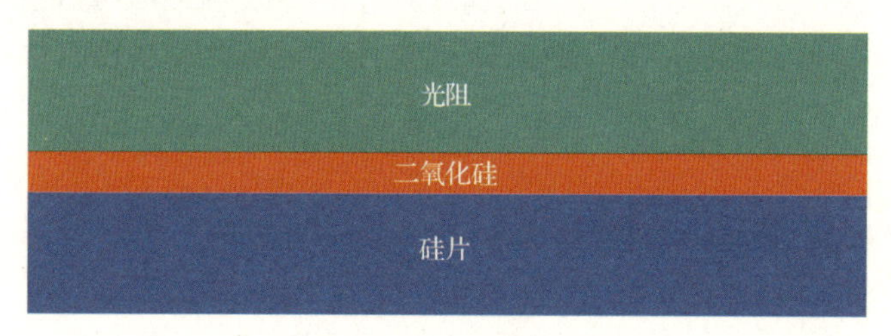

图4　涂光刻胶

涂光刻胶之后，利用紫外线和光罩进行选择性曝光，从而将光罩上的图形传送到晶圆上，如图 5 所示。

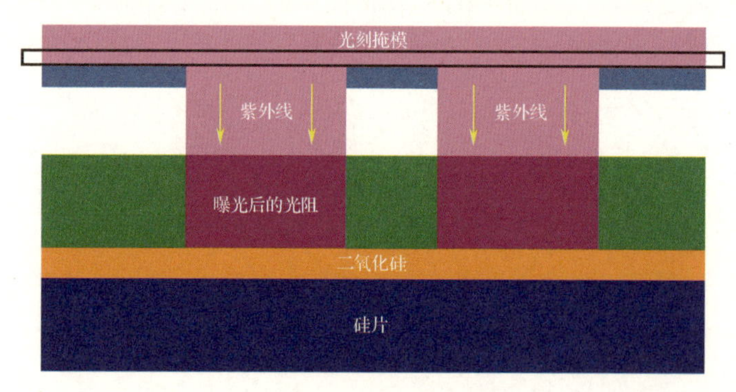

图5　选择性曝光

曝光之后对晶圆进行显影，洗掉被曝过光的光刻胶。进行烘烤使留下来的光刻胶变得坚硬，在下一步蚀刻的时候不会被破坏掉，得到的结果如图 6 所示。

图 6　洗掉被曝过光的光刻胶

接下来的酸蚀刻利用氢氟酸将没有被光阻覆盖的二氧化硅膜腐蚀掉，并利用硫酸将光阻洗去，就得到了图 7 所示的结果。

图 7　腐蚀掉二氧化硅膜，洗去光阻

经过上述步骤，我们在晶圆上得到了想要的图案，但此时晶圆还是纯净的硅半导体，还要在其中加入杂质后，才能形成不同导电类型的半导体（P 型或 N 型），进一步还能形成场效应管。

在晶圆中加入特定杂质的过程俗称“掺杂”。通过杂质扩散除了可以控制导电类型之外，还可以用来控制杂质浓度及分布，如图 8 所示。

图 8　掺杂

离子注入就是实现“掺杂”的一种方法。在离子注入机中，将需要掺杂的导电性杂质导入电弧室，通过放电使其离子化，经过电场加速后，将高能量的离子束由晶圆表面注入。离子进入硅的过程是破坏性的，它会让部分硅产生晶格缺陷，这种破坏可以被加热修复。因此离子注入完毕后的晶圆还需要经过热处理，一方面是要恢复晶格完整性，另一方面也可以利用热扩散原理进一步将杂质“压入”硅中。

在离子注入后，加入氧化物绝缘层及金属电极，完整的场效应管就形成了。先利用气相沉积法，在硅晶圆表面沉积一层氧化硅膜来形成绝缘层，使用光刻掩模技术在绝缘膜上开孔以引出导体电极。加入金属电极需要先利用溅射沉积法，在晶圆整个表面上沉积布线用的铜层，之后再次使用光刻掩模技术在铜层上蚀刻出三个孔，形成场效应管的源极、漏极、栅极，如图 9 所示。

图 9 加入氧化物绝缘层及金属电极

芯片中可能会有几十亿个晶体管，为了使这些晶体管互相连接，需要在不同晶体管之间产生复合互连金属层。此时也需要与前述类似的处理，形成铜层后进行光刻掩模、蚀刻开孔，之后再产生下一个铜层并做相应处理，最终形成极其复杂的多层连接电路网络。

4）芯片封装

封装即将芯片封在一个外壳中，外壳可以起到安放、固定、密封、保护芯片的作用。封装还负责芯片内部电路与外部电路的连接：芯片上的接点用导线绑定（连接）到封装外壳的引脚上，这些引脚又通过电路板上的导线与其他器件建立连接。

按照封装外形的不同，封装可分为 SOT、SOIC、TSSOP、QFN、QFP、BGA、CSP 等，从 SOT 到 CSP，封装工艺越来越复杂。实践中使用哪种封装类型要综合考虑多种因素，例如需要引出的管脚数目、封装效率等。管脚数越多，则需要更加高级的封装工艺，工艺难度也会比较大。封装效率体现为芯片面积与封装面积的比例，二者面积越接近则效率越高。CSP 由于采用了 Flip Chip 技术和裸片封装，其封装效率接近 1。随着芯片制造工艺越来越高，摩尔定律发展趋缓，因此有业界专家提出将平面封装升级到 2.5D/3D 堆叠异构集成封装技术，通过先进封装技术来充分挖掘潜能。

封装工艺流程一般可以分为两个部分，塑封之前的工艺步骤称为前段操作，之后的工艺步骤称为后段操作。

前段操作基本工序包括背面减薄、晶圆切割、二次光检查、芯片粘接等。完成加工的晶圆首先要进行背面研磨，来减薄晶圆达到封装需要的厚度。经过背面研磨的晶圆的厚度一般会从几百微米减少到几十微米。晶圆越薄，就能堆叠更多芯片，从而实现集成度更高的多芯片封装（MCP）。减薄之后通过锯条将整片晶圆切割成一个个独立的单元（Dice），方便后面的芯片粘接等工序，切割完后要使用显微镜对晶圆进行外观检查，看是否出现废品。检查确认没问题后可以进行芯片粘接以及引线焊接,即利用高纯度的金线、铜线或铝线把芯片内部电路的外接点（Pad）和外部的引线框架（Lead Frame）通过焊接的方法连接起来。

后段操作的工序主要包括塑封、激光打字、模后固化、去溢料、电镀、切片成型等。塑封（Molding）即利用环氧塑封料（EMC）把引线焊接完成后的产品封装起来，使其不受外界环境的影响而失效。之后在封装的正面或者背面利用激光刻上芯片型号等信息。塑封后还需要进行塑封料的固化，进一步保护芯片内部结构。注塑后可能会剩余多余的溢料，可用弱酸浸泡、高压水冲洗等方法来去除。电镀即在引线框架的表面镀上一层镀层，以增强对外界环境影响的抵抗力，并且使芯片在电路板上容易焊接及提高导电性。最后将引线框架切割成单独的单元（即单个芯片），对切片后的芯片产品进行引脚成型，达到工艺要求的形状。

5）芯片测试

随着芯片制程越来越小，其工艺难度也呈指数型上升。以 10nm 工艺为例，全工艺步骤数超过 1300 道，7nm 工艺则超过 1500 道，其中任何一道工艺出错都可能导致生产的芯片不合格。如果不及时发现错误，那么这些不合格的“芯”会被封装成“芯片”，这种“芯片”会被焊接到电路板（PCB）上并应用于最终产品和系统中。对此有一个著名的 10 倍定律（the Rule of Ten）：如果在芯片测试阶段没有发现错误，那么在电路板级（PCB）将花费 10 倍的成本来找到这个错误。随着电路板和系统的复杂度越来越高，也有人说应该是 20 倍定律。

因此，需要在芯片制造流程里引入多个测试环节，希望能够尽早发现残次品，避免其进入后续流程以便降低成本。按照“尽早发现”的原则，芯片制造中的测试可以分为两个阶段：CP（Chip Probing）测试和 FT（Final Test）测试。CP 测试处于在芯片封装之前，目的是把不合格的 Die（裸片）挑选出来，以便降低封装和 FT 测试的成本；FT 测试则在芯片封装之后，挑出不合格的成品芯片，以免将残次品交付客户。下面对这两种测试进行简单说明。

CP 测试又称晶圆测试。晶圆加工完成之后得到的是一个个的裸片（即未切割、封装的芯片，又称 Die 或裸 Die）。顾名思义，裸片的管脚全部裸露在外，由于这些管脚极为微小，测试厂商需要制作专门的探针卡（Probe Card）将裸片与自动测试设备（ATE）相连接。

由于每个裸片的大小以及在整个晶圆中的位置都已经固定，裸片上的 Pad（芯片上电路的外接点）的坐标也就已知，利用这些信息就可以制造相应的探针卡。探针卡利用自身的金属元素或者探针与晶圆裸片上的 Pad 相连，用来在晶圆与测试机台（Tester）之间形成电气通道，传递要测试的信号以及相关参数。探针卡本身会被固定在探头（Prober）上，探头逐渐下降直到探针与 Pad 接触。探针卡、探头和机台就组成了 CP 测试所用的自动测试设备。

利用 ATE，CP 测试可以完成对晶圆的 DC 测试、AC 测试以及功能测试。DC

测试用来检查芯片中是否存在短路或断路，检查芯片的输出电流、输入输出电压是否在合理范围内，确认芯片的引脚和机台的连接是否完好。AC 测试的目的是探测芯片输出信号的波形，检查诸如建立时间、保持时间、传输时延等指标是否满足要求。功能测试则对整个芯片或者特定模块的功能进行验证，所用到的测试方法主要是运行测试向量（Pattern）。Pattern 中包括对输入激励、期望输出的定义，由芯片设计公司提供。在 CP 测试中运行的测试程序按照不同的 Pattern 产生并施加激励，获得输出并与期望值比较，从而得到测试结论。整个测试过程通过测试程序（Test Program）进行自动化控制。

CP 测试中所用的 ATE 设备非常昂贵，因此一般的芯片设计公司不会购买 ATE 设备自行完成 CP 测试，而是委托给专门的测试厂商，与测试厂商配合完成探针卡、测试向量、测试程序等的开发，并进行多次调试后开始整片晶圆的测试。CP 测试所需的费用中除了软件（测试程序）、硬件（探针卡）的开发费用之外，占比最大的就是测试机时费了。因此在测试过程中，可以根据已有的测试结果调整测试程序，以便减少测试时间，降低测试费用。例如将出错率较高的测试向量排在前面，一旦出错就停止测试其余测试向量，或者可以直接去除错误率很低的测试向量。另外，位于晶圆边缘处的裸片通常出现错误的概率更高。为了减少测试时间，降低测试成本，甚至可以考虑跳过对边缘裸片的测试，直接认为这些裸片是有问题的。

FT（Final Test）测试顾名思义就是对芯片的最后测试，其测试对象是已经封装好的成品芯片。FT 测试所用的自动测试设备与 CP 测试类似。首先要实现测试设备与待测芯片的电路连接。虽然此时芯片已经完成了封装，对外有可用的管脚，但是在自动化测试里不可能像电路板一样，将芯片直接进行焊接，因此这里使用测试座（Socket）与待测芯片实现电路连接。为了提高测试效率，一般会在测试板卡中放置多个 Socket，以便同时测试多个芯片。

ATE 里的抓手（Handler）负责抓取待测芯片并放置在 Socket 中。测试完成后，Tester 将测试结果通过通信接口送给 Handler，Handler 则根据测试结果将芯片放入不同区域进行标记、分选。测试合格的芯片贴上规格、型号及出厂日期等标识的标签并加以包装后即可出厂，而未通过测试的芯片也不一定就是废品，也可以根据其实测性能参数来标记为降级品。

最后简单说说 CP 测试和 FT 测试之间的关系。CP 测试和 FT 测试同属芯片制造流程中的测试环节，但是二者在测试对象、测试设备、测试效率和功能覆盖上都有显著不同。一般来说，FT 测试是必选项，而 CP 测试是可选项。但是，随着封装和 FT 测试的费用在芯片成本中的占比逐渐上升，CP 测试的必要性也在相应提高。CP 测试的另一个作用是尽早得到晶圆加工阶段的良率，如果出现良率过低的情况，可以反馈到芯片代工厂以便改进工艺。因此，在 CP 测试阶段，应尽量选取对良率影响较大的测试项目，而那些测试难度较大（测试成本高）但是通过率较高的项目，则可以纳入 FT 测试的范围。另外，有些裸片的管脚在封装中并没有引出来，因此 FT 测试无法覆盖这些管脚，这样就需要进行 CP 测试。

芯片测试对于芯片厂商来说是至关重要的，前面所说的 10 倍定律实际上适用于整个芯片制造和使用流程，包括根据设计版图对晶圆加工形成裸片、对裸片进行封装得到芯片、使用包含芯片的电路板组成子系统、多个子系统组成最终产品提供给客户，等等。在每一个环节中找到问题的代价都是前一个环节的 10 倍。对于企业来讲，把有问题的芯片交付给客户会给企业的声誉和形象带来巨大打击，另一方面，企业也需要考虑测试带来的成本上升，因此芯片测试需要在质量、效率、成本之间取得最佳的平衡。

3. 小结

芯片的极端重要性无须赘述，上至关乎国防安全的军事装备、卫星、雷达，下至关系普通百姓生活的医疗器械、汽车、电视、手机、摄像机，甚至智能儿童玩具，都离不开它。可以说芯片是整个信息社会的基石和心脏，也是推动整个信息社会向前发展的发动机。在美国对中国公司实施芯片封锁的情况下，芯片国产化也被提到了国家战略安全的高度，中美两国都在各自的芯片振兴计划上投入巨大的人力物力，希望能够打赢这场“芯片之战”。

芯片需要一个非常长的产业链，从硅片制造、芯片设计、晶圆加工到封装测试，以及各个环节所需要的设备研发和制造。产业链上每个环节都必须环环相扣，要求极高。最近几年芯片产业成为大众关注的焦点，几乎所有人都知道光刻机是“卡脖子”的关键设备。另一方面，本书的主题——EDA 软件在整个芯片设计、制造环节中同样扮演至关重要的角色，同样处于“卡脖子”的地位。

EDA 是 Electronic Design Automation（电子设计自动化）的简称。正如在前文“芯片的设计”中提到的，芯片的前端设计、后端设计是由很多步骤组成的，每一个步骤都要用到对应的 EDA 软件来完成自动化设计。由于芯片流片的成本巨大，只有在流片前通过各种 EDA 软件进行反复的仿真、模拟，才能提高流片成功率。

事实上，正是由于 EDA 软件的出现，才加速形成了当前主要由芯片设计公司（Fabless）、芯片代工厂（Foundry）、封装测试厂（Package&Testing House）构成的芯片产业格局，其中 Fabless 公司逐渐成为整个芯片产业的主要推动力。20 世纪 70 年代，芯片设计以人工为主，由于芯片设计和半导体工艺密切相关，这个时期芯片产业的主要角色是集成设备制造商（Integrated Device Manufacturer，IDM），如 Intel，IBM，AMD 等。IDM 有自己的晶圆加工厂，具备芯片设计、芯片制造、芯片封装和测试等多种能力。80 年代后，EDA 工具软件的出现将生产工艺相关的部分进行抽象和模拟，使设计过程可以独立于生产工艺而存在，加之新兴的市场方向需要各种专用芯片（Application Specific IC，ASIC），从而催生了众多不拥有生产线、专注于芯片设计的 Fabless 公司（Fabless 即 Fabrication-less），为了满足 Fabless 公司的需求，原任德州仪器公司资深副总裁的张忠谋博士在 1987 年成立了全球第一家芯片代工厂——台湾积体电路制造公司（台积电，TSMC）。

目前世界上主要的 EDA 厂商都是美国公司，Synopsys、Cadence 和 Mentor Graphics（2016 年被西门子公司收购）占据着大部分市场份额。相比之下，国产 EDA 软件虽然市场份额相对较小，但是近年来呈现快速增长之势。国产 EDA 厂商正在努力解决的问题主要包括供、需两个方面："供"是提供覆盖设计全流程的 EDA 软件，"需"是要与芯片设计、IP 提供商、芯片代工厂等上下游实现生态协同。近年来，国家和地方均针对芯片 EDA 产业出台了重磅支持政策，例如《"十四五"软件和信息技术服务业发展规划》提出建立 EDA 开发商、芯片设计企业、代工厂商等上下游企业联合技术攻关机制；《上海市促进工业软件高质量发展行动计划（2021—2023）》明确支持有条件的企业由点到面实现全流程 EDA 工具突破，支持加强 EDA 上下游的垂直共建。相信随着众多国产 EDA 厂商和国家力量的持续投入，我国的芯片 EDA 软件有望早日实现自主可控。

作者简介：

雷俊，2009 年毕业于清华大学电子工程系，获得工学博士学位，现任新岸线（北京）科技集团技术副总裁，正高级工程师。雷俊博士在无线通信系统以及核心芯片设计领域有超过 20 年的研发经验，作为技术负责人先后成功研发了手机电视（T-MMB）、超高速无线局域网（EUHT）等具有自主知识产权的通信系统以及芯片，是中国超高速无线局域网通信行业标准、城市轨道交通车地无线通信行业标准、中国智能交通国家标准的主要起草人之一，担任 2010/2012/2014 年国家科技重大专项项目负责人；带领团队成功研发了首个面向物联网的全集成 WiFi SoC、2G/3G 数字射频 SoC、多种规格的 EUHT 基带 SoC 等芯片。所研发的 EUHT 系统和芯片已经应用于地铁、车联网、工业互联、农村无线宽带接入等领域，并于 2019 年获得国际固态电路大会（ISSCC）技术创新奖，EUHT 技术在 2022 年成为国际电信联盟（ITU）IMT-2020（5G）无线接口技术候选标准。

提升 EDA 软件水平应从建立“工业软件意识”开始

黄乐天

随着国际形势的变化，EDA 软件的关键作用凸显，引起了专家、从业人员甚至是普罗大众的关注。就如何发展 EDA 软件，诸多专家学者也多次发表意见、建言献策，其中也不乏大有见地的发言。然而就笔者看来，仅仅将目光局限在 EDA 软件，很难厘清我国 EDA 软件落后的真正原因。对待 EDA 软件应该从整个“工业软件”的视角入手，从我国长期以来缺乏“工业软件意识”中去寻找落后的根源和改变的方法。本文将从这一问题切入，探讨如何更好地发展 EDA 软件。

1. 从几个故事开始

在开始这个沉重而严肃的话题之前，笔者准备先讲述几个身边的小故事。

故事一：“编程大神”的落寞

2005 年，笔者还是一名本科生，笔者的班上有一位“编程大神”。为了行文方便，以下将其简称为“B 大神”。B 大神很早就展现出很强的编程能力。大三时 B 大神参与了学校一个科研团队的流片后的 IC 测试项目，测试项目的内容是手动使用测试仪器测得一些数据后填写到 Excel 中加以分析。一共有 5 位本科生和硕士生参与了该项目。B 大神辛苦地干了两天以后觉得这种方法实在是过于痛苦，在认真熟悉了各种测试仪器半天后，B 大神又用了一天左右的时间编写了一个程序实现了自动测试与分析。一时间，B 大神被惊为天人。

后来该芯片团队的老师了解到 B 大神的成果也赞叹不已，极力劝说 B 大神跟自己读研。然而临近研究生毕业之时，B 大神发现自己居然只能以“嵌入式软件开发”的方向去应聘各类工作。几经辗转，最后被成都的一家本土 IC 公司录用为“嵌入式软件工程师”。而当年那些技术水平不如他的同学，由于选择了纯软件或 IC 设计方向，在毕业之时都有比较明确的去向。为此 B 大神苦恼不已，也后悔不已。此后的岁月中他几经波折，也曾经在 APP 最疯狂的那几年自主创业过几次，但很可惜都无果而终。最终他还是又回到了另外一家“知名”IC 公司在成都的分部，还是从事 IC 应用开发和嵌入式系统设计。

后来有机会和 B 大神闲聊，谈到目前国内 IC 设计公司从业人员最缺乏的能力是什么时，他说道：“应该说还是 IT 技术能力太低。和我们合作的国外工程师（这家 IC 设计公司的 IP 来源和技术源头之一）可以很熟练地利用各种 IT 技术搭建自动化的设计、验证平台，并把一些重复的流程用 IT 技术固化为自有的一些小工具。而我们的工程师普遍缺乏这样的能力，业务主管往往也缺乏这种能力创建的概念。”

那一刻他的眼中闪烁着光芒，不知道他是否想起 2005 年的那个夏天，他用自己的 IT 技术能力，一天之内完成了别人一个星期的工作量。而此刻，他依然只是一个“资深”的技术人员而非技术主管，只能在自己多年的好友面前敞开心扉谈论一些看法。

（后记：在近两年 IC 大发展的浪潮中，B 大神终于得以在一家知名“独角兽”芯片设计公司发光发热，迎来了迟来的春天。）

故事二：那个“硬件不通，软件不精”的女生

故事二的主角是我指导过的一位女生，当时我还在读博士。虽然我那时已留校任教，但说起来她更应该算是我的师妹而非学生。师妹当时做的方向是偏向片上多核系统设计方法学，具体说就是根据设计目标研究如何确定设计方案的“方法”。确定设计方案显然不可能靠拍脑门，可行的方法是首先对于系统进行抽象建模，而后利用各种搜索算法在众多参数中确定最为恰当的参数值。师妹当时做得很努力，我们合作的文章发表在 *IEEE Embedded System Letter* 上。

但当就业季来临，相比于其他做 FPGA 开发、嵌入式系统设计的同学，师妹的就业之路和 B 大神一样艰难。在师妹面试国内某通信大厂的时候，被面试官下了“硬件不通，软件不精”的评语。师妹回来以后大哭一场，后来有机会进入某金融机构，从此了断与技术的瓜葛。比较讽刺的是，通信大厂后来多次以“社招”名义邀请师妹面试，被师妹很有涵养地婉拒。

（后记：颇具黑色幽默意味的是通信大厂如今号称有“几千人马”投入到 EDA 的研发之中，当年与师妹同届的那些做芯片设计、验证的同学如今正在为国产 EDA 技术挥汗如雨，而师妹则在安静地吃瓜、带娃、做一个优雅的“金融女”。）

故事三：“不要砸了别人的饭碗”

说了两个久远的故事，再说两个近一点的。我校示范性微电子学院实施“三个一”工程，即：“完成一条龙 IC 综合实验，参与一年工程实践教育，实现一次芯片流片”。其中，参与一年工程实践教育中最为重要的就是到企业参加为期半年的实习。

作为校内导师，有一天一位学生突然找到我想聊一下他实习的感想。学生非常不解地问：“我看这帮工程师好像都在混日子，他们每天都在进行一些重复和无效的工作”。我愣了一下，问他何出此言。他说发现该公司的大部分工程师每天都在改各

自的脚本文件。但他观察了一个月以后发现其实大部分脚本文件可以合并和参数化。他又用了不到一个月的时间，完成了这项工作，以后完成不同的任务时仅需要进行少量修改，就可以完成项目。如果时间再多一点他会再做一个界面，把参数都通过界面输入后自动生成各种脚本。

他对此疑问的是：“我一个实习生都能想到的办法，为什么这么多老工程师想不到？这样可以显著提升工作效率啊！！”听罢我呵呵一笑：“回去好好干吧，不过你做的东西自己用用就好，以后还可以留个纪念，别砸了别人的饭碗。”

（后记：该同学本科毕业以后未再和我联系，后来听说是出国读研究生去了。）

故事四：“你不是来实习的，你是来扶贫的”

如果说故事三的同学还只是发现了一般的工程师对于工作的懈怠和对 IT 技术的轻视，那么故事四的同学的经历就着实有些“打脸”，打的是我们国内的某些 IC 设计公司的脸了。

故事四的同学在国内某知名 IC 设计公司实习，在实习期间发现该公司的流程过于“手工”，很多 IC 设计流程都没有打通。于是这位同学在实习的业余时间，利用自学的软件编程知识实现了一套基于云平台的 IC 设计流程整合系统。每个参与流程的设计人员都可以在这套整合系统中看到自己的工作流程、进度，还可以把各种工具取得的数据可视化。从他在实习答辩上展示的成果来看，这套系统的可用程度很高。我问他说：“实习单位对此是什么评价？”他哈哈一笑说：“我的那些师傅和同事们都说我不是来实习的，是来扶贫的。”但是这一笑过后，他这套颇有建树的系统也就没有然后了。

（后记：该同学后来参加考研，好像是考得不太理想，最后的出路未知。）

2. 树立“工业软件意识”应从改造观念入手

上面讲的四个故事虽然主角不同、经历不同，但都反映出我们国家的集成电路产业界甚至整个工业领域的“工业软件意识”极其淡泊，对于以信息技术支撑工业设计的理解极不到位。

EDA 软件本质是一种工业软件，其目的是提升设计能力、加快设计自动化程度。广义上任何一种用于工业设计、生产、组织、流通环节的软件都可以称为“工业软件”。这种软件本质上和“工业母机”一样，是工业能力的体现。最新被“瓦森纳协定”纳入管制名单的“计算光刻软件（Computational lithography software）”就是一个典型的例子。在纳米级集成电路工艺条件下，光刻机要生成芯片必须依赖于计算光刻软件先行计算、仿真确定生产参数。离开了计算光刻软件，光刻机生产芯片的良率就无法得到保障。

长期以来我们对于 EDA 软件的认识局限化、刻板化，在意识和观念中存在很大不足。国内早在 10 多年前就高瞻远瞩地提出“以信息化带动工业化，以工业化促进信息化”的方针政策，而目前在 EDA 领域的认识偏差恰恰是对这一方针认识不到位的体现。目前，我们更重视一些有型的、可以直接用于生产的设备或工具，而对提升设备能力、加快生产流程的信息化技术的重视程度非常有限。

这种工业软件思维的缺乏导致的国内学界和产业界对于 EDA 的错误观念主要表现为以下几点：

（1）对 EDA 软件理解“窄化”和“片面化”，没有从信息技术促进设计能力提升的角度来理解 EDA 软件，更没有从工业软件的全局来衡量和定义 EDA 软件。其实信息技术在多个设计／验证环节均能够起到加强设计能力、提升生产效率的作用，提升这些能力必然要以某种软件或程序作为载体，而这些软件或程序都是广义上的 EDA 软件。但长期以来这些软件或程序不被承认为 EDA 软件，也得不到足够的重视。其实国内 EDA 软件的起步完全可以走“服务信息产业”的道路，先从一些能够提升设计效率的环节、流程入手。目前没有把这些软件、程序纳入 EDA 工业软件的范畴予以重视和支持，使得一些原生性的 EDA 工业软件，在一开始就得不到承认和支持，以至于“胎死腹中”，这使得我国具有原创性的 EDA 技术研发找不到生存的土壤。

（2）长期以来，高校和业界将 EDA 技术更多视为“学习如何使用 EDA 软件做不同层次的电子系统设计”的工具，很少从工业软件的角度，研究 EDA 的设计方法学。在高校的课程中冠名“EDA 技术”的课程一般不讲 EDA 背后的运行原理，主要介绍硬件描述语言和各种工具的使用方法。出版的“EDA 技术”的书籍大多也是同样的情况。国内某些所谓的“EDA 协会”不研究 EDA 技术本身，大多是国外 EDA 公司／FPGA 公司的“推广协会”。这种名不符实的现象不但挤占了原本属于真正的 EDA 技术的学术资源和课程资源，也在青年学子中造成了长期的概念混乱。这种“挤占效应”使得本就不够“肥沃”的土壤上杂草丛生，进一步恶化了本土 EDA 软件的生态环境。

（3）由于观念的缺失，现有的各种考评机制并不鼓励发展各种自主的 EDA 技术。由于我国在信息技术上是后发国家，我国的信息技术处于“吸收、消化、赶超”的阶段，电子信息产业也长期处于“有所为有所不为”的状态。长期以来，无论是在产业界还是在学术界，我们更加注重那些能够直接“产出”的技术和工作，而对于能力建设的重视程度偏低。具体到集成电路领域，长期习惯依赖既有的、现成的工具软件来产出成果，而对于自主建设一些 EDA 软件，哪怕是辅助性的、广义的 EDA 软件，也持否定态度。这种观念在学术界的表现就是“五唯”，而在产业界的表现就是 KPI 导向的公司短视化的发展策略。这种短视化的考核机制只监督“砍柴”，不鼓励“磨刀”，更不鼓励去“制造伐木锯”。虽然“伐木锯”造好以后能更好地“砍柴”，传播制造“伐木锯”的技术可以帮更多人更好更快地“砍柴”。但大量一线的科研人员、工程师由于时刻担心每天要上交足够的“柴”，而无法真正花费时间、精力和心思去思考如何造“伐木锯”。少部分有兴趣、有追求的科研人员和工程师在这种机制下也备受折磨，逐渐熄灭了研究 EDA 软件的热情。

从以上分析可以看出，观念上的偏差对我国包括 EDA 软件在内的工业软件造成了长期的损害，对人才培养、学术研究、产品研发及各个公司内部 IT 能力建设都造成了非常不良的影响。因此，必须从意识上、思想根源上对这个问题加以解决。

3. 正本清源，从思想源头上做好 EDA 人才队伍建设

通过以上分析可以看出，从认识上进行“纠偏”是我国发展 EDA 软件发展急需解决的一个重要问题。而首要问题是培养出一批具备“工业软件思想”的人才，通过这样一支稳定的人才队伍把正确的理念运用到国产 EDA 软件及更为广泛的工业软件开发上。

要想从思想源头上做好 EDA 人才队伍建设，需要从几个方面排除不利影响，造就培养、发掘人才队伍的良好环境。个人建议应从以下几个方面入手：

（1）建议教育部、国家新闻出版署和国家标准化委员会等做好 EDA 技术名词的规范工作。对于出版的教材、书籍中对“EDA 技术”的滥用、乱用的行为应尽快予以规范；对于内容中并不包含讲授“EDA 技术”的教材、书籍（包括翻译的书籍）的书名应予以改正，用“数字系统设计”“电路设计工具应用”等更符合实际内容的书名加以替代。

（2）建议科技部、国家自然科学基金委等科技主管部门和机构，明确包含 EDA 软件在内的工业软件研究范畴与范式，保证各级科研范畴中对工业软件的研究支持不滥用、不乱用，切实落到实处。对于针对工业软件这种既不能马上产生经济效益又不能发表论文和申请专利而开展的研究，提供稳定的研究经费支持并进行合理的考核研究，为这类研究保留足够的持续发展空间。

（3）建议教育部及其教指委等部门和机构从专业认证的角度对各校所谓的“EDA 技术”的课程大纲、教学内容进行严格核查，对实际上没有讲授 EDA 技术的课程要予以整改甚至撤销。在此基础上推动高校开设“真正的”EDA 技术课程，释放被占用的教育资源来培养真正学习过 EDA 技术的后备技术人才。

（4）建议各级学会、科协组织对于挂靠／下属的“EDA 学会”进行清查和规范，对于没有真正从事 EDA 学术研究、交流与推广的学会应予以限期整改或改名。

（5）以赛促学，产教融合。通过竞赛搭建国内真正从事 EDA 相关技术的学者、学生、产业公司之间交流的平台。通过公司出题、学校参与、学生答题的形式，让

学生真正认识到产业需求和真正的 EDA 技术在关注什么问题。通过“真刀真枪”的比拼，考查各个学校在 EDA 软件领域的培养成果。以此推动培养一批真正具备“工业软件”意识、熟悉 EDA 技术背后关键科学理论和方法学的年轻学子，为产业培养足够的后备军。

（6）通过网络课堂、直播讲座等方式对已经工作的年轻从业人员进行培训，将工业软件的意识更加广泛地传播开，鼓励他们尝试在自己的工作中利用信息技术提升设计自动化水平。

（7）对于企业中开展的 EDA 软件等工业软件的研究应予以扶持，通过知识产权保护、高新企业认定等政策鼓励企业对自身员工自主开展相关研究予以保护和支持，从而推动国内 EDA 技术的原发性生长。

以上是本人对于国产 EDA 技术发展的一些观察和建议。

作者简介：

黄乐天，电子科技大学电子科学与工程学院副教授，电子科技大学博士，CCF 集成电路设计专业组委员。主要研究方向为计算机系统架构与系统级芯片设计方法学，已在 *IEEE Transactions on Computers*（CCF A 类期刊）等高水平期刊和 CODE+ISSS、FCCM、ASPDAC 等顶级会议上发表高水平论文 50 余篇，申请专利 20 余项，出版学术著作 1 部。参加工作以来主持和参与过国家自然科学基金项目重点项目、国家科技重大专项、国家“863”重点研究计划等国家级重点科研项目，曾荣获 Altera 公司（Intel PSG）金牌培训师，第七、第八、第十二届研究生电子设计大赛优秀指导教师，电子科大网络名师等称号。先后担任过多个国际会议的 PC Chair、TPC Chair、Special Session Chair、Session Chair 等学术职务。

从 EDA 工具演变史看芯片创新之未来

新思科技市场部

芯片的发展催生了 EDA（电子设计自动化）工具，而随着芯片产业的规模日益扩大，EDA 作为最上游的核心技术和工具，驱动并引领芯片设计乃至整个芯片产业的不断向前。历史是未来的一面镜子。回顾 EDA 技术的演变历史，也许是我们窥探芯片技术未来发展的重要途径。

1. EDA 工具的出现，手动到自动的跨越

1958 年诞生的芯片拉开了人类社会迈向信息社会的序幕，并逐渐形成了芯片产业。1965 年，摩尔提出“由于工程师可以不断缩小晶体管的体积，芯片中的晶体管和电阻器的数量每年会翻番”，此后又修正为“每隔 24 个月，晶体管的数量将翻番”。彼时，芯片上的元件大约只有 60 个，设计人员依靠手工完成芯片的设计、布线等工作。

从 20 世纪 60 年代中期开始，业界先后出现了通过几何软件生成单色曝光图像图形化工具、第一个自动化的电路布局和布线工具等，这些工具奏响了 EDA 发展的序曲。20 世纪 80 年代开始，随着 VHDL、Verilog 及仿真器的出现，芯片设计仿真和可执行的设计有了规范化的硬件描述语言和标准。

1986 年，新思科技创始人 Aart de Geus 博士发明了具有划时代意义的逻辑综合工具。逻辑综合工具的出现，使原本用单个门来手动设计芯片电路的工程师用电脑语言来“写”电路的功能，能够通过逻辑综合进行设计实现，极大提升了芯片设计的效率，从而让工程师将更多精力集中在创造性的设计上。这项发明无论在当时还是现在，都具有划时代的意义，加速了芯片开发的进程，使大规模芯片开发变为可能，让人类有机会在今天设计出包含数百亿个晶体管的复杂芯片。

EDA 工具推动芯片行业沿着摩尔预测的路径发展，从 10μm 逐步演进到如今的

5nm，芯片规模逐渐扩大，电子系统变得越发复杂。从系统架构开始，到功能的定义和实现，最终实现整个芯片的版图设计与验证，是一项复杂的系统工程，汇聚了人类智慧的最高成果。以苹果公司 2020 年发布的新款 A14 芯片为例，这款芯片采用 5nm 工艺制造，将 118 亿颗晶体管集成在面积仅为 $88mm^2$ 的内核上，设计、布线等工作靠手工已经无法完成。

2. Design Compiler 赋能全球 IC 设计

逻辑综合对于 EDA 设计领域来说是一个伟大的成就，能够把描述 RTL 级的 HDL 语言翻译成 GTECH，然后再优化和映射成工艺相关的门级网表，输入给自动布局布线工具生成 GDSII 文件用于芯片制造。新思科技的 Design Compiler 自 1986 年推出以来，得到全球几乎所有的芯片供应商、IP 供应商和库供应商的支持和应用，到 20 世纪 90 年代中期，Design Compiler 已经成为 RTL 逻辑综合的事实标准，让设计人员的生产力提高至 10 倍。Design Compiler 作为业界历史悠久的设计实现工具，经过 30 年的不断发展和技术积累，提供最可靠设计实现优化和性能结果，是目前业界使用最为广泛的 ASIC 设计实现工具之一。

新思科技并未止步于一时的技术领先，而是前瞻性地预判到行业未来的发展趋势和市场需求，持续对 Design Compiler 系列产品进行研发投资，带来一次次突破性的创新综合技术。例如，新思科技将 Design Compiler 升级迭代为 Design Compiler Graphical，加入物理综合，即在综合前加入版图的布局规划信息（floorplan），然后调用库信息和约束条件，生成带有布局信息的门级设计结果，进一步提高了综合与布局布线结果的相关一致性，不仅可以更精准地估算连线延时，还可以预测布线拥堵情况并进行相应优化。

Design Compiler 系列产品已经引领市场超过 30 年，新思科技一次次以尖端的 EDA 技术，为当今极度复杂的前沿设计提供了有力支持。新版 Design Compiler NXT 集成了最新的综合创新技术，支持 5nm 以下工艺，能够大幅度缩短运行时间、实现具有绝对优势的 QoR，同时满足了诸如人工智能（AI）、云计算、5G 和自动驾驶等半导体市场对更小体积、更高性能、更低功耗的芯片需求，以及对研发周期越来越高的要求。

3. Fusion Compiler 推动数字设计迈进新纪元

从 2000 年开始，由于复杂性日益增加，过程节点和设计时间持续缩减，为了仍然能够提供更好的结果和更快交付，管理设计成本变得十分关键。于是新思科技开始着手开发一个全面的、紧密集成的实现平台——Galaxy Implementation Platform，能够将芯片物理实现所需的所有工具集成到一个协调的环境中，简化了工程师从一个工具转换到另一个工具的复杂度，有助于提高生产力并降低出错概率。IC Compiler 是该平台的一个主要组件，为设计人员提供了一个单一、聚合、芯片级物理实现工具，该工具具有卓越的设计结果质量（QoR）、交付时间更短、设计成本减少及易用性等优点。

进入 21 世纪，EDA 技术开始深入制造领域，并与晶圆厂建立紧密的合作，将 EDA 工具的使用从制造不断扩展到标准单元库、SRAM 设计。而随着领先的晶圆厂每两年开发一代工艺，不断推动摩尔定律向前，EDA 工具需要在早期工艺研发中介入，以确保芯片的设计能够在新工艺上被精确应用、最终成功制造，EDA 在产业链中的作用更加凸显。新思科技作为目前全世界唯一一家覆盖了从硅的生产制造、芯片测试到设计全流程的 EDA 公司，既能够在芯片制造的所有流程环节提供核心技术和软件，又能够为芯片设计的全流程提供核心技术软件的 EDA 和 IP，有力推动了产业生态圈的良性合作。

工艺和设计的不断发展，要求前后端有更好的一致性，以便更快速地收敛。新思科技推出创新性的 RTL-to-GDSII 产品 Fusion Compiler，通过把新型高容量综合技术、行业领先的布局布线技术及业界领先的 Golden Signoff 技术融合到统一可扩展的数据模型中，同时引入诸多机器学习技术，利用 Fusion Compiler 可以在最短的时间内提供同类最佳的设计实现质量，能够更好地预测 QoR，以应对行业先进设计对更高性能、更低功耗、可靠性、安全性的要求。

Fusion Compiler 是业界唯一的从 RTL 到 GDSII 的解决方案，能够实现前后端统一数据模型、统一的设计和优化引擎，让整个设计实现中保持良好的一致性，促进了设计实现的性能提升，缩短了工具实现的时间，加快了设计收敛的速度。同时，引入机器学习技术，对设计的实现和优化进行加速，显著提高设计收敛的速度。这样的融合技术已被市场领先的半导体公司进行了充分验证，能够提供高质量的设计，包括通过台积电 5nm、3nm 和三星 5nm、3nm 等最先进工艺的技术认证。

4. DSO.ai 开启芯片智能设计

当前，芯片行业正在经历一个技术进步和创新浪潮的复兴时期。人工智能、5G、自动驾驶等新兴领域技术的不断发展给芯片设计带来全新的挑战，包括工艺要求提升、丰富的应用场景、整体设计规模及成本等。EDA 工具进入 2.0 时代，其未来的发展着重在两个大的方向，一是应用目前丰富的算力，提高并行和分布式处理能力，提升设计效率；二是更多地应用 AI 技术，促进设计的探索自动化，减少可替代的人工努力，解放工程师资源到更具创造性的工作中。

新思科技于 2020 年初推出了业界首个用于芯片设计的智能化软件——DSO.ai（Design Space Optimization AI），这是电子设计技术上又一次突破性技术，能够在芯片设计的巨大求解空间里搜索优化目标。该解决方案大规模扩展了对芯片设计流程选项的探索，能够自主执行次要决策，帮助芯片设计团队以专家级水平进行操作，并大幅提高整体生产力，从而在芯片设计领域掀起新一轮革命。三星已经采用新思科技 DSO.ai 实现性能、功耗与面积优化上的进一步突破。原本需要多位设计专家耗时一个多月才可完成的设计，DSO.ai 只要短短 3 天即可完成，提速近 10 倍。

在摩尔定律走向极限、电子领域急需转变突破的关键点、人工智能和量子等新兴技术及产业不断涌现的当下，新一代 EDA（NG-EDA）的呼声越来越高。DSO.ai 这种 AI 驱动的设计方法将引领 EDA 进入 2.0 时代——支持大规模并行运算、可部署在云端的 EDA 智能化设计系统。EDA 作为整个电子产业的根技术，将保障芯片的持续创新，为人类迈入数字经济时代提供源源不断的动力。

公司介绍：

新思科技（Synopsys，Inc.；纳斯达克股票市场代码：SNPS）致力于创新改变世界，在芯片到软件的众多领域，新思科技始终引领技术趋势，与全球科技公司紧密合作，共同开发人们所依赖的电子产品和软件应用。新思科技是全球排名第一的芯片自动化设计解决方案提供商，全球排名第一的芯片接口 IP 供应商，同时也是信息安全与软件质量的全球领导者。作为半导体、人工智能、汽车电子及软件安全等产业的核心技术驱动者，新思科技的技术一直深刻影响着当前全球五大新兴科技创新应用：智能汽车、物联网、人工智能、云计算和信息安全。

新思科技成立于 1986 年，总部位于美国硅谷，目前拥有 16000 多名员工，分布在全球近 135 个分支机构。2021 财年营业额逾 41 亿美元，拥有 3400 多项已批准专利。

自 1995 年在中国成立新思科技以来，新思科技已在北京、上海、深圳、厦门、武汉、西安、南京、香港等城市设立机构，员工人数超过 1600 人，建立了完善的技术研发和支持服务体系，秉持“加速创新、推动产业、成就客户”的理念，与产业共同发展，成为中国半导体产业快速发展的优秀伙伴和坚实支撑。新思科技携手合作伙伴共创未来，让明天更有新思！

中国集成电路创新力来源探究
——从“中国创芯者图鉴”谈起

新思科技市场部

集成电路的诞生和发展，奠定了现代社会发展的核心硬件基础，驱动了移动通信技术、互联网技术、物联网技术、人工智能、云计算等新兴技术的发展，使人类社会迅速步入了数字经济时代。尤其是近年来中国政府加大了对新基建建设的部署和推进，集成电路产业作为新基建的基石，获得了前所未有的市场机会和发展势头。根据 IBS（International Business Strategies）的数据，2019 年中国集成电路市场规模为 2122 亿美元，到 2030 年将增长至 5385 亿美元。如何把握新基建浪潮带来的万亿级市场机会，在 5G、人工智能、云计算等带来的高端芯片新赛道上一往无前？如何提高创新力，实现技术、应用及市场整体突破？这些是中国集成电路产业当前的重要研究课题。

1．寻源：中国集成电路创芯者职场现状

作为集成电路这一明星产业的创新基因缔造者，芯片开发者近年来也逐渐从幕后走到台前，越来越多地为大众所知。聚焦这些开发者的职场现状和未来愿景，全球领先 EDA 企业之一的新思科技于 2020 年独创性地开展了“中国创芯者图鉴”调研，从北京、上海、广东、江苏等至少 8 个产业一线省市的核心企业中，获得超过 2700 份芯片开发者的回复。基于此次对产业基础群体的调研结果和发现，结合新思科技在集成电路开发行业的领先服务实践、前沿观察研究与分析，以及百度、燧原科技、黑芝麻智能等合作伙伴分享的在 AI、智能驾驶等芯片领域的成功探索经验，以期探究中国集成电路研发的真实状况和基础发展逻辑，旨在寻找到创新力的真正来源。

根据调研结果，处于持续追赶状态的中国集成电路产业，把勤奋视为最基础的品行。芯片开发者普遍性勤奋、时刻保持学习状态，不断提高认知和技能，84%的

开发者每天平均工作时长超过 8 小时，在紧跟时代发展步伐的同时，推动新技术的迭代和更新。更为重要的是，正如已知越多、未知圆周就越大的知识圆周心理效应，从业年限越长的开发者，超时工作的比例越大，究其原因，集成电路行业既需要很高的理论水平，也需要深厚的经验积累，资深人才往往肩负更大责任，例如为团队把握方向、输出成功经验、持续更新自己的知识架构，为产业创新贡献更多力量。

集成电路产业链环节复杂、涉及面广，任何一环的脱节都会影响整个系统的正常运转，集成电路开发者的一点疏忽就可能导致千万美元的损失。根据“中国创芯者图鉴”调研，参与项目流片成功率超过 90%以上的集成电路开发者仅占约 30%。流片难的原因主要在于：芯片开发的设想在经过数年开发周期后与应用市场的实际需求发生了偏差；在漫长的芯片开发周期中遇到配合问题导致逾期；设计的技术规格无法完全实现。成功流片是推动技术进步的关键，而流片与否的决定因素在于大量符合新时代要求的芯片开发人才，而拥有产品定义能力的项目管理人才则尤为可贵。

2. 溯流：EDA 工具驱动创新

工欲善其事，必先利其器。集成电路产业涉及从芯片设计到晶圆制造，再到封装测试，至少 40 余个子环节，最终交付给应用端客户。而贯穿这个漫长的产业链、赋能芯片开发者的重要设计与管理工具，便是 EDA（电子设计自动化）软件。清华大学周祖成教授认为，如果单单把 EDA 当成提升电路设计的工具，那就忽视了其本身的价值，EDA 是整个信息产业中非常重要的工业软件。

EDA 软件是集成电路设计最上游、壁垒最高的核心技术和工具，涵盖了集成电路设计、布线、验证和仿真等所有流程，是集成电路设计必需的、最重要的软件工具，被称为“芯片之母”。EDA 作为芯片创新的必要工具，撬动全球 5000 亿美元的芯片市场和 1.6 万亿美元电子市场的发展，是科技行业的“根技术”。

新思科技的 EDA 业务板块分为设计实现平台、验证平台（包含软件、FPGA、硬件仿真器）、制造类软件平台、IP 平台以及软件安全平台五大类，是著名的芯片设计解决方案提供者和芯片接口集成电路设计模块供应商，也是半导体工艺开发及集成电路制造的软件供应商，是全球芯片产业的中流砥柱，被誉为全球集成电路行业“风向标”。

1995 年新思科技进入中国时，中国集成电路产业正处于发展的瓶颈期，而市场对于芯片的需求日益增加，中国的电子产业在巨大的市场需求推动下开始发展。在此关键时刻，新思科技为中国集成电路行业带来以 EDA 为代表的领先技术和先进方法学，开始探索长足发展之路。目前中国集成电路设计企业数量达到 1780 家，芯片工艺也不断追赶国际前沿水平，在诸如人工智能芯片等细分领域甚至实现了超越。EDA 工具对于技术创新的推动力之大可见一斑。

四分之一个世纪以来，新思科技深度参与了国内先进自主 3G/4G/5G 系列手机芯片、各高性能服务器芯片、晶圆制造先进工艺开发、先进存储器设计和工艺开发等一系列中国自主知识产权集成电路重大项目，服务广大中国芯片制造及设计企业；并成立新思科技中国投资基金，为中国的人工智能、集成电路初创企业提供快速成长的沃土，带动中国芯片设计产业完成从跟随国外到自主研发先进芯片的转型和升级，助力产业结构优化，赋能中国芯片产业创新，助力中国的新基建高质量快速发展。

3. 开渠：校企合作是行业人才培养的重要途径

毋庸置疑，人才是集成电路行业最大的创新力来源，而工具是提升人才创新能力的主要抓手。早在中国现代集成电路产业的初创时期（20 世纪的 90 年代），新思科技就意识到人才的重要性，将价值数千万美元的先进的芯片设计工具软件捐赠给清华大学和北京大学，并成立了“清华大学-新思科技高层次电子设计中心”，旨在同心同力培养领航人，为中国集成电路产业的发展埋下了崛起的种子。

技术致新，聚力至远。25 年来，新思科技始终致力于为中国集成电路产业打造多层次的人才培养机制，以满足中国集成电路产业自主创新对于人才的巨大需求。2012 年，新思科技着手在武汉设立全球研发中心，并于 2019 年 12 月正式投入使用，是新思科技在海外首次投资建设的顶级研发中心，中心能容纳 500 多位研发人员，专注于开发全球半导体产业和电子信息产业所需的领先 IP 技术及软件与安全领域产品，为中国集成电路产业培养并输送顶尖的技术人才。

1996 年制定新思科技大学计划，目标是激励和培育下一代世界级的技术专家和创新者，在中国加入大学计划的有 79 所高校，其中清华、北大等顶级学府使用新思科技工具已长达十年之久。同时，由新思科技牵头世界顶级专家教授历经十年开发的集成电路设计全套教程，包括 130 多门适用于集成电路相关专业的大学本科和硕士研究生的中英文双语教程。

随着人工智能、深度学习、自动驾驶应用的推广与普及，国内大学已成立 40 余所人工智能学院。为探索 AI 人才的培养和项目孵化，新思科技已经和复旦大学开始探讨在类脑芯片领域合作，并启动新思—清华 AI Lab 项目，同时还推动新思全球人工智能实验室落地中国，旨在为人工智能领域的芯片开发人才打造优秀平台。

除此之外，新思科技自 1996 年首届“中国研究生电子设计竞赛”举办以来，连续 26 年支持这一全国研究生创新实践系列竞赛活动，为参赛选手提供芯片设计平台，并安排资深应用专家进行集成电路设计工具的全方位赛前培训，通过专门奖项的设立，吸引、鼓励和支持学生参与最顶尖的技术创新和实践；同时，以国际领先企业的视角和对技术走向的认识，参与研电赛出题和邀请竞赛优胜的选手访问位于硅谷的新思科技总部，帮助学生拓宽视野，了解产业的最新需求，为促进行业人才培养做出了巨大贡献。

4. 汇川：全行业视角、产品定义能力重塑创新力

根据《国家集成电路产业发展推进纲要》，产业规模到 2030 年将扩大 5 倍以上，需要 70 万专业人才。而目前我国集成电路从业人员总数不足 30 万人，人才培养总量严重不足。为配合中国相关产业人才体系建设，2017 年新思科技配合工信部完成了中国首部《中国集成电路产业人才白皮书》的编写，为推动产业发展和人才培养献计献策。

2020 年 7 月底，国务院学位委员会会议投票通过集成电路专业将作为一级学科，并将从电子科学与技术一级学科中独立出来的提案。8 月 4 日，国务院发布关于印发《新时期促进集成电路产业和软件产业高质量发展的若干政策》的通知，明确要推进集成电路一级学科设置、示范性微电子学院和软件学院建设、联合国际知名大学和跨国公司共同培养人才。

人才的重要性不言而喻，然而集成电路复杂度提高、开发周期紧迫、工艺升级要求高，在人才紧缺的现状下，如何结合生态创新、优化研发协作模式，将集成电路开发者从烦琐和重复性工作中解脱，把重心投入赋能应用的创新中，是中国集成电路企业，尤其是新创公司获得市场成功的可行之法。

根据新思科技“2020 年中国创芯者图鉴”调研，中国集成电路开发群体受小作坊式思维影响较深，对产业生态合作重视程度不够，当中国集成电路开发者遇到“功能／指标难题”时，超过 90%的人会选择“在内部人员或固定小圈子处寻求帮助”，只有不足 8%的人会考虑“在论坛或者供应商处寻求专业建议”。由此可见，高质量的专业知识分享社区在行业里依然缺位，无论是企业还是人才，都需要跨出圈子，打开思维，加强与行业上下游的交流合作，形成良好的产业生态圈。

“2020 年中国创芯者图鉴”调研中分享了新思科技重要合作伙伴 AI 新创公司燧原科技的案例。结合生态链上游经验，燧原科技探索建立更符合自身的全流程项目管理模型，并将其应用于从设计到流片的项目全流程，保障了各项目的顺利推进。受益于此研发协作模式的创新，成立仅两年的燧原科技，仅用 18 个月时间，就完成了国际巨头需要耗时至少 3 年才能迭代完成的 AI 大芯片。

同时，“2020 年中国创芯者图鉴”调研显示，38%的开发者认为产品定义和市

场需求是最大的挑战。精准的产品定义和规划能够协助企业和开发者及时把握市场动向，找准痛点，引领项目走向成功。在先进技术之外，越来越多的芯片开发人才开始注重产品定义和项目管理，于中国集成电路产业而言，是极大的幸事。我们期待，随着近年来新兴应用赛道发展、国家政策倾斜、资本市场青睐等多力带动下，中国集成电路产业将迎来腾飞的又一个黄金时期。

作为领先 EDA 设计工具和成熟 IP 供应商，新思科技将继续与怀有技术梦想、充满研发热情的中国集成电路开发者肩并肩携手共进，通过先进工具、成熟 IP、生态联动等资源，助力开发者应对挑战、加速成长，为中国集成电路产业未来发展探索方向。

公司介绍：

新思科技（Synopsys，Inc.；纳斯达克股票市场代码：SNPS）致力于创新改变世界，在芯片到软件的众多领域，新思科技始终引领技术趋势，与全球科技公司紧密合作，共同开发人们所依赖的电子产品和软件应用。新思科技是全球排名第一的芯片自动化设计解决方案提供商，全球排名第一的芯片接口 IP 供应商，同时也是信息安全与软件质量的全球领导者。作为半导体、人工智能、汽车电子及软件安全等产业的核心技术驱动者，新思科技的技术一直深刻影响着当前全球五大新兴科技创新应用：智能汽车、物联网、人工智能、云计算和信息安全。

新思科技成立于 1986 年，总部位于美国硅谷，目前拥有 16000 多名员工，分布在全球近 135 个分支机构。2021 财年营业额逾 41 亿美元，拥有 3400 多项已批准专利。

自 1995 年在中国成立新思科技以来，新思科技已在北京、上海、深圳、厦门、武汉、西安、南京、香港等城市设立机构，员工人数超过 1600 人，建立了完善的技术研发和支持服务体系，秉持“加速创新、推动产业、成就客户”的理念，与产业共同发展，成为中国半导体产业快速发展的优秀伙伴和坚实支撑。新思科技携手合作伙伴共创未来，让明天更有新思！

漫谈 EDA 产业投资

李　敬

1. 国产 EDA 面临快速发展

国产 EDA 产业在过去 3 年里所取得的发展是令人惊叹的，这主要体现在：

国产 EDA 企业的营业收入获得大幅增长，企业获得丰厚盈利。例如概伦电子 2019、2020 年度的营业收入分别比上一年增长了 26.06%和 109.94%，2021 年前三季度的营业收入则同比增长了 43.62%；华大九天 2021 年度获得了丰厚的财务收益，已经可以自主支撑企业后续的技术与市场发展，从“紧日子”过渡到了“不差钱”。

国产 EDA 产品已经获得了用户的普遍认可，市场拓展取得重大成功。目前，国内集成电路企业在业务流程中尽量引入国产 EDA 工具已经成为一种共识。笔者就亲自见证了华大九天同兆易创新之间一笔业务合作的达成。如果说兆易这样的领军企业引入国产 EDA 产品，尚有一些企业战略及社会责任方面的考虑，则笔者在考察福建集成电路产业发展时，发现一些中小企业也已经开始全面采用国产 EDA 产品，如宗仁科技、鳍软科技等，而他们的决策是纯粹出于技术与经营角度的。这说明国产 EDA 产品已经在市场上站稳了脚跟。

国产 EDA 产业的投资价值已经获得资本市场的普遍认可。概伦电子于 2021 年 12 月 28 日上市，发行市盈率达 575.28 倍，企业市值一度上探 200 亿元。截至 2022 年 3 月 4 日收盘，概伦电子的动态市盈率仍有 451.83 倍。而目前国内 EDA 产业的龙头企业，如华大九天、芯和半导体等，受到了投资机构的普遍追捧，以致接待投资机构来访成了企业的甜蜜的负担。国内集成电路领域的头部投资机构正抓紧在 EDA 领域布局，一些新晋集成电路专业投资机构正在筹备专注于 EDA 领域的风险投资基金。

业内还涌现了一批新设国产 EDA 企业。这些企业往往由国内外产业资深人士领军创办，在当前国内 EDA 产业链的空白领域查漏补缺，或面向产业发展痛点及未来发展方向开展布局，为建设完整的国产 EDA 产业生态奠定了良好基础。这里比较知名的企业包括芯华章、瞬曜等。摩尔精英在建立 EDA 云服务商业模式方面的探索也是很有价值的。

国内集成电路相关研究机构正在同产业界紧密合作，调动更多的资源投入 EDA 技术的研究，并已实现技术成果的产业化。就笔者了解，目前清华大学电子工程系正在组织产业领军企业及研究机构，共同编写面向 EDA 产业发展前沿及人才培养实际需求的系列教材。而清华大学计算机系喻文健老师基于他在寄生参数提取领域的研究成果，成立了超逸达公司，成为国内研究机构 EDA 领域成果转化的一个范例。

国产 EDA 产业的发展已经获得了全社会的普遍关注。受美国政府经济制裁的影响，对我国信息产业自主可控和产业安全保持关注的人们，已经充分意识到了 EDA 产业在国民经济中的关键地位。相关的新闻报道和研究报告层出不穷，使得了解全球 EDA 产业概况，及其在国内发展的历史、现状及未来发展目标的人越来越多，这为未来国产 EDA 产业的发展建立了良好的社会基础。

笔者对国产 EDA 产业保持着持续关注，对产业的发展也一直持有乐观态度。但近 3 年来产业发展的实践依旧超出了笔者当初的预期。国家政策主管部门及集成电路行业内部对国产 EDA 产业发展的热情是可以预见的，但资本机构参与到 EDA 产业的发展中来，是面临着一系列操作层面的困难的。然而我们的资本机构依旧发挥出了超出预期的主观能动性，为产业的发展提供了很大的助力。在当前形势下，我们为了建立完整的国产 EDA 产品链及产业生态，形成产业自主发展乃至技术变道超车的能力，是需要继续对产业头部机构及新设企业保持高强度的资本投入的。也正因此，帮助我们的投资机构们梳理产业投资逻辑，提出开展国产 EDA 产业投资的执行建议，也就是极为必要的了。

2. 国产 EDA 产业发展的驱动因素

国产 EDA 产业之所以面临着良好的发展时机，主要是受以下几点因素驱动的。

（1）国内集成电路产业链（包括材料、设计、制造、封测、IP 及设计服务等环节）的快速发展，为国产 EDA 产业提供了广阔的市场空间，且为其产品的优化迭代提供了良好环境。

（2）美日等国对我国的技术封锁，使得政府、产业和全社会都充分认识到，不能简单依赖国外 EDA 产品发展我们的集成电路产业，必须开发自主可控的国产 EDA 工具集。因此当前从中央到地方出台了各种 EDA 产业发展扶持政策，从税收减免到市场补贴，有力地推动了国产 EDA 产业的发展。集中力量办大事是我们国家的体制优势，我们国家对于需要进行大规模投入的后发性产业，一贯是采取政府先行引导式的大规模投入，帮助产业建立技术、市场及资本基础。待产业具备了自我造血、自主发展的能力后，政府就退到服务性的角色上去，将产业的发展交给市场。事实证明，这一模式切实地帮助了我国显示器件及芯片制造业的发展，后续也必将在 EDA 产业的发展中发挥巨大的作用。业内有言，集成电路者，就是要集政产学研之大成。当然，EDA 产业的发展还亟待政府在资本及政策方面进一步的大力投入。另外，产业方面也为国产 EDA 产品的验证与引入提供了各种便利。

（3）EDA 产业整体的发展面临转折点，在一些领域存在变道超车的机会。我国 EDA 产业有可能抓住机会，在一些前沿领域上实现突破，取得领先地位。

（4）国产 EDA 产业的人才供给情况正在逐步改善，尤其是一些高端领军人才回国创业，为产业注入了新的发展动力。国内 EDA 产业人才的培养及使用也在逐步改善。产业里有个说法：人才是 EDA 产业的唯一供应商。落实到实践上，就是 EDA 企业基本不需要固定资产投入，而是完全靠着人才聪明才智的发挥来形成自身业务体系及竞争优势的。EDA 企业的发展，需要有大心量，敢用人才，用好人才，真正为那些带着理想和技术积累的人才提供可以安心奋斗的工作环境及优厚待遇。所幸者，目前政府、企业和资本机构等各个方面，已经广泛接受了这一理念，这也为产业人才供给的改善提供了条件。

（5）华大九天、概伦电子等国产 EDA 产业的领军企业的上市（或将要上市），将为产业发展提供更为专业、长期且有力的资本支持。而这些企业在上市后，将有很大概率要发动产业收购以快速建立自身的产品生态，这将为大量的 EDA 点工具创业企业提供通畅的退出渠道。从 Synopsys、Cadence、Mentor 等国际大厂的发展历程来看，在已有点工具产品优势的基础上，通过积极的有规划的产业并购，形成较为完整的 EDA 产品链，进而搭建具有一定排他性的集成电路设计 / 工艺平台环境，是 EDA 厂商从优做大、从大做强的必由之路。相信未来华大九天、概伦电子等厂商，也会基于自身在模拟芯片仿真工具及器件建模与测量工具等优势点工具的基础上，面向芯片设计流程及制造工艺设计流程 EDA 工具的整体需求，大规模开展相关产业并购工作，以期整合形成我们自己的 EDA 工具平台。

这里，关于 3、4 两点，即国产 EDA 产业的变道超车及人才补给问题，可以展开说一说。

1）国产 EDA 产业的变道超车

随着集成电路规模的不断扩张，集成度的不断增加，芯片设计业对 EDA 工具提出了新的要求，也就成为国产 EDA 产业变道超车的契机。这些要求主要体现在：

（1）要求 EDA 工具的抽象能力更强。

具体而言，就是要求 EDA 工具具有从系统级描述直接进行逻辑综合生成 RTL 级网表，并生成物理综合结果的能力。同时 EDA 的形式验证工具也应具有从物理层向上穿透至系统层的能力。前段时间，业内提出了 AI Compiler 的概念，亦即新的数字集成电路设计综合器应当具有从人工智能网络结构图直接生成 RTL 网表的能力。而在通信芯片领域，综合器也应当具有从通信算法描述直接生成芯片设计的能力。同时，上述所生成的设计应当是具有商业意义的，经过充分优化的。如果讨论更高级的要求，EDA 工具还应当根据集成电路通用性的要求，自动进行系统架构中软硬件部分的划分，或至少给出具有参考意义的建议。

事实上，EDA 产业内面向这个目标已经做过多年的努力了。早在 15 年前，业内就提出过 SystemC 这样的可综合系统级建模语言，但实际的效果并不尽如人意。如果国内的团队有能力做出具有更强抽象能力的先进工具，那就可以抢占 EDA 产业发展新的制高点了。

（2）要求将人工智能、云计算、大数据等领域的新技术融合到 EDA 工具中来。

2017 年美国 DARPA 推出了电子复兴计划（Electronics Resurgence Initiative，ERI），其中关于 EDA 产业的项目有两个，分别为电子设备智能设计（Intelligent Design of Electronic Assets，IDEA）计划和高端开源硬件（Posh Open Source Hardware，POSH）计划，其目的是应对先进系统级芯片（SoC）、系统级封装（SiP）和 PCB 的设计所需成本和时间的急剧增加。这两个计划的核心在于将人工智能和大数据技术更好地应用于 EDA 产品中，进一步提升集成电路设计的自动化水平和工作效率。这很好地指明了 EDA 产业未来的发展方向。

而在国产 EDA 领域，华大九天的 ALPS 工具应用了在人工智能和云计算技术中成熟起来的并行计算加速技术，将电路仿真的时间缩短为国外同类产品的 1/3，同时还提升了仿真精度。博达微将人工智能技术应用于 PDK 建库和器件性能测量中，形成了自身独特的竞争力。由此可知，把我国具有优势的 AI、云计算和大数据技术融合到 EDA 产品中来，确实是实现我国产业技术突破的一条重要路径。

（3）要求 EDA 工具与各种工艺做更紧密的融合，提供更多物理量的综合建模与仿真环境。

这里的一些具体的要求包括：对 3D 芯片相关技术进行建模，并对其进行电气仿真及热仿真能力的要求；随着系统级封装的发展，将芯片级仿真与封装级仿真更为紧密结合起来的要求；对于 MEMS 这样的器件，将机械仿真与电气仿真的一体化的要求；在硅光子领域，进行光电一体化建模与仿真的要求；电路仿真与电磁场仿真更为紧密融合的要求等。

上面所述的每一个方向都有可能成为 EDA 产业创业的契机，培育出新的 EDA 产品，并帮助 EDA 企业在行业内站稳脚跟。再拿华大九天举个例子，他们在 FPD（平板显示器件）方面的 EDA 工具产品在行业内独树一帜，帮助他们建立了一个稳定的营收来源，提升了企业的业绩和抗压能力。

综上所述，目前集成电路产业内对 EDA 产业所提出的这些新的要求，使得 EDA 产业的发展面临一些新的方向。在这些方向上，我们的“历史欠账”没有那么多，同国外大厂的差距没有那么大。所以，把握好这些方向，并在相关领域进行深耕，是我国实现 EDA 产业变道超车的重要抓手，也是开展 EDA 产业投资的重点方向。

2）EDA 产业人才供给的改善

有了方向而没有能做事的人，产业的发展也是纸上谈兵。所幸目前 EDA 产业人才紧缺的状况正在逐步得到改善。

根据统计，在 2019 年年中，国内 11 家 EDA 企业的总人数为 823 人。考虑到未能包含在统计范围内的企业，我估计国内 EDA 产业总的从业人数应该在 1300 人左右。如果按产品研发人员（排除用作客户服务的 FAE 人员）占比 50%左右计算的话，则产业内研发人员队伍总的规模应当在 650 人左右，这是比较乐观的估计。与之对比的，仅国外三大厂之一的 Synopsys 一家即有 7000 多人的研发队伍，其中有 5000 多人从事 EDA 方向的研发。可见我们面临的形势有多么严峻。

之前造成这一形势的主要原因，还是 EDA 产业实在是太穷了，人员待遇上不去，人才流失就很厉害。前段时间常听到 EDA 企业培养的专业人才被“互联网+”挖走、被大企业挖走。但这毕竟是市场法则，还是得从体制的角度下手，以资本为手段，才能扭转这种局面。

目前的一个好的形势，是国外三大厂的一些中高层华人员工开始归国任教或创业了，这将给国产 EDA 产业带来极大的推动作用。过去一段时间已经有一个 EDA 产业高端人才回国的小高潮，并带动了本土 EDA 人才的成长。而在未来，将会有更多的人才回国开创自己的事业，这个事情将成为我国 EDA 产业人才供给改善的关键性转折点。

瞬曜的傅勇学长及清华大学计算机系喻文健老师的创业事例，都说明了有更多的高端人才在投入国产 EDA 事业，也将带来更多的创业投资机会。

另外，国内一些知名高校及科研院所已经加大了 EDA 产业人才的培养力度，预计在未来 3 到 4 年内，我国本土 EDA 产业人才的供给将获得极大改善。

应当看到，无论是从国内外大的政治与政策环境出发，还是从国内市场需求的角度；无论从 EDA 产业技术发展趋势，还是从产业人才与资金供给的角度来看，国产 EDA 产业都面临着良好的发展势态。具有远见的科技产业投资机构，应当将国产 EDA 产业纳入投资视野中来，并针对这一方向，进行项目储备，募集投资基金，开展布局工作了。

3. 国产 EDA 产业投资要点

如果接受了我们对于国产 EDA 产业投资前景的判断，那么接下来的问题就是如何进行 EDA 产业的投资了。对此，我认为至少有 4 个要点。

1）紧密围绕国产 EDA 产业的发展驱动因素

我在前面那么大篇幅去讨论国产 EDA 产业发展的驱动因素，就是因为做这个产业的投资，必须紧密围绕这些驱动因素。

事实上国产 EDA 产业的产品发展逻辑有两个，一个是“补齐短板”，一个是“变道超车”。“补齐短板”，即参照国外大厂的现有产品体系，建立我国所对应的自主可控 EDA 工具集合，它所对应的是前述第 1、2 两点驱动因素，即市场发展与海内外政治经济形势对国内 EDA 产业造成的需求。而“变道超车”，就是面向产业未来发展趋势，提前开展技术与市场等方面的布局，其所对应的就是前述第 3 点驱动因素。那么，在这两个方向上对投资项目具体要如何考察，也是可以从上述对各个驱动因素的具体分析中导出的。

譬如对于“补齐短板”类项目，企业的技术实力固然重要，但同时需要重点考察其市场资源的储备以及各级政府对其支持的力度。因为该类项目所依靠的驱动因素里，市场及政策是占比较大的。具体来看，国内的一家 EDA 企业能够在成熟品类的产品上同国外大厂正面对撞，没有产业巨头及国家的支撑，是非常困难的。当然，对于该类企业的投资，就必须要看准国家政策和行业领军企业的指挥棒。当然这种看准不是简单的项目跟投，也不是听了一两句话就去赶热潮，而是要正确地理解这些核心机构对产业发展战略的思考和安排，辅之以自身富于远见的思考才可以的。

而在“变道超车”赛道上，则需要考虑这个项目的产品是否具有更强的系统抽象描述能力；要考虑这个项目是否将先进的人工智能和计算加速技术引入 EDA 工具中来；要考虑这个项目是否融合了云计算和大数据的技术，以及项目为何能实现数据资源方面的优势；要考虑这个项目是否面向了新工艺或特种工艺的融合，是否面向了多种物理量的复合仿真。如果一个项目能够在上面的某一项中回答“是”，那么它才是一个值得考虑的项目。

另外，在对 EDA 创业项目的团队进行考察的时候，就要考虑我前面所讲的产业发展在人力方面的驱动因素。也就是要看团队成员里是否有海外归来的知名厂商核心科学家或中高层研发管理人员，或者是在国内浸淫相关技术研发多年的专家。如果有，项目成功的概率就大一些，如果没有，就需要项目的其他要素更强一些，才能保证项目的成功。

2）紧密围绕产业核心机构与核心人员

要做好一个产业的投资，对该产业内部的各个企业做全景式的扫描是必要的先导性工作。而国产 EDA 产业的企业才几十家，只要抓住产业里的核心机构和核心人员，对整个产业进行覆盖式的调查，也就是几个月的事情。

进行 EDA 产业投资的另一个问题，就是对产业发展方向的把握和对项目本身进行评判。这里固然需要投资机构有独立的思考，但很多问题也就是在行业里问一圈的事。产业里的人一句话，比我们做投资的研究三个月都管用。譬如一个 EDA 项目是否符合产业大的发展方向？技术实力够不够强？有没有应用意义？这些事情，找产业界的核心人员问一下就好了。把这个人脉的平台建起来，不但解决了项目研究的问题，连投后管理乃至项目退出的问题都解决了。

其实在 EDA 行业里做投资，我觉得最核心的问题不是拿到项目、看准项目，而是要同那些资深的投资机构去争夺优质项目的份额。这个产业毕竟不大，几家大型的投资机构足以瓜分这个市场了。那我们怎么办？只好背靠着产业核心机构和核心人员，拼对产业的理解，拼获取项目的速度，拼投资后的服务。这种情况下，你不搞个“紧密围绕”，就硬是不行的呢。

最后，从国外 EDA 产业发展的历史来看，大部分 EDA 项目投资的退出渠道，是被行业的领军企业收购。由于概伦电子、华大九天的上市或拟上市，这一退出通道已经打开。但要想更好地把握这一退出通道，投资机构需要同这些领军企业建立更为紧密的沟通与合作关系。

3）建立具有产业和投资复合经验的投资团队

当然，即使有了很好的外部资源环境，投资机构还是要建立自己的专业团队。一方面投资机构有自己的立场，从外面获取的信息和思想，还是要经过自主的加工，才能形成对产业和具体项目的独立判断，这就需要在机构内部有相应的研究人员；另一方面，我们从产业界所能获取的仅仅是对项目业务发展前景的判断，在资本业务上，机构内部也需要有经验的人员。

从事 EDA 产业投资的人员应当切实地具有较长时间的产业从业经验（而不是仅仅有投资经验），有过 EDA 工具的较为广泛的使用经验（集成电路研发岗出身，而不是战略岗或者市场岗），在行业内有较为广泛的人脉资源，对 EDA 产业有深入的了解，最后就是有进行项目投资的经验。

4）理解 EDA 产业投资的规律和准则

与集成电路设计业相比，EDA 产业的投资相对更少，因为企业只需要维护一支精干的研发队伍而已，不需要像集成电路设计企业那样一上来先要购买或租用昂贵的 EDA 工具，也不需要采购 IP 和实验设备。在企业成长周期方面，EDA 企业相对消费类芯片企业的周期可能要长一些，但是应当同传感芯片、功率半导体、汽车电子类 IC 的设计企业类似。经过这样的对比，可以得出的结论是，如果一个投资机构可以对前述三个门类的集成电路项目进行投资的话，那么它对 EDA 项目进行投资，是不应当存在特别的障碍的。

这里的核心是要建立 EDA 行业的投资准则——给 EDA 项目们划分发展阶段，明确融资节点，建立一个估值持续提升的过程。随着华大九天、博达微、概伦、芯禾等行业标杆案例的日渐成熟，以及 EDA 产业逐步进入投资行业的视野，我估计这些软性的准则很快就会建立起来。

EDA 产业投资准则的具体形式，我们可以给出一个大致的估计。首先，EDA 项目的发展阶段划分是比较简单的——从团队与产品定义成型，到核心功能 Demo 开发完成并启动测试，到初版产品完成、确立灯塔客户、启动产品优化，到最终形成具有竞争力的 EDA 产品、形成稳定业务收入。之后，我们可以估计每个阶段的时间周期大约在 1.5 年到 2 年（事实上，目前除华大九天外，其他比较成熟的国产 EDA 企业大致都是在 2010 年到 2012 年成立的，发展到稳定成长期的时间周期一般为 6～8 年），估值增长大约为 2～3 倍，基于这些数据从项目成熟后的最终估值逆推每一阶段的估值水平，得出项目每一阶段融资可能需要增发的股权比例。基于此，项目资本运作的总体规划和估值增长的大致过程就清晰了。投资方也可以根据自身的投资和风控风格，以及基金运营周期等，确立自己投资与退出的时点和方式。另外，EDA 项目本身如果能够基于这个框架制定发展规划，保证投资机构能够持续获得“可见的”投资收益，对于自身的发展也是有好处的。

总而言之，其实投资国产 EDA 产业并不是什么困难的事。首先是要看清这个产业上国家的政策、发展的趋势和投资的逻辑，树立在这个产业里进行投资的信心和决心。然后在机构内部确定投资的政策和风格，安排相应团队；在外部广泛地收集各种资源，积累起优质的项目库。之后就是一般性的募投管退业务了。所以也希望更多的投资机构能够加入到 EDA 产业投资的队伍中来，共同促进产业的快速健康发展。

作者简介：

李敬，集成电路产业资深投资人和观察家，在集成电路和电子信息领域分别有 5 年研发经验，5 年创业经验，5 年投资经验，曾发表《漫谈 EDA 产业投资》等文。

EDA 开源也有效?

傅　强

EDA 软件能否开源，开源 EDA 的价值是什么，是产业关注了很长时间的一个话题。在过去的 10 年中，通用软件开源所带来的讨论与各种观点，也影响着 EDA 产业。但这一话题的讨论，主要还是集中在高校，或者是在产业会议当中作为一个演讲内容进行陈述，从整个产业层面上并没有真的花时间和精力静下心来思考这个问题。这主要是由于 EDA 软件在当前仅面对芯片研发人员，由于使用范围窄众的特殊性，开源软件的益处在 EDA 开源上的体现并不十分明显。

1. EDA 开源之难

开源软件最大的优势之一是比商业软件便宜，但 EDA 工具本身的成本在整个芯片设计 / 生产 / 封测过程中所占的成本相对较小，而使用开源软件所带来的风险成本却显著上升。

开源软件的第二个好处是高稳定性，更多的用户和开发者使用开源伪工具，能提供海量的测试反馈和修改，从而让软件本身的 Bug 会降到最少。但使用 EDA 工具做实际设计案例的测试样本范围窄，反馈数量不大，很难直接反映应用端的实际情况。这使得开源软件在 EDA 领域始终在探讨层面而没有找到合适的落脚点。

开源软件的优势是高灵活性，因其代码公开，且放在开放的构架上，使用人员可以根据自己的使用习惯和偏好，定制出更适合自己的版本。但芯片设计工程师（软件背景相对偏弱，大部分没有能力直接修改 EDA 软件代码）是无法提供再开源版本的，因此 EDA 软件开源难以获取开源软件的优势。

上述的这些原因，让 EDA 软件开源一直举步维艰。

2. 产业呼唤 EDA 开源

那么，是不是 EDA 软件就缺失开源的基因？其实我们回头看 EDA 产业，EDA

开源星星之火并没有熄灭，一直在奋力成长。在 EDA 的全流程阵容中，众多的点工具都在提供着不同设计流程节点的开源支撑。

Icarus（俗称 iVerilog）能够提供基本 Verilog 仿真所需要的编译器；Yosys 作为提供 RTL Verilog 综合的框架式开源工具，能够广泛支持 Verilog-2005 的语法标准；Sandia 国家实验室的开源晶体管仿真器 Xyce，已经可以提供与商业 SPICE 仿真器类似的容量、性能和并行处理能力；此外还有其他众多的开源点工具都在支撑着开源 EDA 工具的生态。在商业 EDA 工具如此完备的情况下，是什么在支撑 EDA 开源生态的运转呢？这必定是源于产业的需求。当前的 EDA 产业环境阻碍着创新的诞生——稳定的营收、固定的玩家、高企的专利护城河、相对较小的市场容量，这些都是制约创新的因素。与此同时，芯片设计需要创新，固定的 EDA 流程在设计方法学上制约了所有芯片设计工程师的创新。魏少军教授在多种场合提到“我国企业依靠工艺和 EDA 工具进步实现产品升级换代的现象尚无改观。能够根据工艺，自行定义设计流程并采用 COT 设计方法进行产品开发的企业仍然是凤毛麟角。”EDA 没有提供足够的创新土壤是其中的关键因素，为何我们使用与 Intel I5-6400 同样工艺的国产 CPU 芯片，其主频只能达到同款芯片的 30%～90%，事务处理能力只能达到同款芯片的 19%～49%？其中针对架构优化的设计方法学起到了至关重要的作用。

EDA 作为一门跨学科的专业领域，其技术是以计算机为工具，集数据库、图形学、图论与拓扑逻辑、编译原理、数字电路等多学科最新理论于一体。EDA 工具的开发与使用对芯片设计工程师的创新有着较高的门槛，大幅提升了 IC 创新的成本。要解决这一问题，产业需要从各方面解决问题，光靠 EDA 开源并不是万能特效药，但以开源为起点，可以撬动这个产业向良性的方向发展。

EDA 开源后，可以让更多有志于该领域的人才看到 EDA 工具最深层的架构和逻辑，有了一定技术积累和技术视野后，他们可以留在 EDA 产业，为 EDA 的发展和再创新提供更多的思想。此外，EDA 工具是芯片设计的最前沿，这些深谙 EDA 开发和工作机制的工程师，可以辐射到芯片设计行业，在芯片设计过程中，由于掌握 EDA 工具，有能力从设计方法学的角度对芯片设计进行优化，降低芯片设计的成本，提高芯片的差异化和竞争力；同时按照芯片设计的需要，反馈到开源 EDA 的社区，对 EDA 工具进行再优化，不论这条反馈的通路何时可以建成，都表达了真实的市场需求。

除了对人才的培养之外，开源会让半导体产业链上的各个环节能够敞开自己的胸怀，由软件开源带来心态的开放；在未来的产业环境中，数据是最大的资产，由于集成电路产业的高技术门槛形成的分工模式，产业链的数据目前独立存在于各个环节中，EDA、设计、工艺等多个环节的数据并未打通，只有那些有着深入合作的上下游企业，才会在数据上进行共享；在这些海量数据当中，数据的真实性、关联性以及数据格式的匹配，也都存在着挑战，一些无效的数据间接带来了数据运营的成本，如果能够打开每个环节的内在架构，从实际产业链需要来定义数据，也许并不需要那么多的数据就能达到工程目的，这种效率的提升，本身就是一种巨大的进步。

与此同时，开源对已有设计的优化也会带来直接的作用，优化其实是一种再创新，是在已有成果上实现跨越。目前，几乎所有产品的迭代都集中在企业各自擅长的环节，如果不考虑工艺的演进，芯片设计工程师大部分的优化都是对电路本身进行改造，EDA 的开源为芯片设计工程师打开了另外一扇门——有途径去理解 EDA 工具本身对电路的优化和实现方式，因此能在更高的维度上，从设计方法学的角度，结合自身电路经验对已有成果进行优化。这将会从另外一个维度提升产品的竞争力，在产品的优化过程中能有更多的组合拳，提供更多的优化方案选择。

3. 激发 EDA 开源的活力

开源 EDA 的发展会促进更多的 EDA 玩家，尤其是那些商业的 EDA 玩家加入开源行列，无论目的如何，这些商业公司拥抱开源的态度都值得赞赏，也是推动开源 EDA 软件走向优质化发展的一个重要推手。这一趋势，其实已经有迹可循。

2007 年，Synopsys 面对验证方法学标准新秀 OVM 的强势竞争，宣布免费推出 VMM 方法学的标准库以及应用的源代码，同时发布的还有 VMM 开源网站，在该网站上，符合要求的用户，可以得到完整的 VMM 代码，包括标准单元库、宏模型库、寄存器访问管理、数据比对记分板、Memory 资源管理等。

随着验证在 IC 设计中的重要性被认识，EDA 巨头们不断推出新的策略吸引潜在客户，说明 EDA 巨头们开始在认真考虑开源在其产品研发和发展过程中长期交互和共存的可能性。这些商业公司的 EDA 软件和组件，经过了成千上万的用户测试，具有很高的质量和应用覆盖能力，将这些久经考验的产品加入开源，会大幅提升开源社区的质量，为产业提供更好的开源产品，同时因为产业界拿到了更好的开源产品，会加大开源 EDA 软件的使用频度和广度，这样的大范围应用，会为开源 EDA 提供更多的测试数据，进一步催熟开源 EDA 工具的发展和创新，最后形成正反馈的 EDA 开源生态，在开源 EDA 工具、开源 EDA 社区应用和开发者、芯片设计产业、EDA 公司之间形成健康的正向循环。

芯华章正是基于这样的理念，以 EDA 公司的身份来参与、引领并开创 EDA 开源生态的新篇章。正如芯华章创始人、董事长王礼宾表示："中国 EDA 企业必须群策群力，各司所长，紧密合作，打通中国集成电路产业内循环，并促成国内国际双循环的发展格局。芯华章秉承'芯定义智慧未来'的愿景，制定开创性的产品策略，在融入全新技术底层架构、打造面向未来的新一代 EDA 产品的同时，也基于经典

EDA 技术同步推出商用级别开源产品，以期加速完善中国集成电路 EDA 产业链，推动集成电路设计社区快速发展，为中国的 EDA 技术的加速突围而努力，帮助更多有技术理想的企业快速实现‘创芯’目标。”

4. 芯华章的验证 EDA 开源

作为 EDA 验证技术的领导者，芯华章推出的业界首例开源产品为验证仿真工具 EpicSim，在 EDA 开源产品之中具备的动态仿真速度，可获得至少 2 倍的性能提升，并在软件的质量和调试能力上有极大的提高，对 Verilog 语言的支持更加全面，进而提高芯片设计的验证效率。此产品于 2020 年 9 月正式在 EDA 开源生态社区 EDAGit 上线，为中国芯片设计公司提供真正意义上的研发效率提升。此外，芯华章更计划在 2020 年内发布首例开源形式化验证工具以及高性能多功能接口子板，持续推动行业向开放、共创、共荣的生态圈发展，促进 EDA 技术突破与研发人才的培养，并加速形成中国集成电路完善的产业链布局。

5. 高性能仿真器 EpicSim

仿真器，是功能验证最不可或缺的一环。仿真器的性能、语义支持能力、编译流程控制及调试能力，都对功能验证起着至关重要的作用。Linux 下的仿真工具有 VCS、IES、Questa Sim 等商业软件，而 iVerilog 则是目前开源仿真器的不二选择。遗憾的是，由于 iVerilog 只能支持非常有限的语法，且性能有待突破，目前只能用于科研项目，无法商用，从而大大地局限了该仿真器的功能改进和性能提升。

芯华章开发的仿真器 EpicSim，是全球速度最快的开源 RTL 事件驱动型仿真器之一，其从数据结构、对语法的支持、更高效的任务调度引擎以及资源管理机制等方面都进行了优化，在原先的仿真器性能基础上获得至少 2 倍的性能提升，可全面覆盖 Verilog 的 IEEE1364 标准，并在软件的质量和调试能力上有极大的提高，对 Verilog 语言的支持更加全面，进而提高芯片设计的验证效率。该产品面向所有的数字设计用户和院校完全开源，从应用性和实用性上，真正能用于项目开发，并以芯华章技术团队在行业深耕 20 年的技术积累和项目经验，解决开源软件“遇到 bug 没有人支持”的根本问题，加快 EDA 创新并降低其使用门槛，在加速完善中国 EDA 产业链的同时提高集成电路创新效率。

随着产品的开源，更多的商用项目将能够使用该产品进行仿真和调试，从而进一步扩大该产品的使用范围，将引导产品的仿真引擎的优化，约束条件解析引擎的优化，以及对更广泛的语法语义提供支持，从而为应对未来 SoC 验证的挑战打下坚实的基础。

6. 从芯定义智慧未来

开源的核心是开，开放技术，开放胸怀，开放生态。芯华章将会践行自己对产业的承诺，从 EDA 行业的市场需求出发，在融入全新技术底层架构、打造面向未来的新一代 EDA 产品的同时，也基于经典 EDA 技术同步推出商用级别开源产品，以期加速完善中国集成电路 EDA 产业链，推动集成电路设计社区快速发展，为中国的 EDA 技术的加速突围而努力。

半导体行业呼唤着 EDA 智能软件和系统的突破。芯华章立足芯片验证技术的创新，力图降低芯片设计门槛，释放芯片设计的创新活力，芯华章期望与愿意深耕这一尖端科技的同行人一起展开征途，共同挑起 EDA 技术突破的使命，与 EDA 研发企业各司其职，集合力量，一起让 EDA 创新的门槛降低，为 EDA 的研发积蓄力量，共同打造开放的、健康的、有活力的 EDA 开源生态社区，盘活产业的创新力量，携手生态合作伙伴一起从芯定义智慧未来。

作者简介：

傅强，芯华章科技股份有限公司运营副总裁

傅强先生拥有 20 年余年 EDA 行业研发、销售及管理经验，他对客户需求的敏锐洞察力及运营管理的专业能力受到半导体行业的广泛认可。在此之前，他曾经担任 Mentor Graphics 南方区总经理、鸿芯微纳技术有限公司副总裁、Cadence 大客户经理以及应用工程师等职务。

公司介绍：

“芯华章”寓意开启芯片产业的华丽篇章，由一支心怀抱负的 EDA（电子设计自动化）精英创始团队于 2020 年 3 月创立，致力于提供自主研发 EDA 智能软件和系统的研发、销售和技术服务。全面支持中国集成电路、5G、人工智能、云服务和超级计算等多领域高科技发展，加速创新，为合作伙伴提供自主研发、安全可靠的解决方案与服务。

第二章

IP 核

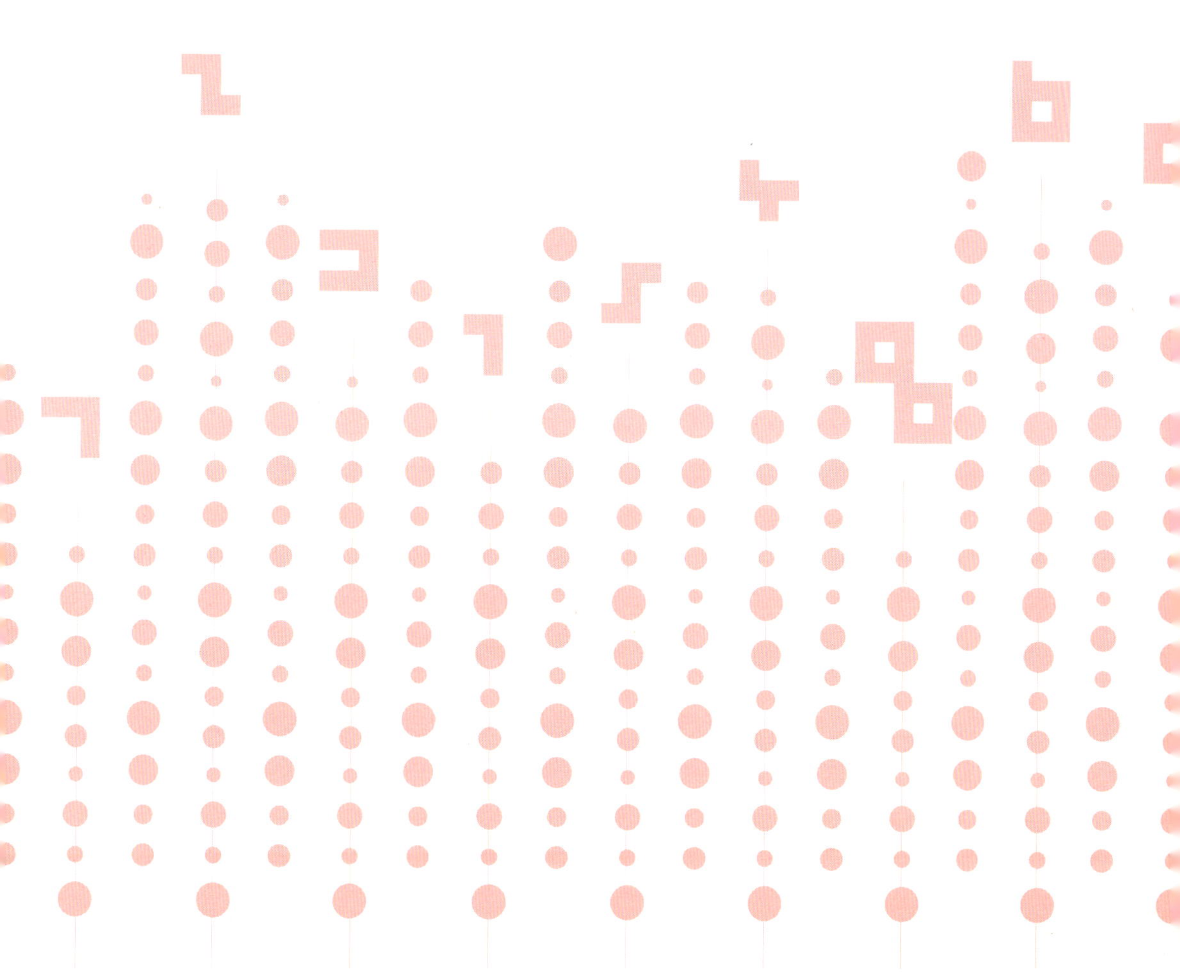

IP 核：实现“十四五”规划目标的基石

刘　瑜

随着全球电子信息产业的爆发，全球集成电路设计行业一直呈现持续增长的态势。我国的集成电路设计产业凭借广大的市场需求、稳定的经济发展和有利的产业环境等优势条件，已成为全球集成电路设计行业市场增长的主要驱动力。

1. 集成电路产业：“十四五”发展规划总体目标下的发展机遇

数据显示，集成电路设计业销售收入从 2015 年的 1325 亿元增长到 2019 年的 2947.7 亿元，预计 2020 年，中国集成电路设计行业市场规模将突破 3500 亿元。在 2020 年上半年，虽然受新冠肺炎疫情影响，但我国集成电路产业依然保持快速增长，1～6 月份销售额达到 3539 亿元，同比增长 16.1%；其中，设计业销售额为 1490.6 亿元，同比增长 23.6%；由此可见，IC 设计是国内集成电路产业中最具发展活力的领域。

图 1　中国芯片设计行业市场规模情况（数据来源：中商产业研究院）

近年来我国也对 IC 设计行业制定了相关法律及产业政策。

我国IC设计行业相关法律法规与产业政策汇总		
发布时间	部门	政策名称
2011年	国务院	《关于印发进一步鼓励软件产业和集成电路产业发展若干政策的通知》
2012年	工信部	《集成电路产业“十二五”发展规划》
2012年	工信部	《电子信息制造业“十二五”规划》
2013年	发改委	《战略性新兴产业重点产品和服务指导目录》
2014年	国务院	《国家集成电路产业发展推进纲要》
2015年	发改委	《国家发展改革委关于实施新兴产业工程包的通知》
2015年	国务院	《关于积极推进“互联网+”行动的指导意见》
2016年	国务院	《关于印发“十三五”国家战略性新兴产业发展规划的通知》
2017年	上海经信委	《上海促进电子信息制造业发展“十三五”规划》
2018年	工信部、发改委	《扩大和升级信息消费三年行动计划（2018-2020）》
2019年	财政部、税务总局	《关于集成电路设计和软件产业企业所得税政策的供稿》

图 2　我国 IC 设计行业相关法律法规与产业政策汇总（数据来源：中商产业研究院）

另外，各级政府也纷纷出台政策支持 IC 设计产业发展。

我国IC设计行业相关法律法规与产业政策汇总		
时间	省市	政策
2014年2月	北京	《北京市进一步促进软件产业和集成电路山野发展的若干政策》
2016年7月	天津	《滨海新区加快发展集成电路设计产业的意见》
2017年4月	上海	《关于本市进一步鼓励软件产业和集成电路产业发展的若干政策》
2017年7月	珠海	《珠海市信息产业发展规划（2017-2021年）》
2017年11月	上海	《上海市集成电路设计企业工程产业首轮流片专项支持办法》
2017年12月	浙江	《关于加快集成电路产业发展的实施意见》
2017年12月	北京	《北京市加快科技创新发展集成电路产业的指导意见》
2017年12月	无锡	《无锡市加快集成电路产业发展的政策意见》
2018年2月	无锡	《无锡市关于进一步支持集成电路产业》
2018年2月	安徽	《安徽省半导体产业发展规划（2018-2020）》
2018年3月	成都	《成都市进一步支持集成电路产业项目加快发展若干政策措施》
2018年4月	昆山	《昆山市半导体产业发展扶持政策意见（试行）》
2018年4月	厦门	《厦门市加快发展集成电路产业实施细则》
2018年4月	合肥	《合肥市加快推进软件产业和集成电路产业发展的若干政策》
2018年7月	芜湖	《芜湖市加快微电子产业发展》
2018年7月	杭州	《进一步鼓励集成电路产业加快发展专项政策》
2018年8月	深圳	《关于促进集成电路第三代半导体产业发展若干措施（征求意见稿）》
2018年8月	重庆	《重庆市加快集成电路产业发展若干政策》
2018年8月	合肥	《合肥高新区促进集成电路产业发展政策》
2018年11月	长沙	《长沙经济技术开发区促进集成电路产业发展实施办法》
2018年11月	珠海	《珠海市促进新一代信息技术产业发展的若干政策》
2018年12月	广州	《广州市加快发展集成电路产业的若干措施》
2019年2月	成都	《成都市支持集成电路设计业加快发展的若干政策》实施细则（征求意见稿）
2019年5月	深圳	《深圳市进一步推动集成电路产业发展行动计划（2019-2023年）》
2019年6月	铜陵	《支持集成电路产业加快创新发展若干政策》
2019年11月	威海	《关于印发威海市加快培育发展集成电路产业若干政策实施细则的通知》
2019年12月	厦门	《关于完善我市集成电路产业政策的补充通知》
2020年2月	广东	《广东省加快半导体及集成电路产业发展的若干意见》

图 3　我国 IC 设计行业地方产业政策汇总（数据来源：中商产业研究院）

自重大专项、推进纲要实施以来，我国集成电路“十三五”期间取得了一些标志性成果，如 12 英寸特色工艺生产线投产、国内 14nm FinFET 工艺量产、国产 128 层 3D NAND 闪存发布、国产 5nm 蚀刻机进入台积电验证等。目前，我国集成电路行业迎来利好的发展时期，“十四五”期间集成电路产业将得到更全面、高质量的发展。高端装备、集成电路、新一代人工智能等在内的未来产业，将有望成为“十四五”科技创新规划的重要内容。

2. IP 核：集成电路产业链上游关键环节

中国集成电路产业已经成为全球半导体产业关注的焦点，在集成电路产业带动下的计算机、通信、消费类电子、数字化 3C 技术的融合发展以及计算机国际互联网的广泛应用孕育了大量的新兴产业，为我国国民经济的持续、快速发展注入了新的活力。

集成电路是信息产业的基础，21 世纪信息产业的飞速发展，使集成电路呈现出快速发展的态势，而以软硬件协同设计、IP 核复用和超深亚微米为技术支撑的 SoC 已成为当今超大规模集成电路的发展方向，是集成电路的主流技术。SoC 设计面临诸多挑战，其中 IP 核的复用最为关键。

芯片设计中的 IP 核（Intellectual Property Core）是指在半导体集成电路设计中那些具有特定功能的，可以重复使用的电路模块。形象些的比喻，IP 核如同元器件，芯片如同电路板，通过在电路板上集成各类功能的元器件，就可以设计出针对不同应用场景的电路系统板，而集成电路（Integrated Circuit），顾名思义，就是在片内集成了多个 IP 核，能完成多种功能的缩微电路。

芯片设计公司通过购买成熟可靠的 IP 授权，就可实现芯片中的各种特定功能，从而无需对芯片每个细节都自行完成设计。这种开发模式，极大地缩短了芯片开发的时间，降低了开发风险，提高了芯片的可靠性。IP 核是集成电路产业链上游关键环节，主要客户是芯片设计厂商。

3. 为什么 IP 核越来越重要?

一方面，市场需求快速变化，这就要求产品的上市时间越来越短。要在这么短的开发周期内可靠完成 SoC 芯片设计，就只有通过大量集成验证成熟的 IP 核，来加速设计流程，因此 SoC 设计公司对成熟 IP 的依赖程度日益增加。另一方面，智能化、网络化成为产品的发展趋势，SoC 的产品功能和性能也因之提升，这就导致 SoC 设计规模和复杂度随之增加，SoC 开发团队规模也随之扩大，但想在设计中面面俱到，全部自行开发完成，从技术实现上看不现实，从成本投入上看不经济，从开发周期上看不满足。因此只有通过 IP 集成，才可以解决这一现实问题。IP 核从而成为了 SoC 的设计基础，深刻地影响着 SoC 设计业的发展。

2019 年，全球 IP 市场超过 40 亿美元，从经济规模看，每 1 美元的 IP 支出将带动和支撑 100 倍的芯片市场。在中国，过去 20 多年来，本土芯片设计公司的逐步发展，尤其离不开 IP 核，影响着大量芯片项目的规划、架构、功能、成本、技术支持和品质管理。本土晶圆厂和设计服务公司，也视 IP 为极为重要的客户项目抓手。

4. IP 核的分类

根据 IP 核在 SoC 中的技术类型可以将其分为数字 IP 和物理 IP 两大类。

数字 IP 包括处理器 IP，例如我们熟知的 CPU、GPU、DSP、NPU 等，其他数字 IP 包括多媒体编解码、通信基站协议、存储控制器、总线及数字接口控制器等。一般数字 IP 交付形式为经过数字验证的 RTL 代码，与工艺制程无关。

物理 IP 是基于不同工艺制程的器件模型和设计规则设计的，最终以 GDSII 文件的形式交付给用户，包括以下类型：

（1）有线连接接口物理层 PHY IP，例如双倍速率存储器接口 DDR（Double Data Rate）、通用串行总线 USB（Universal Serial Bus）、串行高级技术附件 SATA（Serial Advanced Technology Attachment）、PCIe（Peripheral Component Interface Express）、高清多媒体接口 HDMI（High Definition Multimedia Interface）、显示端口 DP（Display Port）、移动产业处理器接口 MIPI（Mobile Industry Processor Interface）等，一般遵循业界的统一标准。

（2）模拟及数模混合 IP，例如模数 / 数模信号转换器（ADC/DAC）、电源管理类 IP、时钟类 IP 等。

（3）非易失性存储 IP，例如嵌入式 Flash 存储器、单次 / 多次可编程（OTP/MTP）存储器等。

（4）无线通信射频类 IP，例如 Wi-Fi、蓝牙、GPS、NFC 等。

（5）基础 IP，包括逻辑标准单元库（Logic Standard Cell Libraries）、静态随机存取存储器（SRAM）、输入输出 IO 等。

按主流商业模式分类：IP 供应商提供许可（license）、版税（royalty）及许可+版税三种模式，其中许可+版税的模式占据较大份额。许可费通常是由 IP 使用方按 IP 被授权次数付费。版税费用一般是 IP 使用方按其生产的芯片数量付费，是跟产品销量挂钩的授权费。除此之外，还有技术授权（technology license）、架构授权（architecture license）等更为深层合作的授权模式。

图 4　锐成芯微 IP 测试芯片

一个可复用的 IP 核交付给用户，必须具备完整的系统设计与应用参数规格说明（specifications），各种兼容的应用模型、可配置性、验证代码和测试文件，通用的总线接口以及通用的检测接口，功能验证、逻辑综合和物理设计验证等相关的脚本（script）文件、设计和转让文档等。

5. IP 核和 EDA 互为发展助推剂

IP 设计开发，同芯片设计开发过程一样都离不开 EDA 工具和设计流程。EDA 工具和 IP 共同成为 IC 产业的基础，只有在芯片设计环节有效借助 EDA 工具和 IP 核资源，才能开发出有市场竞争力的产品。纵观芯片产业链，从设计、制造到封装、测试，重中之重还是在芯片设计环节，因此 EDA 和 IP 可谓是芯片产业链的“任督二脉”。

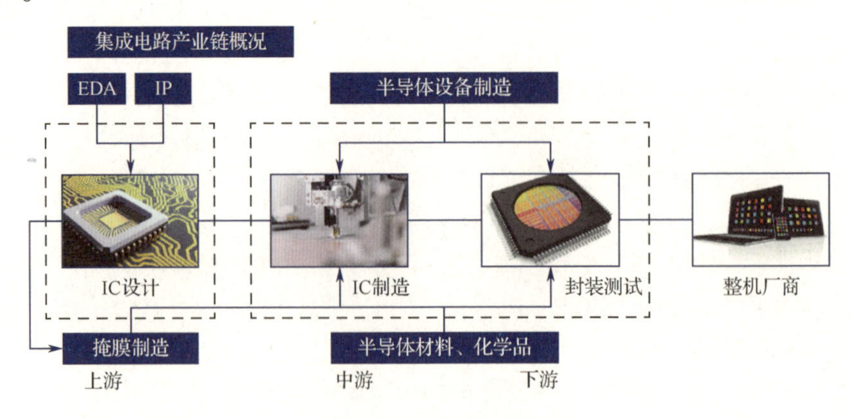

图 5　芯片产业链

EDA 是电子设计自动化（Electronic Design Automation）的简称。EDA 是必需的、最重要的集成电路软件设计工具，是芯片设计最上游的产业。经过几十年发展，从仿真、综合到版图，从前端到后端，从模拟到数字再到混合设计，以及后续的工艺制造等环节都有 EDA 工具辅助，可以说现代 EDA 工具几乎涵盖了芯片设计制造的方方面面，具有的功能十分全面。EDA 工具按不同阶段可粗略划分为前端技术、后端技术和验证技术，各个技术之间有所重合。

对于 IP 来说，好的布局和布线会节省面积，提高信号的完整性、稳定性，提高 IP 的可靠性。所以 EDA 软件对于 IP 设计至关重要。借助这个自动化工具，工程师就可以在电脑上对 IP 进行电路前后端设计以及验证操作，更高效地完成设计、仿真、布局布线和验证。

近年来，由于市场需求和先进制程的突破，对 IP 的功能需求越来越高，也不断推进 EDA 升级迭代，IP 和 EDA 互相推进发展突破，已经形成不可分割的关系。

6. 本土 IP：向平台化“进阶”

在 2020 世界半导体大会高峰论坛上，清华大学微电子学研究所所长、中国半导体行业协会副理事长魏少军教授表示：如今的 IP 市场是一个被海外厂商高度垄断的市场，根据 SIA 最新发布的数据显示，2020 年上半年全球半导体的销售额为 2085 亿美元，增长 4.5%，而中国海关统计显示，2020 年 1～6 月份的集成电路进口达到 1546.1 亿美元，增长 12.2%。把这两个数据放在一起，我们就会发现 2020 年上半年全球半导体增长 100%是由中国贡献的。国产 IP 企业发展的困境是，需要不断为每次技术更新而重新投入研发，这是一个要下真功夫、花大气力、啃硬骨头的技术密集型行业。首先，IP 核的技术发展与工艺技术发展密切相关，目前全球主流的先进工艺技术是 10/7 nm 成套工艺，未来 3 年内 5 nm 的成套工艺也将进入产业化阶段。随着半导体制造工艺遵循摩尔定律继续发展，工艺特征尺寸持续变小，这也将进一步提高对 IP 核的设计和验证要求。其次，IP 相较制造业来说产值不大，因而地方政府重视程度不足，同时国家在这一领域的投入也尚未能直接惠及 IP 公司。再次是虽然 IP 技术含量很高，但国内 IP 公司普遍体量较小，大都未及上市标准，投资机构难以青睐。

在如此的环境下，国产 IP 厂商也在奋力突出重围。如本土 IP 厂商锐成芯微（Chengdu Analog Circuit Technology Inc.，简称 Actt）就从超低功耗技术这一个“点”起步，逐步构建成超低功耗模拟 IP 和高可靠性非易失性存储器 IP 的两点一“线”，并进而形成模拟 IP、存储器 IP 和射频 IP 的三足鼎立的产品格局，一举构建完成适用于物联网、汽车电子、医疗电子等各个方向的多个平台化产品。

自 2011 年成立后，锐成芯微的 IP 在市场上的表现亦势如破竹：拥有国内外专利超 100 件，先后与全球 20 多家晶圆厂建立了合作伙伴关系，累计开发 IP 500 多项，服务全球数百家集成电路设计企业，产品广泛应用于 5G、物联网、智能家居、汽车电子、智慧电源、可穿戴设备、医疗电子、工业控制等领域。

图 6　锐成芯微（Actt）创始人兼董事长 向建军

应用平台化是 IP 产业的战略方向。锐成芯微董事长兼创始人向建军认为，通常客户企业会向多个 IP 供应商采购 IP，这一方式本身就带来了极大的沟通成本和协作风险，往往为了协调各 IP 间的特性和功能以满足芯片的要求，客户需投入大量的人力和时间去协调各方资源进行讨论和处理；再则，零散的采购降低了客户的议价能力，采购成本要远高于集中化采购。而锐成芯微的平台化 IP 产品，为客户带来的不仅仅是上述投入成本和风险的降低，还可以基于自身对应用的深刻理解和同类型客户项目的经验累积，从规格定义到设计细节再到常见问题规避，都可为客户提供切实的技术协助，更重要的是为客户产品本身带来更高的附加值。

7. 国内集成电路 IP 核的标准由谁来制订？

在后摩尔时代，应用驱动对于中国市场是有优势的，巨大的应用市场让我们可以用某一种应用来引领世界潮流，确定整个世界的标准。一个人口众多的国家很有可能在万众创新的思维或者是氛围下，做到这一点。中国作为制造大国非常有优势，像华为等国内一流企业都在铺设 IoT 的平台并推出自己的标准，在执行新标准上，中国企业由于更靠近市场，因此拥有更低的沟通成本和更快的响应速度。

在科技应用领域，各行业都有标准，USB 接口已经发展到了 4.0 标准、电视也有了 8K 标准、5G 有 5GNR 标准，这些标准都是在技术和市场竞争发展的演进中形成的。在没有标准的年代，每家厂商都有着自己的标准，导致应用市场的交互使用体验混乱，当市场格局出现多寡头或者由国家意志进行引导，标准的优势和作用显得更顺应市场。

IP 与应用具有强相关关系，比如射频模块、基带模块都能设计成为一个 IP 形式来落地应用。在当下中国已成为全球规模最大、增速最快的集成电路市场的背景下，IP 的形态优势能帮助中国企业在芯片行业提出更多行业标准。今年我国的 3GPP NR+NB-IoT RIT 技术便成为了 5G 标准之一。IP 行业产业链分散、高度全球化，某一个国家的标准很难约束到企业行为，反而企业标准主导着这个产业的进步。例如苹果取消了 3.5mm 耳机插孔，华为之前也改变了存储卡的规格，这不是任何政府机构或者行业组织主导，而是企业主动做一些事去领导这个行业，其他厂商去跟随。在某些企业市场规模达到一定程度并具有极高市场话语权的时候，就有机会主动去带领整个产业链建立标准。

8. 给集成电路人才多一些培养时间

受美国限制华为高端芯片事件影响，市场对芯片类创新创业人才的关注度明显提升。天眼查披露的一份数据显示，2020 年二季度集成电路企业需求人数约为申请人数的 2.6 倍，芯片设计人才的需求扩张甚为明显。《中国集成电路产业人才白皮书（2019—2020 年版）》显示，按当前产业发展态势及对应人均产值推算，到 2022 年前后全行业人才需求将达到 74.45 万人左右，其中设计业为 27.04 万人。白皮书梳理了集成电路紧缺岗位的情况，排名第一的、最紧缺的芯片设计岗位是模拟芯片设计。

集成电路设计人才短缺，尤其是包括模拟 IC 在内的模拟设计人才最紧缺，是因为芯片行业涉及的技术难度大、壁垒高、周期长，工程师需要掌握包括数学、物理、化学、机械、材料、计算机、微电子、电子工程、通信工程、自动化、光电信息等专业知识，既需要具备专业基础理论，也需要长时间的实际经验积累，长周期的培养模式，不断积累经验，对设计流程、设计架构和电路细节都有着精益求精的匠心精神。

产学研界也一直在探讨合作一体化模式，培养阶梯人才，与国际领先的同业者交流技术和管理经验，加强培训及合作，吸纳全球前沿技术，达到人才和技术成长齐头并进。

9. “十四五”期间 IP 核将助力集成电路得到更全面、高质量发展

2020 年，国务院印发《新时期促进集成电路产业和软件产业高质量发展的若干

政策》，对集成电路行业提出了财税、投融资、研究开发、进出口、人才、知识产权、市场应用、国际合作等方面的利好政策。集成电路行业是国民经济和社会发展的战略性、基础性、先导性产业，是电子信息产业的核心，此次发布的扶持政策也表明国家要大力发展集成电路产业。

我国集成电路产业前景明朗，市场规模持续增长。预计 2025 年，我国集成电路市场规模将超过 2 万亿元，有望超过 2.38 万亿元。“十四五”期间将期待有更多的利好政策出台，涉及集成电路产业的细分领域。而 IP 核，作为实现这一宏伟目标的基石，将推动产业链主要环节向纵深应用和先进水平不断发展。

作者简介：

刘瑜

1979 年出生于四川，上海交通大学微电子专业硕士。曾任职中芯国际集成电路制造（上海）有限公司研发工程师、客户工程部资深工程师、技术转移部经理。现任成都锐成芯微科技股份有限公司副总经理。从事集成电路行业超 17 年，具有全球化的视野和专业能力，对制造和工艺具有深刻理解。

IP 技术与市场同步变革

杨　毅

1. 全球 IP 市场：IC 设计市场十年复合增长率 10.03%，处理器 IP 占比过半

随着超大规模集成电路设计、制造技术的发展，集成电路设计步入 SoC 时代，设计变得日益复杂。为了加快产品上市时间，以 IP 复用、软硬件协同设计和超深亚微米 / 纳米级设计为技术支撑的 SoC 已成为当今超大规模集成电路的主流方向。当前国际上绝大部分 SoC 都是基于多种不同 IP 组合进行设计的，IP 在集成电路设计与开发工作中已是不可或缺的要素。

与此同时，随着先进制程的演进，线宽的缩小使得芯片中晶体管数量大幅提升，使得单颗芯片中可集成的 IP 数量也大幅增加。根据 IBS 报告，以 28nm 工艺节点为例，单颗芯片中已可集成的 IP 数量为 87 个。当工艺节点演进至 7nm 时，可集成的 IP 数量达到 178 个。单颗芯片可集成 IP 数量的增多为更多 IP 在 SoC 中实现可复用提供新的空间，从而推动半导体 IP 市场进一步发展。

目前，IP 行业规模虽然并不大，但其居于产业链上游，对全产业链创新具有重要作用，能够带动大量下游行业发展。根据 ESD Alliance、IPnest 等组织的数据，2019 年 EDA 与 IP 行业规模合计 108 亿美元，而其下游包括嵌入式软件、半导体代工、电子系统等产业，规模在万亿美元级别。

IBS 数据显示，半导体 IP 市场将从 2018 年的 46 亿美元增长至 2027 年的 101 亿美元，年均复合增长率为 9.13%。其中处理器 IP 市场 2018 年为 26.20 亿美元，预计在 2027 年达到 62.55 亿美元，年均复合增长率为 10.15%；数模混合 IP 市场 2018 年为 7.25 亿美元，预计在 2027 年达到 13.32 亿美元，年均复合增长率为 6.99%；射频 IP 市场 2018 年为 5.42 亿美元，预计在 2027 年达到 11.24 亿美元，年均复合增长率为 8.44%。

按照 2018 年全球 IP 行业市场规模与芯片设计行业规模的比例来看，IP 在芯片

设计整体营收中占比4.04%。未来随着IP使用量的提高，该比例可能有所提高。

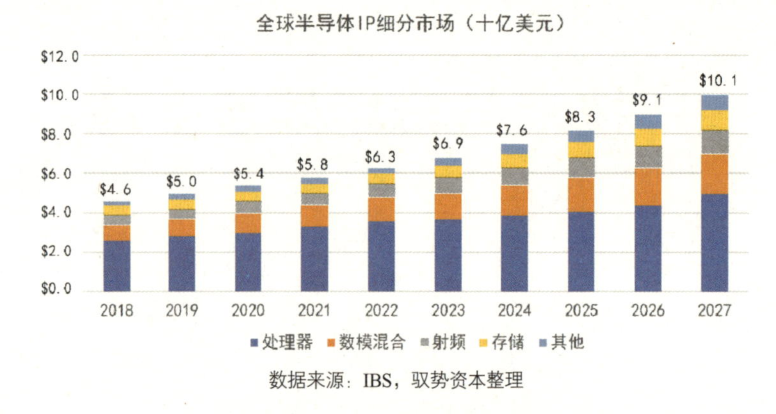

数据来源：IBS，驭势资本整理

图1　半导体IP产业链深度研究报告（1）

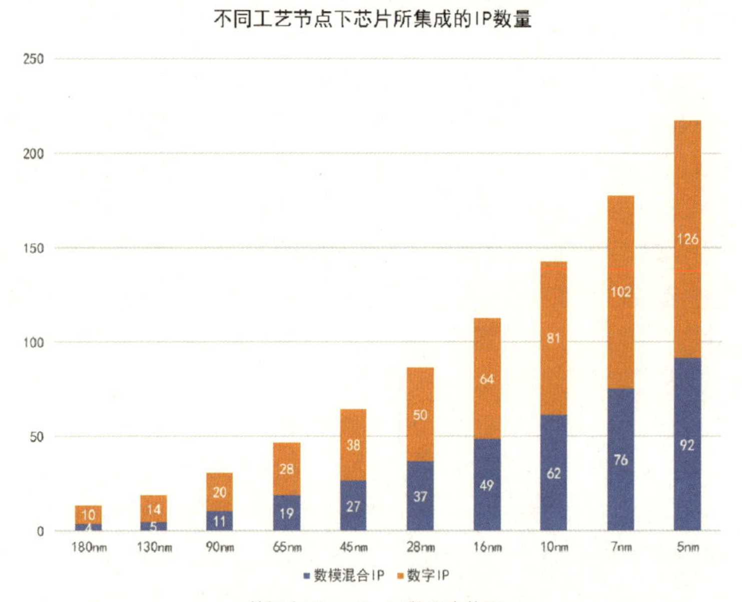

数据来源：IBS，驭势资本整理

图2　半导体IP产业链深度研究报告（2）

未来发展方面，目前，半导体产业已进入继个人电脑和智能手机后的下一个发展周期，其最主要的变革力量源自物联网、云计算、人工智能、大数据和5G通信等新应用的兴起。根据IBS报告，这些应用驱动着半导体市场将在2030年达到10527.20亿美元，而2019年为4008.81亿美元，年均复合增长率为9.17%。就具体终端应用而言，无线通信为最大市场，其中智能手机是关键产品；而包括电视、视听设备和虚拟家庭助理在内的消费类应用，为智能家居物联网提供了主要发展机会；

此外，汽车电子市场持续增长，并以自动驾驶、下一代信息娱乐系统为主要发展方向。

规划方面，根据 IBS 统计，全球规划中的芯片设计项目涵盖从 250nm 及以上到 5nm 及以下的各个工艺节点，因此晶圆厂的各产线都仍存在一定的市场需求，使得相关设计资源如半导体 IP 可复用性持续存在。28nm 以上的成熟工艺占据设计项目的主要份额，含 28nm 在内的更先进工艺节点占比虽小但呈现出了稳步增长的态势。

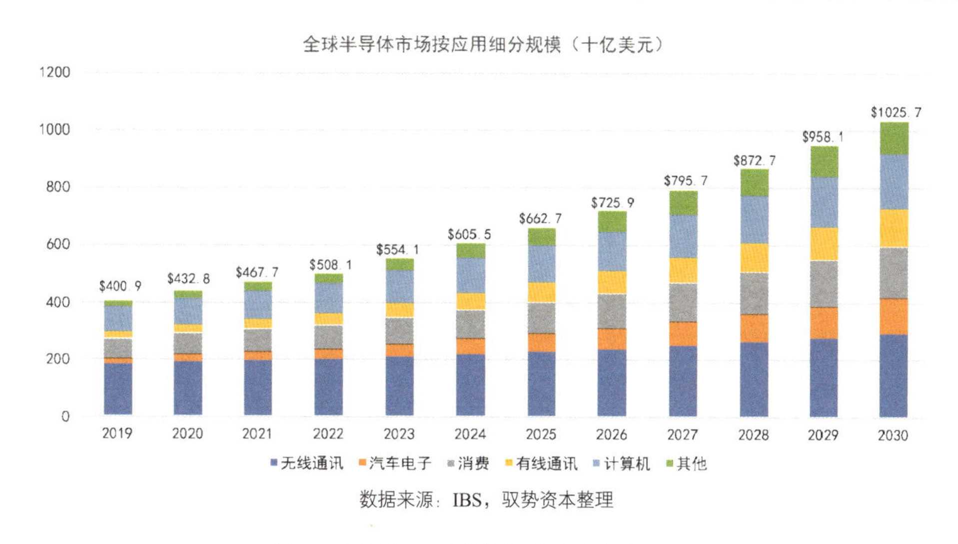

图 3　半导体 IP 产业链深度研究报告（3）

2. 中国 IP 市场：超额完成“十三五”规划目标，自给率稳步提升

中国拥有全球最大的电子产品生产及消费市场，因此对集成电路产生了巨大的需求。

当前，国内集成电路生态环境不断改善，“十三五”期间，工信部先后在深圳、南京、上海、北京、杭州、无锡、合肥、厦门、西安和成都 10 个城市批准建立了 10 家国家“芯火”双创基地。目前，已有深圳国家“芯火”双创基地通过工信部的验收，研发水平也在持续提升。在 2021 年召开的 ISSCC 会议上，中国大陆的录用论文数量超越日本和中国台湾地区，达到 21 篇，比 2020 年增长 40%。虽然与全球排名第一的美国相比，在论文总数、产业界投稿比例和实际录用比例等当面仍存在比较大的差距，但与过去相比有了重大进步。不过挑战依然严峻，比如产业长期可持续发展的根基不牢，2020 年设计业取得的耀眼成绩的背后有其特殊性，研发投入严重不足，人才短缺严重。

2020 年我们实现了 3819.4 亿元的销售，已经超额完成了规划纲要为我们确定的发展目标，中国集成电路设计业取得了令世人瞩目的重大进步。到 2035 年，要基本实现社会主义现代化的奋斗目标，集成电路产业担负着伟大而艰巨的任务，尤其是芯片设计业，作为集成电路产业研发的主力军，责任更是重大。

芯片设计市场方面，我国的集成电路设计产业发展起点较低，但依靠着巨大的市场需求和良好的产业政策环境等有利因素，已成为全球集成电路设计产业的新生力量。从产业规模来看，我国大陆集成电路设计行业销售规模从 2013 年的 809 亿元增长至 2018 年的 2519 亿元，年均复合增长率约为 25.50%。

从全球地域分布分析，集成电路设计市场供应集中度非常高。根据 IC Insights 的报告显示，2018 年美国集成电路设计产业销售额占全球集成电路设计业的 68%，排名全球第一；中国台湾、中国大陆的集成电路设计企业的销售额占比分别为 16% 和 13%，分列二、三位。与 2010 年时芯片设计公司的销售额仅占全球 5%的情况相比，中国大陆的集成电路设计产业已取得较大进步，并正在逐步发展壮大。

从产业链分工角度分析，随着集成电路产业的不断发展，芯片设计、制造和封测三个产业链中游环节的结构也在不断变化。2015 年以前，芯片封测环节一直是产业链中规模占比最高的子行业，从 2016 年起，我国集成电路芯片设计环节规模占比超过芯片封测环节，成为三大环节中占比最高的子行业。

图 4 半导体 IP 产业链深度研究报告（4）

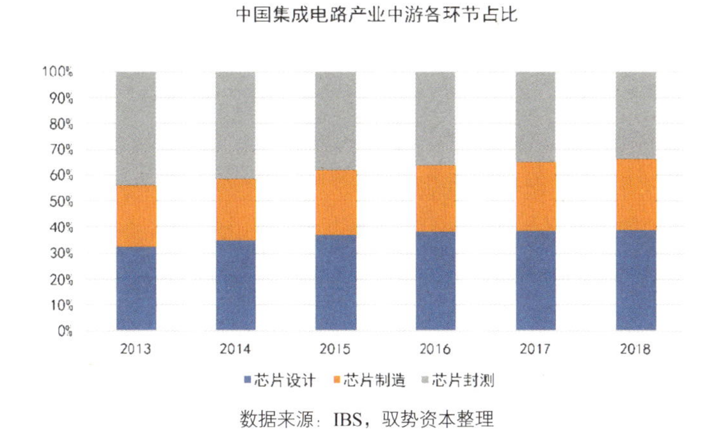

图 5　半导体 IP 产业链深度研究报告（5）

随着中国芯片制造及相关产业的快速发展，本土产业链逐步完善，为中国的初创芯片设计公司提供了国内晶圆制造支持，加上产业资金和政策的支持，以及人才的回流，中国的芯片设计公司数量快速增加。ICCAD 公布的数据显示，2020 年我国芯片设计企业共计 2218 家，比前一年的 1780 家增加了 438 家，数量增长了 24.6%。2020 年全行业销售预计为 3819.4 亿元，比前一年的 3084.9 亿元增加了 23.8%，增速比上年的 19.7%提升了 4.1 个百分点。按照美元与人民币 1∶6.8 的兑换率，全年销售约为 561.7 亿美元，预计在全球集成电路产品销售收入中的占比将接近 13%。

综合各方面来看，中国 IP 行业发展速度与成长空间都比较良好。此外结合芯片设计行业 IP 运用量越来越大的情况，中国半导体 IP 行业的成长空间更加广阔。

3. AIoT 时代下，IP 的应用范围不断扩张

一个新的行业共识是：AIoT 将成为未来二十年全球最重要的科技，并成为工业机器人、无人机、无人驾驶、智能陪伴、智慧建筑及智慧城市等新兴产业的重要基础。在新基建的战略背景下，中国的 5G、云计算和 AIoT 等领域发展迅速，中国客户对 AI 应用的需求也非常迫切。

市场研究机构 IoT Analytics 发布的物联网跟踪报告显示，过去 10 年全球所有设备连接数年复合增长率达到 10%，这一增速主要由物联网设备贡献，到 2020 年全球物联网的连接数首次超过非物联网连接数，物联网发展达到了一个新的历史时刻。

从监测数据来看，2010 年物联网连接数为 8 亿，而当时非物联网设备为 80 亿。但此后 10 年，物联网连接数高速增长，而非物联网连接数仅有微小的增长，到 2020 年物联网连接数达到 117 亿，而非物联网连接数保持在 100 亿左右，这是物联网连

接数首次超越非物联网连接数。预计到 2025 年，物联网连接数将增长到 309 亿，而非物联网连接数仅有 103 亿，几乎原地踏步。

进入 AI+IoT 的 AIoT 时代，受数据中心驱动，市场空间持续打开。另外具备开源生态的指令集 RISC-V，因具备自由开放、成本低、功耗低等方面的优势，成为 IP 行业全新际遇，或将重塑行业格局。

4. IP 技术与市场同步变革

（1）低功耗 IP 撬动物联网万亿市场

芯片作为物联网基础层的核心，是物联网时代的战略制高点。未来，物联网芯片也将超过 PC、手机领域，成为最大的芯片市场。然而，随着联网设备的迅速增加，目前被广泛使用的无线连接技术已经不能满足物联网的需求。具备低功耗、长距离、大量连接、低成本特点的低功耗 IP 应运而生。随着物联网规模化商用元年的到来，哪个技术标准可以占领低功耗 IP 制高点、抢滩万亿级物联网市场，也成为行业内关注的重点。

国内的低功耗模拟 IP 经过数年发展，沉淀出一批代表性企业，例如成都锐成芯微，其模拟 IP 产品结合了独有的超低功耗技术，可为 SoC 设计提供完整的低功耗 IP 平台化解决方案。方案包括超低功耗 LDO，低功耗 DCDC，低功耗 RC OSC，低漏电 I/O，ADC/DAC，Audio CODEC，以及各类传感器 IP。电源和时钟类 IP 的功耗都低至几十纳安，可实现 SoC 低功耗模式下待机功耗低至 350nA。方案广泛应用于 IoT、MCU 和其他对功耗敏感的应用产品。

（2）非易失性嵌入式存储器 IP 推动智能化时代加速到来

2019 年，全球嵌入式非易失性存储器市场规模为 3.299 亿美元。市场增长的原因是，基于 IoT 的设备和服务在发展中国家的渗透率不断提高，对无处不在的连接的需求使得必须快速部署具有安全通信能力的廉价、低功耗产品。因此，基于物联网的设备和服务的激增将在预测期内极大地刺激需求。

嵌入式非易失性存储器是用于满足各种嵌入式系统应用程序的小型芯片。它主要用于智能卡、SIM 卡、微控制器、PMIC 和显示驱动器 IC，用于数据加密、编程、修整、标识、编码和冗余。制造商专注于为基于 IoT 的设备中使用的 MCU 提供安全的 eNVM。

与 eNVM 关联的高效率和紧凑设计有望替代相对笨重的传统独立非易失性存储器。它是基于物联网的微控制器设备的关键组件之一。使用低功耗和低成本的嵌入式非易失性存储器可以显著降低消费类电子产品的成本，预计在未来几年中，这也将满足产品需求。

（3）从物联到智联，蓝牙 IP 大有可为

随着物联网万物互联时代开启，物联网设备对低功耗连接技术的需求呈现井喷式增长，2019 年全球蓝牙设备出货量就将超过 40 亿台。由于蓝牙已经被整合到几乎所有的智能手机中，有利于开发人员在各种应用程序之间、以最有效的方式、在一个足够灵活的平台上构建物联网系统，以满足各种操作限制。市场对低功耗蓝牙芯片的需求量大涨，相关的蓝牙器件 IP 也随着需求进入新一轮的革新升级，高性能、低功耗、满足市场化需求成为蓝牙 IP 的首要标准。以成都锐成芯微提供 AIoT 所需的无线连接方案为例，其开发出的建立在成熟 55nm 技术平台上的 BLE IP，可应用于可穿戴产品、超低功耗人机对接设备，以及医疗健康、运动健身、安防、家庭娱乐等多种产品应用。

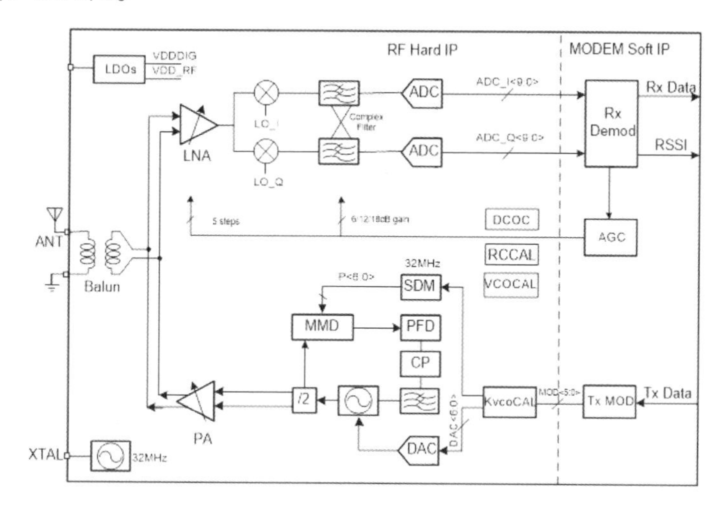

图 6　锐成芯微 BLE 蓝牙 RFIP 架构框图

锐成芯微的低功耗蓝牙 IP 是一个高集成度、低功耗的完整的 PHY IP，符合蓝牙低功耗规范，满足蓝牙 5.0 标准，使得此 IP 成为传感器网络、可穿戴设备及人机接口设备等应用的理想选择。为了加速客户的产品上市时间，锐成芯微可通过多种灵活授权与支持模式提供包含蓝牙软件、媒体访问控制（MAC）层、基带、模拟及射频前端的完整 BLE 系统解决方案。与其他方案相比，此款 IP 的 RF 部分面积更小，同时功耗更低，且已经经过市场大批量量产检验。

（4）高速接口 IP，通往智能化未来的主航道

随着工艺进步，集成电路的性能继续沿着摩尔定律划定的轨迹前进，与此同时，芯片设计复杂度增长的速度远比工艺和性能提高的速度快，因此，以 IP 核重用为标志的 SoC 设计方法在近些年取得了蓬勃发展，用于手机、数字电视、消费电子等大批量市场的集成电路基本上都是 SoC 芯片的天下。接口是 SoC 的基本功能之一，是实现 SoC 中嵌入式 CPU 访问外设或与外部设备进行通信、传输数据的必备功能。

通过对 11600 个 IP 核的统计发现，接口类 IP 核的数量为 1234 个，占总数的 11%，是紧随模拟和混合信号、物理库、存储器之后，数量第 4 多的 IP 核。

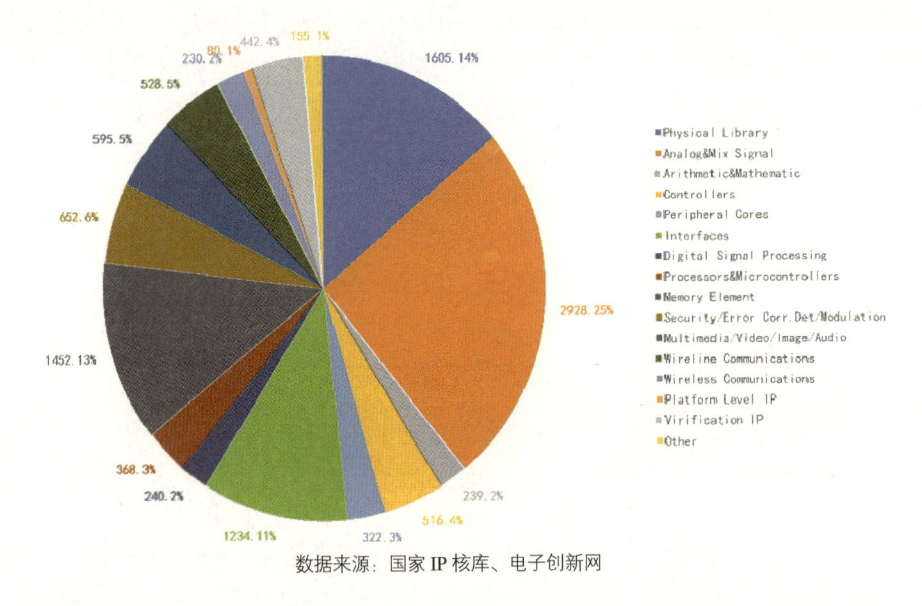

数据来源：国家 IP 核库、电子创新网

图 7　IP 核的总体分布

在需求方面，根据 CSIP 的 IP 需求调查，IP 交易领域主要集中在三个方面，一是开发难度较大和应用复杂的高端 CPU 和 DSP；二是标准的接口 IP（例如 USB、PCI Express 等）；三是模拟 IP（如 PLL、ADC 等）。这三类 IP 需求占到总需求的一半多。而其他的交易类型，如标准的内存模块，以及一些面向特殊应用的 IP，则占据国内需求的三分之一。

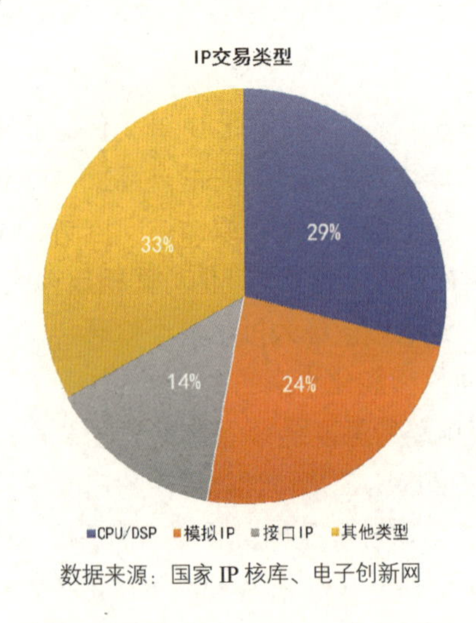

数据来源：国家 IP 核库、电子创新网

图 8　国内 SoC 设计对 IP 核的需求

由于 PC 的广泛使用，以及消费类电子产品的普及，USB 已经成为最常用的串行接口，数据传输速率从 1.0 版的 1.5Mbps，到 1.1 版的 12Mbps，再到 2.0 版的 480Mbps，USB 3.0 的数据传输速率已经达到惊人的 5Gbps，事实上目前还没有哪个外设在实际使用中能达到这样高的数据传输速率。USB 3.0 还挤压了其他总线的市场空间，如 IEEE 1394 的数据传输速率也达到 3.2Gbps，在以往的数码摄像机中被广泛采用，在一些移动存储设备中也有采用。不过，新推出的设备已经基本不再采用 IEEE 1394 接口了。如新的数码摄像机普遍采用光盘或硬盘作为存储介质，用 USB 接口传输视频文件。标准的不断升级推动着 IP 核的不断升级。下图是 USB IP 核按标准分布的情况，包括 PHY 和控制器。

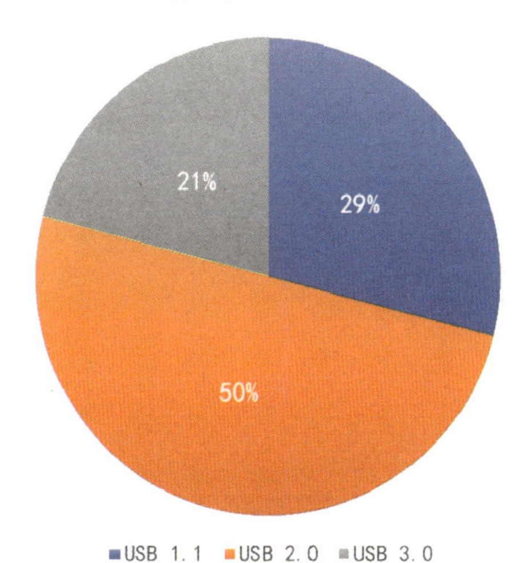

数据来源：国家 IP 核库、电子创新网

图 9　USB IP 核的版本分布

新标准和新版本的不断出现，推动着接口 IP 核的丰富和发展。伴随工艺的进步，PHY 等模拟类 IP 核的开发难度越来越大，SoC 设计企业越来越依赖于成熟的高质量 IP 核。目前，在对国内 SoC 设计项目的调查中发现，一些高速接口 IP 核还依赖于国外企业，而且这些 IP 核的供应商较少，国内企业的选择面较窄，IP 核的价格也十分昂贵。国内 IP 核企业在这方面大有可为，应该利用国内研发成本较低的优势，开发出替代国外 IP 核的产品，但前提是充分保证 IP 核的质量和稳定性。

5. IP 行业：进入以数据为中心推动的时代

IP 产业的发展主要分为两个阶段，一个是 20 世纪 80 年代中后期至 2010 年前后，PC 兴盛、移动终端逐步发展；另一个阶段则是从 2010 年开始的、以智能终端数据化为驱动力的高速发展阶段。纵观 IP 产业发展，我们从市场需求和供给两个角度研判，未来 IP 行业将在“5G+物联网对芯片用量和品类需求的持续增长+IP 供应商研发实力持续增强”的驱动下，产业链进一步专业化，迎来以数据为中心的第三次腾飞。

作者简介：

杨毅

1984 年 7 月出生，清华大学硕士。曾任新加坡 MediaTek Singapore Pte. Ltd. 射频芯片设计工程师，成都盛芯微科技有限公司执行董事兼总经理，2019 年 12 月加入成都锐成芯微科技股份有限公司，任副总经理。在无线通信领域有十余年的芯片研发和市场经验，曾参与开发的蓝牙等无线连接芯片累计出货过亿颗。

高起点、高质量、规模化创新发展我国 IP 产业

曾克强　余成斌

前言

在集成电路（IC）工程领域，所谓知识产权（Intellectual Property，IP）是指 IC 设计中那些具有特定功能、可以重复使用的电路模块，通常也称为半导体知识产权（SIP）。它的兴起和演进完全受益于专用标准产品 ASSP（Application Specific Standard Product）和片上系统 SoC（System on Chip）的发展，包括电子设计自动化 EDA（Electronic Design Automation）软件的发展。实际上，纵观 20 世纪 90 年代以来全球 IC 产业链及其产业发展模式的演进历程，就是一部以集成电路为核心的微电子技术不断演进的发展史。

应该看到，集成电路是国之重器，我国 IP/EDA 技术，至今受制于人的状况未有根本性改变。我国 IC 设计业和芯片代工业的崛起和高速发展，为本土 IP/EDA 产业发展提供了用武之地。一方面，本土 IC 设计公司要构建起自主可控的 SoC 芯片开发平台，而自主 IP 及其复用技术是不可或缺的关键模块和核心技术。当然本土芯片制造厂商为打造自主可控芯片制造平台，必须根据新类别的 IC 开发及其应用，考虑引进并验证一些关键性国产 EDA/IP，以便导入客户 SoC 产品投片并实现量产。今天，IP 及其复用已成为 SoC 设计平台的不可或缺的关键技术和核心基础，它决定着最终 SoC 芯片的性价比（面积、功耗、时延等）、市场竞争性及其系统创新性等。

在“十四五”期间，我们必须以创新为动力，以高质量发展为主题，加快关键核心技术突破，构建起以国内大循环为主体、国内国际双循环相互促进的新发展格局，创造新需求；坚持与国产 EDA 融合发展，高起点开拓自主可控的“IP+EDA”，推动以 IC 为核心的新兴产业融合化、集群化、生态化发展。

1. IP/EDA 和 IC 产业

任何一个产业的发展和壮大都离不开技术进步和市场需求，还伴随着产业链分工细化和产业模式的演进，集成电路产业也不例外。图 1 显示了自 20 世纪 70 年代以来全球 IC 产业链及其产业模式的演进历程。

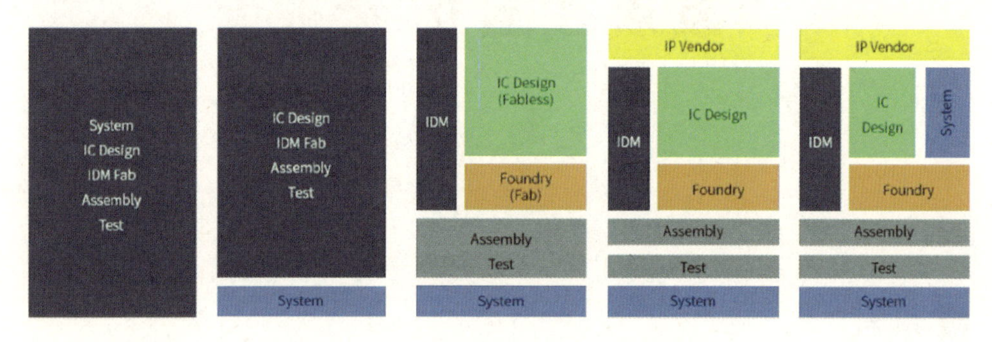

图 1 IC 产业链及其产业模式演进历程

1970～1979 年（IDM 模式）

这一阶段主要特征：

（1）1971 年美国英特尔公司发布全球第一款商用微处理器（4004）以来，世界开始进入以微处理器和存储器为代表的通用 IC（小、中、大和超大规模集成电路）时代，从而导致拥有芯片设计和生产能力的集成电路器件制造（IDM）企业得到快速发展，纷纷从系统厂商中独立出来，诸如美国的英特尔、德州仪器，日本的索尼、东芝、日立等知名半导体企业。

（2）期间全球 IC 产业发展几乎都是 IDM 模式主导，集成电路设计作为 IDM 公司的一个独立部门而被设置。

1980～1999 年（Fabless 模式）

这一阶段主要特征：

（1）1980 ~ 1990 年。这十年，CMOS 工艺的进展和微细加工技术进入了亚微米阶段（< 1.0μm）；EDA 设计方法已被引入集成电路设计之中（全球第一家 EDA 企业——美国 Mentor 公司于 1981 年成立）；以专用集成电路（ASIC）为代表的世界 IC 也随着微处理器和个人计算机的广泛应用和普及而兴起，从而推动了设计和制造完全分离的技术市场环境，导致 1982 年、1984 年和 1987 年分别成立了全球第一家封装测试企业——中国台湾日月光公司、第一家以 IC 设计及其产品销售为主的一

种无生产线的半导体企业（Fabless）——美国 LSI Logic 公司，以及全球第一家芯片代工（Foundry）工厂——中国台湾积体电路公司。从而，一种“Fabless+Foundry+封装测试”的垂直分工模式崛起。

（2）1991～1999 年。互联网（Internet）的高速发展，计算机和电视机的普及，消费类 IC 产品得以规模化地蓬勃发展，促使了以竞争为导向的集成电路设计业的高速发展，既推动了 20 世纪 90 年代中期的系统芯片（SoC）兴起，又促进了 IP 业态的孕育。1991 年成立的英国 ARM 公司是全球第一家 IP 企业，它开创了 IP 授权的许可模式；1994 年 Motorola 公司发布的 Flex Core 系统（用来制作基于 68000 和 PowerPC 的定制微处理器）和 1995 年 LSI Logic 公司为 Sony 公司设计的 SoC，是基于 IP 核完成 SoC 设计的最早报道；此外，为了 IP 重用技术的推广和使用，1996 年成立了世界上最早的 IP 核标准组织 VSIA，它是全方位制定 IP 标准的开放性的国际联盟，成员包括系统设计公司、IC 供应商、EDA 公司、IP 提供商。从而，全球 IC 产业架构建立起“以 Fabless 业为龙头、Foundry 为基础”的垂直分工模式与 IDM 模式并存发展的大格局。

2000～2020 年（IP 厂商为主）

这一阶段主要特征：

（1）2000～2010 年。随着 PC 逐步让位于手机产业，终端产品更加复杂多样，芯片设计难度大大提升，如 2005 年英特尔采用 90nm 工艺推出的其第一款双核处理器就集成了 2.3 亿个晶体管，毫无疑问，如此复杂的芯片没有 IP/EDA 技术支持，是不可能完成设计工作的。所以，IP 业态从此迈进孕育、发展和壮大的阶段，同时在 IC 设计业中也涌现出如设计服务公司（IDC）、系统芯片设计方案供应商（Chipless）等新业务形态的公司和组织。

（2）2011～2020 年。随着移动通信技术与互联网商务结合，使人类社会从“互联网+”时代进入大数据时代，手机等移动终端也从功能终端向智能计算、云计算/大数据等迈进，促使系统终端等巨头纷纷进入 IC 设计领域，如 2010 年苹果公司推出基于 ARM 核的 A4 处理器；同时，SoC 芯片集成度越来越高、所采用的工艺节点已处于 22nm～5nm FinFET 制程，IC 研发成本急剧增加，促使芯片设计采用更快、更简单和高质量研发的基于 IP 复用的设计方法，导致 IP 在 SoC 芯片设计中的权重大幅上升，IP 成为市场定位、高质量、高性价比和应用解决方案精准的芯片设计主导方。

2021～2035 年（系统厂商造芯）

这一阶段主要特征：根据国际权威机构 Statista 的统计和预测，2020 年全球数据产生量预计达到 47ZB（1ZB 等于 1 万亿 GB），到 2035 年将达到 2142ZB，15 年间扩大了 45.6 倍。在此背景下，如美国的苹果、谷歌，我国的华为等系统整机和互联网巨头充分认识到采用“通用 CPU（或 SoC）芯片+应用方案”的平台式结构，已难以满足“人工智能+物联网”对高算力和个性化的需求，纷纷加速在 IC 设计领域布局，凸现未来全面数字化时代 IC 产业发展的一条创新路径，即“系统厂商造芯”；鉴于此，IP 供应商势必要帮助它们搭建起有别于传统的芯片设计平台，一场基于系统整机和互联网的应用场景、协议架构、模型和算法的软 / 硬 IP 技术及其形态的创新革命也将应运而生。

2. 片上系统（SoC）及 IP

SoC 芯片设计方法的演进

SoC 概念是 1995 年由美国 LSI Logic 等公司首先提出的，是指在单一硅芯片上实现一个系统所具有的信号采集、转换、存储、处理和输入 / 输出（I/O）等功能的电路。其基本特征：①内嵌 CPU 核和其他诸如 DSP 等核心 IP，包括丰富的输入 / 输出（I/O）接口和一定容量的存储器；②采用硬件、软件协同设计方法，包括完整的操作系统和用户软件；③具有强大的数据、图像传输和处理能力，以及高可靠、友好的用户界面。表 1 显示了世界 IC 设计方法进步带动其 IC 产品形态演变的过程。

表 1　世界 IC 设计方法演变示意路线

发展阶段		70 年代	80 年代	90 年代	21 世纪至今
特征产品		标准逻辑系列电路	ASIC（专用集成电路）	ASSP（专用标准产品）	SoC（片上系统）
特点	设计方法	基于器件级设计	基于单元库设计（Cell-Based Design）	基于 IP 设计（Block-Based Design）	基于平台设计（Platform-Based Design）
	单元库	/	采用（单元级）	采用	采用
	IP 复用	/	/	采用（功能级）	采用
	结构件（IP 模块）复用	/	/	/	采用（系统级）
价值	原创性	器件级线路	全定制逻辑	各功能块及其接口	系统及其接口和总线
	优化处	人工为主	门级综合及其单元级布局布线	功能构件的综合及其布局布线	系统级的软硬件兼容的综合及其布局布线

（1）20 世纪 70 年代，IC 基于器件级而设计。这一时期为配合刚兴起的微处理器和存储器的开发应用，盛行通用的系列化和标准化逻辑电路。其设计主要以人工为主，仅在数据处理和图形编辑方面采用了计算机辅助设计。其中，IC 设计和半导

体工艺不可分离。

（2）20 世纪 80 年代，IC 基于（定制和半定制）单元库而设计。这一时期由于微处理器和 PC 的广泛应用和普及，标准化功能的 IC 难以满足整机客户对成本和可靠性的要求。于是专用集成电路（ASIC）诸如门阵列（GA）、可编程逻辑（PLDs）、现场可编程门阵列（FPGA）、标准单元、全定制电路等应运而生。在 1982 年，其比例已占整个集成电路销售额的 12%，此时 ASIC 单为一个客户服务。同时随着 EDA 工具（电子设计自动化工具）的出现，PCB（印刷线路板）设计方法被引入，如库的概念、工艺模拟参数及其时序仿真概念等，并逐渐形成了设计和工艺分离的技术环境。

（3）20 世纪 90 年代，IC 基于 IP/EDA 而设计。这一时期由于互联网推动了通信和网络及多媒体信息家电的 IC 需求，仅为单一客户服务的 ASIC 已难以应对不同客户对某一类系统功能（如音频、图像压缩等）的不同要求，故 ASIC 延伸为专用标准产品 ASSP（Application Specific Standard Product）；同时其设计方法由于 EDA 工具的发展，解决了过去 IC 设计技术中的时序收敛等问题，设计进入了功能级的抽象化阶段，即可复用以前的、经过验证、并有一定功能的设计资源。这些设计资源具有知识产权价值，故称为硅知识产权 SIP（Silicon Intellectual Property），且 SIP 及其复用在业界巨头内部被普遍采用。特别是，到 20 世纪 90 年代中期，由于 SoC 的兴起，鉴于其使 IC 设计公司将有限的资源投入核心专长领域，故一些专门提供这种 IP 功能模块的知识产权的公司和供应商也应运而生，IP 开始成为市场化商品。

（4）21 世纪初至今，IC 基于 IP/EDA 模块及其复用的平台而设计。当前的硅加工技术已可以在一个芯片上制备近百亿个晶体管。根据 IBS 报告，如图 2 所示，以 $80mm^2$ 面积的芯片裸片为例，在 3nm 工艺节点下，晶体管数量可增长到 156.8 亿个。另外，如图 3 所示，以 5nm 制程节点为例，可集成的 IP 数量将达到 218 个。

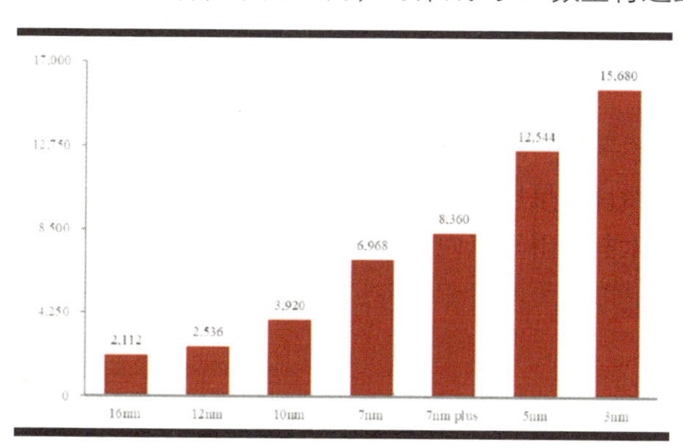

数据来源：IBS《Design Activities and Strategic Implications》

图 2　单颗芯片裸片可容纳晶体管数量增长趋势（以 $80mm^2$ 面积为例，单位：百万个）

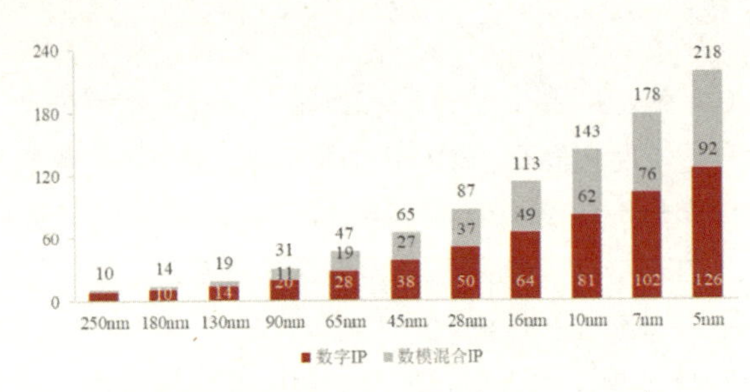

数据来源：IBS《Design Activities and Implications》

图 3 不同制程节点下的芯片所集成的硬件 IP 数量（平均值）

鉴于此，基于平台设计的 SoC 架构特点：一是，它基于结构件（IP 模块）及其复用的系统级不同应用，故可适应市场衍生出一系列不同功能的 IC 产品；二是，它基于软硬件协同设计的结构，故使得同一系列的 IC 产品升级更为方便；三是，如图 4 所示，它将有助于包括 IP、EDA、芯片制造、封装测试和集成器件制造（IDM）及其应用在内的整个 IC 产业链和供应链的高质量的自主可控发展。

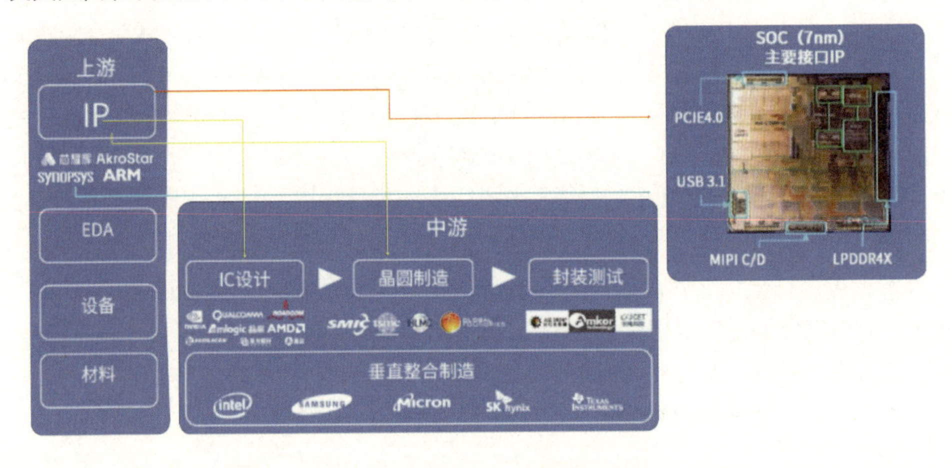

图 4 IP 在半导体产业链中的作用

半导体 IP 产品形态

应该看到，IP 在 IC 设计中所提供的可重复利用的模块方式，基本可分为三种形态：

（1）硬核（Hard Core）。它是指已经过某特定工艺验证、提供最小面积和最优性能的、具有可保证性能的电路物理结构的全套掩模版图（GDSII 文件格式）。由于硬核是 IP 的最深层次，硬核知识产权的保护比较简单，一般提供硬核的公司或通过芯片制造厂商能对它全权加以控制。硬核的缺点是价格昂贵，且受特定工艺或代工厂的限制，使得为缩小面积而进一步优化设计就必须重新设计。

（2）软核（Soft Core）。它是指只完成晶体管逻辑（RTL）级的行为设计、具有可综合的硬件描述语句（Verilog HDL 或 VHDL）的文档形式。由于它是优化的行为级设计，且通常已经过工艺验证，不受工艺实现条件的限制，故其具有比硬核使用和修改的更大的灵活性，如字长、总线配置、I/O 接口选择等指标都可以根据产品的变化而变化。但其缺点是对 IP 的预测性太低，增加了引入差错的设计风险，并且使用者在后续的设计中需有相应的 EDA 开发和测试环境。

（3）固核（Firm Core）。它是一种间于软核和硬核之间的 IP，指完成逻辑图设计，以“与工艺有关的门级网表”的形式提交使用。由于它比软核有更大的设计深度，所以，只要用户单元库的时序参数与其相同，就具有正确完成物理设计的可能性。

IP 业态及其倍增性、增长性特征

（1）IP 业态。它由专业 IP 公司、设计服务公司（IDC）等构成。其中，专业 IP 公司提供成熟的 IP 及针对当前的技术热点、难点开发的芯片设计市场急需的 IP 核，设计服务公司提供 IP 集成与设计服务等。应该看到，IP 与 EDA 一起是 IC 产业链最上游、最高端的业态，是芯片设计生产的“必备神器”。

（2）IP 倍增性特征。如图 5 所示，2020 年全球 IP 年产值仅为近 50 亿美元左右，而其撬动了下游如电子系统等规模在几万亿美元级别的产业。

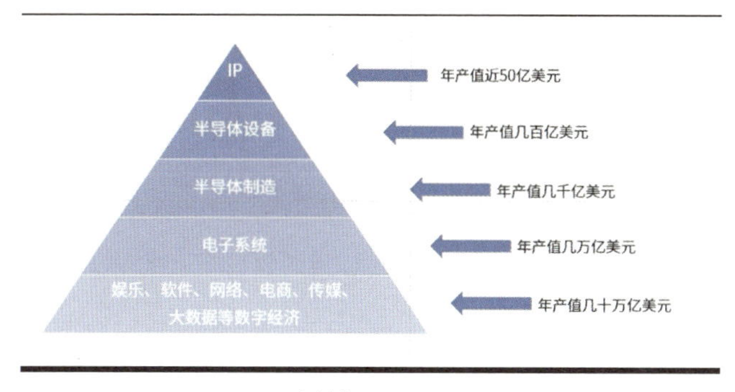

资料来源：IPnest

图 5　芯片与集成电路产业金字塔

（3）IP 业的增长性。自 2015 年以来，IP 和 EDA 已成为具备源头技术赋能和基础支撑作用的细分产业中最重要的两个上游核心技术类别。如图 6 所示，IP 在半导体市场（除去 DRAM 和闪存）的占比从 2010 年的 0.65%增长到 2020 年的 1.43%，预计到 2025 年该占比将提升至 1.74%，届时 IP 全球产值将增长至 87 亿美元，复合年均增长率（CARG）约为 13.6%。其中，承担海量数据传输和交换关键任务的接口 IP 的市场增长率在所有 IP 中最为迅猛。如图 7 所示，全球 IC 设计业产值的 CAGR

约为 4%，全球 IP 接口市场的 CAGR 约为 16%，高出 12 个百分点，而中国的市场增长率更高。

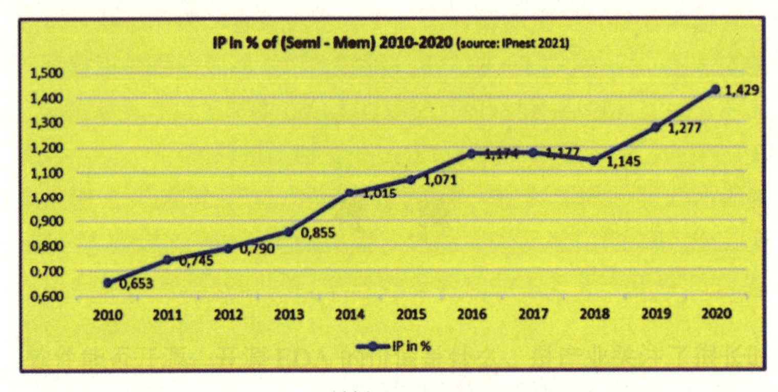

资料来源：IPnest

图 6 IP 在半导体产业（除去 DRAM 和闪存）中占比

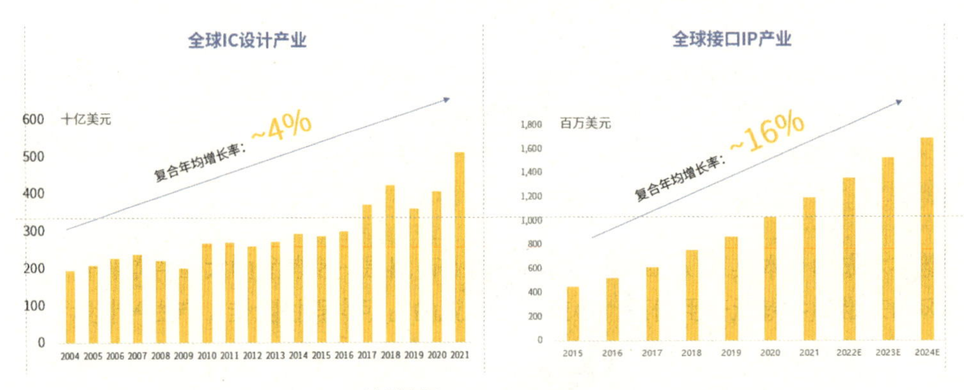

资料来源：IC Insight and IPnest

图 7 全球 IC 设计产业（左）、全球接口 IP 产业（右）

3. 国内外 IP 产业的发展现状及其面临的挑战和机遇

1）全球 IP 产业发展现状及其面临的挑战和成功要素

（1）全球 IP 产业发展现状

如表 2 所示，2020 年全球 IP 市场销售额为 46.04 亿美元，同比增长 16.7%。其中，2020 年全球 IP 业前十名销售额合计为 36.50 亿美元，占同期全球 IP 市场的 79.3%，相比 2019 年的 30.65 亿美元，增长 19.1%，高出整个 IP 行业 16.7%的增长 2.4 个百分点。基本特征表现如下。

表2　2020全球IP销售Top10

Rank	Company	2019	2020	Growth	2020 Share	Cum.Share
1	ARM（Softbank）	1608,0	1887,1	17,4%	41,0%	41,0%
2	Synopsys	716,9	884,3	23,4%	19,2%	60,2%
3	Cadence	233,0	277,3	19,0%	6,0%	66,2%
4	Imagination Technologies	87,0	125,0	43,7%	2,7%	68,9%
5	Ceva	87,0	100,3	15,3%	2,2%	71,1%
6	SST	132,4	96,9	−26,8%	2,1%	73,2%
7	Verisilicon	70,0	91,5	30,7%	2,0%	75,2%
8	Alphawave	25,2	75,1	198,0%	1,6%	76,8%
9	eMemory Technoiogy	47,9	63,7	33,0%	1,4%	78,2%
10	Rambus	57,4	48,8	−15,0%	1,1%	79,3%
	Top 10 Vendors	3 064,8	3650,0	19,1%	79,3%	79,3%
	Others	878,8	953,8	8,5%	20,7%	100,0%
	Total	3 943,6	4603,8	16,7%	100,0%	100,0%
Cource:IPnest（April 2021）						

资料来源：IPnest

① 2020年，美国和英国两大区域共占全球IP市场的74.31%。其中，美国占了4家（Synopsys、Cadence、Ceva和Rambus），销售额合计为13.11亿美元，占同期全球IP市场的28.5%；英国占3家（Arm、Imagination Technologies和SST），销售额合计为21.09亿美元，占同期全球IP市场的45.81%。其余，加拿大占1家（Alphawave），中国占2家（芯原、力旺电子）。

② 2020年，Arm和Synopsys两大企业共占同期全球IP市场的60.2%。其中，Arm 2020年销售额达18.87亿美元，占同期全球IP市场的41%，增长率为17.4%，稳健保持着龙头地位，是无可争议的智能手机CPU和GPU IP市场的领导者，且其生态主导着全球半导体IP市场。第二名是Synopsys，2020年的销售额达8.84亿美元，占全球IP市场的19.2%，增长率为23.4%，在有线接口IP市场是全球的领导者，2020年占该类IP市场的55%。另外，Cadence仅占全球IP市场12.2%；在2020年整个IP市场中，超过1亿美元的前5家的合计销售额为32.74亿美元，占同期全球IP市场的71%，剩下的29%市场是由其余企业贡献的。

③ 2020年各种IP类别。图8显示了各种IP类别的比重，从中看出CPU雄踞35.4%的第一把交椅；接口类IP占据23.5%的第二地位，GPU占10.5%，它们远远超过所有其他类别。

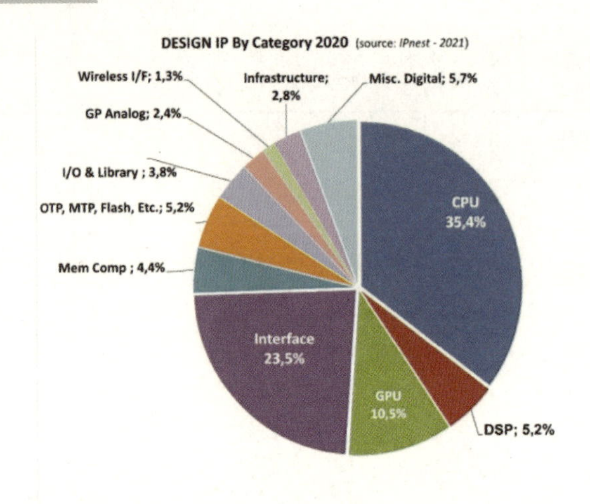

资料来源：IPnest

图 8　2020 年各种 IP 类别的比重

④ 各类 IP 的成长趋势。如图 9 所示，接口 IP 全球市场占比持续攀升，成长性超越计算类 IP。自 2010 年以来的十年间，受益于智能手机强劲的需求驱动，CPU/GPU 成长为最大的 IP 细分市场，但自 2017 年以来，CPU 和 GPU&DSP 的全球 IP 市场占比持续下滑，分别从 40.8%和 16.8%下滑至 36.2%和 14.9%。然而，随着以数据中心应用为主的新需求驱动，比如服务器、数据中心、5G、人工智能，对数据传输和交换的带宽、速度和容量的需求越来越大，自 2017 年以来，接口类 IP 持续快速成长，其全球 IP 市场占比已从 18%增长至 23.2%。IPnest 预计，至 2025 年，接口类 IP 的全球产值将增长至 25 亿美元，超过 CPU 的产值成为全球最大的 IP 细分市场。

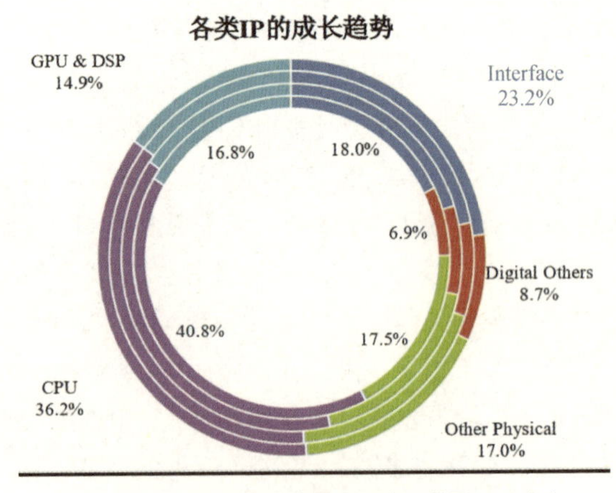

资料来源：IPnest 2021（内圈 2017 年，外圈 2020 年）

图 9　各类 IP 的成长趋势

（2）全球 IP 开发面临的挑战和成功要素

① 面临的挑战。随着应用和工艺的不断演进，IP 的设计难度和门槛也在快速地提升，主要挑战表现在以下四个方面：

聚合度——单个产品集成越来越多的功能，单个芯片集成越来越多的 IP，这就要求 IP 架构规划和设计的时候要充分考虑面积和功耗的优化；

竞争力——消费者驱动规格、功能、成本，关心开发风险和产品周期，IP 开发者必须把握规格、成本及风险的最佳平衡，并研发具备差异化功能的 IP；

复杂度——IP 是提高产品化效率的关键，随着协议标准和工艺持续演进，设计复杂度越来越高，兼容性、可靠性等一系列测试的收敛要求也不断提高；

集中化——先进 Foundry 和工艺越来越趋近于金字塔尖，IP 供应商日益集中，竞争更为激烈。

② IP 成功要素。如图 10 所示，为满足客户需求，一款成功的 IP 必须从各方面达到更高标准、更优服务的要求。

图 10　IP 成功要素金字塔

首先，IP 是芯片设计产业里在半导体工艺演进过程中最早期投入的关键技术，是设计产业中的先锋，往往在半导体工艺还未成熟或具备量产能力之前已经进入开发期，所以，IP 具备能从成熟工艺快速支持、兼容及移植最先进的工艺制程的固有能力是成功早期导入市场的关键要素。

同时，IP 也是芯片设计产业里随着海量及高性能的应用需求驱动的协议标准快速演进而需不断迭代及升级的关键技术，特别是接口 IP 在标准协议的先进度和广泛度的演进更高速。

其次，IP 的差异化特性，如出色和可靠的性能［即 Power（功耗）、Area（面积）和 Cost（成本）］的优势及创新的应用定制优化功能，将是 IP 成功的关键要素，这将充分体现在 IP 本身必须具备最优及已验证的架构和设计，同时对应用系统深度理解和运用。

最后，IP 的良好产品质量是 IP 成功的关键要素和重要保证。主要表现在可量产且兼容性高，这体现在 IP 必须具备经过跨工艺、多产品、多应用完整的全方位验证，如从架构、模块、芯片级、封装板级、系统级到可靠性、互通性等。

需要支撑以上 IP 成功关键的另一个要素是必须具备支持先进和跨工艺完整设计及严谨验证的 CAD 自动化平台和流程，加上其完整和专业的系统应用及技术支持前后端服务。

因此，需要实现以上 IP 的成功关键要素必须依赖一支长期实战积累并专注 IP 产业的大型全建制专业设计专家团队，团队专业性将涉及标准协议，系统架构、建模、模拟、数字、版图、后端、SIPI、ESD、软件、QA 及交付等领域。全建制还体现在需要先进工艺制程 CAD 技术专家，封装设计和板级设计专家，SoC 及系统专家，现场技术支持（FAE）、技术应用支持和调试专家，乃至 SoC 后端服务、子系统交付和定制服务人才等。这都是我国芯片产业极度缺乏的高端芯片产业人才，这也是导致我国 IP 产业落后于欧美的主要因由。

2）国内 IP 产业发展现状及其面临的挑战和机遇

（1）国内本土 IP 产业发展现状

目前，我国本土 IP 产业还处于初级阶段，规模很小，技术和市场竞争性弱，国产化率低；但是，近 10 年来涌现了一批优势 IP 创新创业企业，它们驰骋市场、积极布局、打造生态。这些公司发展的基本特征：

① IP 创新创业企业中，2011～2020 年成立的就有芯耀辉、芯来科技、寒武纪、锐成芯微等企业；这充分彰显了《国务院关于印发进一步鼓励软件产业和集成电路产业发展若干政策的通知》（国发〔2011〕4 号）印发以来，我国集成电路设计业的快速发展，有力推动国内半导体 IP 市场成长，支撑一批 IP 创新创业企业不断涌现。

② IP 新秀们纷纷加强自身生态能力建设。这彰显了随着数据中心、智能汽车、高性能计算、5G 通信、物联网、人工智能等新应用的兴起，为提供完善 IP 平台以及完整 SoC 一站式解决方案，构建起“IP/EDA+IC 设计+芯片制造+系统应用”的一体化生态是本土 IP 企业生存、发展和壮大的根本所在。

③ 目前我国三类本土 IP 供应者都健康成长。第一类是华为海思等公司，有自己的 IP 甚至指令集开发实力，但不对外；第二类是互联网巨头，如阿里巴巴及其旗下平头哥公司等，其在 2019 年即推出基于 RISC-V 内核的处理器（玄铁 910），加速中国 RISC-V 产业化及其生态环境发展。第三类是国内独立的第三方 IP 厂商，如芯耀辉、锐成芯微、芯来科技等众多 IP 公司，它们立足于各类 IP 的积累。

（2）我国本土 IP 产业面临的挑战

① 我国本土 IP 产业及其企业体量小、能级低。在全球 IP 行业中，2020 年仅 ARM 和 Synopsys 两家的合计销售额就达 27.71 亿美元，占同期全球 46.04 亿美元 IP

市场的60.2%。而我国IC设计服务业的代表——芯原股份有限公司IP营收仅为0.915亿美元，只占 IP 市场的 2.0%。从中看出，整个产业及其企业体量、能级与这两大巨头是不可比拟的。另外，据 IPnest 的最新报告显示，未来五年全球半导体 IP 市场规模将以 13.6%的复合年增长率增长，到 2025 年发展到 87 亿美元，为此我们要加速构建起以国内市场为主体的发展新格局，提升本土 IP 集群市场竞争力。

② 国产 IP 类别完整性差，技术处于中低端水平。应该看到，国产 IP 在产品系列、与本土芯片代工企业的配合，包括与国产 EDA 融合发展方面，对比国际水平，差距是非常大的，难以支撑国产化替代的芯片设计需求。

③ 本土 IP/EDA 人才短缺严重。应该看到，一款产业化芯片的成功离不开优质的 IP 核和专业 IP 专家团队的支持。“十四五”期间，我国在 IC 产业新增人员的结构上，其中的 IP/EDA 领军人才和高端 IP 人才，对于我国整个集成电路产业实现自主可控、安全保障发展至关重要。我们现在既不缺市场、也不缺资本，最缺的是人才，人才是我们面临的最大短板。

④ 我国 IP/EDA 事业缺乏高强度、持续的研发投入。就以“国家队”的华大九天而言，在过去十年间整个研发资金投入累计不到 10 亿人民币，相比 Synopsys 一家，其一年的研发投入约为 10 亿美元，可谓是小巫见大巫。

⑤ 我国 IP/EDA 产业与其上下游整合力低。应该看到，IP/EDA 是“IC 设计+芯片制造+系统应用”联动发展的纽带，它的开发是紧密结合先进工艺节点进行的，如中国台湾的台积电研发 7nm、5nm、3nm 工艺的同时，Synopsys 等就早期介入相应 IP/EDA 的研发，所以它们两家可同时推出相应的量产工艺和成熟的 IP/EDA。应该看到，虽然国内量产芯片工艺已达到了 14nm/12nm，相比国际先进水平尚有 2.5 个技术代差距；但是，我们仍应该基于自身条件，加强本土“IP/EDA+IC 设计+芯片制造”全产业链联动发展。

（3）我国本土 IP 产业面临的发展机遇

“十四五”期间，我国集成电路产业将从规模增长向高质量发展转型，是构建自主可控新格局的重大变革期，营造了前所未有的发展机遇。

①《中华人民共和国国民经济和社会发展第十四个五年规划和 2035 年远景目标纲要》明确指出：要“推动集成电路、航空航天、船舶与海洋工程装备、机器人、先进轨道交通装备、先进电力装备、工程机械、高端数控机床、医药及医疗设备等产业创新发展。”这不仅加速促进我国本土“IP/EDA+IC 设计+芯片制造+系统应用”生态体系建设及其高质量的融合发展；同时，将大大增强 IP/EDA 在内的集成电路产业链和供应链自主可控能力及其创新发展。

② 我国 IC 设计业和芯片代工业的崛起和高速发展，为我国本土 IP/EDA 产业发展提供了得天独厚的用武之地。一是，本土 IC 设计公司要构建起自主可控的 SoC 芯片开发平台，相应的自主 IP 及其复用技术是不可或缺的关键模块和核心技术。二

是，本土芯片制造厂商为打造自主可控芯片制造平台，必须根据新类别的 IC 开发及其应用，考虑引进并提前验证一些关键性国产 IP/EDA，以便导入客户 SoC 产品投片并实现量产。

③“中兴事件”和“华为实体名单”等所涉及的中美贸易摩擦，使国内信息产业和集成电路两大业界对“芯结”达成共识，对本土具有自主知识产权的 IP/EDA 寄予深情期望，国产替代成为不可逆转的大潮，将极大地激励着我国高质量自主发展 IP/EDA 产业的决心和恒心。

④ 今天，我国已成为全球最大的 IC 应用市场，随着硅 CMOS 工艺制造已逐渐逼近物理极限，促使国内量子技术、第三代半导体技术的积极研发推进；加上国内“5G+AI+云计算”引发的数字经济蓬勃发展，这极大地推动着包括协议、标准在内的半导体 IP 新结构、新模式的创新发展。

3）国内 IP 产业发展思考

毫无疑问，IP/EDA 是半导体产业链和供应链的“金字塔”顶端。为此，我们必须立足自身资源禀赋、发展条件、比较优势等实际，精准把握我国 IP 产业高质量发展的新阶段、新格局的深刻内涵，找准突破瓶颈和短板的切入点和发力点，扎扎实实打造以本土 IP/EDA 为核心的自主可控的集成电路创新体系。

基于此，建议如下：

（1）创新发展产学研结合新机制和启动实施 IP 集群培育工程。一是加快构建以国内应用场景为主体的新发展格局，创造新需求，高质量发展我国 IP 产业，有力提供我国集成电路产业发展新动能。二是壮大一批具有 IP 生态主导力和核心竞争力的龙头企业；培育专精特新“小巨人”IP 企业和 IP 业的单项冠军企业。

（2）驱动 IP/EDA 和芯片制造深度合作和统筹规划，打造完整国产 IP 生态。一是基于我国现实和潜在 IC 市场优势，采用企业为主体、市场导向和政府推动相结合方式，打造“IP/EDA+IC 设计+芯片制造+系统应用”生态创新平台及新型研发机构，加快 IP/EDA 融合发展及其技术创新应用，提升 IC 产业链、供应链防护能力，防范化解安全风险隐患。二是把握国内外 IP 技术发展态势，突破关键核心技术瓶颈和短板，打破受制于人局面，提升 IC 产业链、供应链防护能力，防范化解安全风险隐患。

（3）培养造就高水平 IP 人才队伍和营造良好政策发展环境。一是基于国家重大集成电路科研任务、重大工程项目，依托国家微电子学院等机构，建设 IP 交叉基础学科，加速培养 IP/EDA 急需的各类人才。二是积极开展国际间开放合作，主动融入全球 IP/EDA 创新网络，建议制定政府财政支持的中外 IP/EDA 合作专项的政策和实施办法。

（4）面向国内现实和潜在的巨大 IC 应用市场，组织制定和建立自主可控的中国 IP 技术规范和标准。一是针对大数据 / 云计算应用场景，形成满足不同级别的安全需求的 IP 及其设计解决方案。二是打造我国 SoC/IP 产业的国家创新体系，实现我国 IP 产业高起点、高质量、规模化创新发展。

作者简介：

曾克强，芯耀辉科技有限公司董事长兼联席 CEO，曾任职新思科技中国区副总经理，在通信和半导体行业拥有 20 多年丰富的销售、运营和管理经验，在半导体行业有牢固的客户关系和广泛的产业人脉。重庆邮电大学计算机通信专业工学学士和复旦大学-美国华盛顿大学奥林商学院 EMBA 硕士。

余成斌，芯耀辉科技有限公司联席 CEO，美国电机电子工程师协会 IEEE Fellow、澳门大学集成电路国家重点实验室联合创始人，中国半导体行业协会 IC 设计分会副理事长、粤港澳大湾区半导体协会联席理事长。20 年以上 IP 产业研发和团队管理经验。Chipidea 澳门微电子联合创办人，曾任新思科技 IP 研发总监兼澳门区总经理，领导新思科技在亚太及大中华地区 IP 研发设计。澳门特区政府工商功绩勋章、澳门首位国家科技进步奖、何梁何利基金科学与技术创新奖、科学中国人年度人物奖及“庆祝中华人民共和国成立 70 周年”纪念章得主。我国首获第 65 届芯片奥林匹克峰会 ISSCC 远东杰出论文奖和第 40 届欧洲固态电路峰会最佳论文奖联合作者。澳门大学及里斯本大学高等技术学院电机与电气双博士。

公司介绍：

芯耀辉科技有限公司于 2020 年 6 月成立，总部位于珠海横琴，核心团队皆来自行业顶尖的跨国公司和国内知名企业，设计的 IP 协议标准全球领先，量产过的 IP 工艺到 5nm。芯耀辉获得 2020 年第二届中国横琴科技创业大赛特等奖（一亿元奖金）；亦荣获中国 IC 风云榜“2021 年度最具成长潜力奖”及“2022 年度 IC 独角兽奖”。公司聚集了 250 多位全建制的行业精英，致力于先进半导体 IP 的研发和创新，赋能芯片设计和系统应用，为国家集成电路事业、人类社会的数字化转型做出贡献。

大道至简的 RISC-V

李　珏

1. 简单就是美——RISC-V 架构的设计哲学

RISC-V 架构作为一种指令集架构，我们先得了解其设计的哲学。所谓设计的“哲学”便是其推崇的一种策略，譬如我们熟知的日本车的设计哲学是经济省油，美国车的设计哲学是霸气等。RISC-V 架构的设计哲学是什么呢？是“大道至简”。

RISC-V 设计团队最为推崇的一种设计哲学便是：简单就是美，简单便意味着可靠。无数的实际案例已经佐证了“简单即意味着可靠”的真理，反之越复杂的机器则越容易出错。一个最好的例子便是著名的 AK47 冲锋枪，正是由于简单可靠的设计哲学，使其性价比和可靠性极其出众，成为世界上应用最广泛的单兵武器之一。

所谓大道至简，在 IC 设计的实际工作中，也许你曾见过简洁的设计实现其安全可靠，也曾见过繁复的设计长时间无法稳定收敛。简洁的设计往往是可靠的，在大多数的项目实践中一次次得到检验。IC 设计的工作性质非常特殊，其最终的产出是芯片，而一款芯片的设计和制造周期均很长，无法像软件代码那样轻易地进行升级和打补丁，每一次芯片的改版到交付都需要几个月的周期。不仅如此，芯片的制造成本高昂，从几十万美元到成百上千万美元不等。这些特性都决定了 IC 设计的试错成本极为高昂，因此能够有效地减少错误的发生就显得非常重要。现代的芯片设计规模越来越大，复杂度也越来越高，并不是要求设计者一味地逃避使用复杂的技术，而是应该将最复杂的设计用在最为关键的场景，在大多数有选择的情况下，尽量选择简洁的实现方案。

当你在初次阅读 RISC-V 架构文档之时，会不禁赞叹。因为 RISC-V 架构在其文档中不断地明确强调其设计哲理是“大道至简”，力图通过架构的定义使硬件的实现足够简单。其实简单就是可靠和美。

2. 架构的篇幅

目前主流的架构为 x86 与 ARM 架构。如果你曾经参与设计 x86 或 ARM 架构的应用处理器，会发现需要阅读的架构文档的篇幅很长。经过几十年的发展，现在的 x86 与 ARM 架构的架构文档多达数千页，打印出来能有半个桌子高。

想必 x86 与 ARM 架构在诞生之初，其篇幅也不至于像现在这般长篇累牍。之所以架构文档长达数千页，且版本众多，一个主要的原因是其架构发展的过程也伴随了现代处理器架构技术的不断发展成熟，并且作为商用的架构，为了能够保持架构的向后兼容性，不得不保留许多过时的定义。时间越长，文档就越冗长，可以说是积重难返。

那么架构能否选择重新开始呢？重新定义一个简洁的架构？x86 与 ARM 架构可以说是几乎不可能。Intel 也曾经在推出 Itanium 架构之时另起灶炉，放弃了向后兼容，最终 Intel 的 Itanium 遭遇惨败，其中一个重要的原因便是其无法向后兼容，从而无法得到用户的接受。试想一下，如果我们买了一款具有新的处理器的计算机或者手机，之前所有的软件都无法运行，那肯定是无法让人接受的。

现在推出的 RISC-V 架构，则具备了后发优势。由于计算机体系结构经过多年的发展已经是一个比较成熟的技术，在其发展的过程中暴露出的问题都已经被研究透了，因此新的 RISC-V 架构能够加以规避，并且没有背负向后兼容的历史包袱。

目前的 RISC-V 架构文档分为指令集文档和特权架构文档。指令集文档的篇幅为 200 多页，而特权架构文档的篇幅也仅为 100 页左右。熟悉体系结构的工程师仅需一两天便可将其通读，虽然 RISC-V 架构文档还在不断地丰富，但是相比 x86 架构文档与 ARM 架构文档，RISC-V 的篇幅可以说是极其短小精悍。

大家可以访问 RISC-V 基金会的网站，无须注册便可免费下载文档，如图 1 所示。

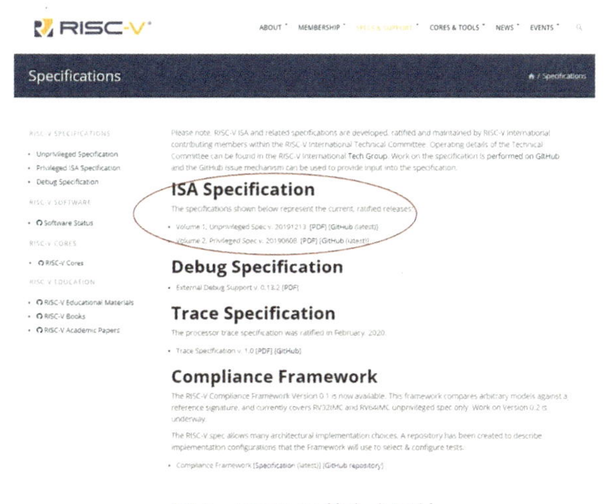

图 1　RISC-V 基金会网站

3. 浓缩的都是精华——指令的数量

短小精悍的架构和模块化的哲学，使得 RISC-V 架构的指令非常简洁。基本的 RISC-V 指令数目仅有 40 多条，加上其他的模块化扩展指令总共几十条指令。图 2 是 RISC-V 指令集图卡，请参见详细的 RISC-V 指令集。

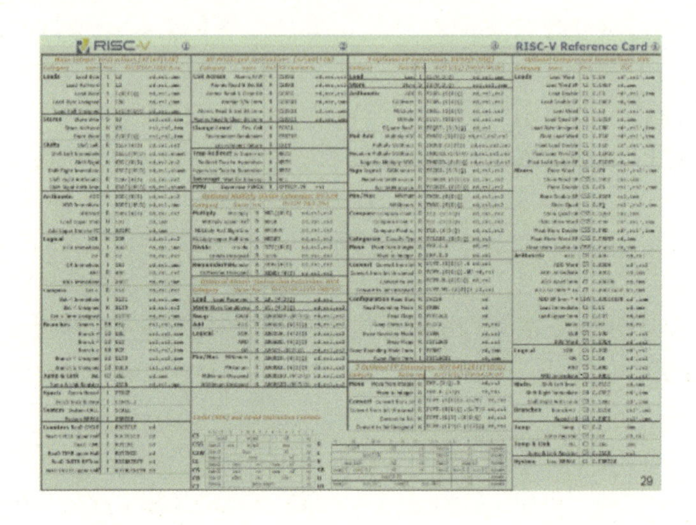

RISC-V Reference Card

29

图 2 RISC-V 指令集图卡

4. 可扩展模块化的指令集

RISC-V 架构相比其他成熟的商业架构，最大的不同在于它是一个模块化的架构。因此 RISC-V 架构不仅短小精悍，而且也不试图通过统一的架构把各种不同的应用以模块化的方式组织在一起。

这种模块化是 x86 与 ARM 架构所不具备的。以 ARM 架构为例，ARM 的架构分为 A、R 和 M，共 3 个系列，分别针对应用操作系统（Application）、实时（Real-Time）和嵌入式（Embedded）3 个领域，彼此之间并不兼容。但是模块化的 RISC-V 架构能够使得用户灵活地选择不同的模块进行组合，以满足不同的应用场景。例如针对小面积、低功耗的嵌入式场景，用户可以选择 RV32IC 组合的指令集，即仅使用机器模式（Machine Mode）；而针对高性能应用操作系统场景，则可以选择例如 RV32IMFDC 的指令集，使用机器模式（Machine Mode）与用户模式（User Mode）两种模式。

综上所述，简单就是美的设计哲学，简约的架构篇幅，精华的指令数量，可扩展的模块化组合，为 RISC-V 的开放生态带来了无限可能。随着 AIoT 应用的迭代，对处理器的差异化、定制化需求的爆发式需求，RISC-V 的“大道至简”必将顺其潮流而蓬勃生长。

作者简介：

李珏，芯来科技市场及战略 VP。

北京交通大学博士，芯来科技市场及战略 VP，拥有超过 10 年处理器领域开发及研究经验。长期参与集成电路行业技术标准化工作以及国家战略关键芯片的规划构建工作，在处理器及人工智能领域软件硬件技术方面有丰富的经验。

RISC-V 生态促发展，国产CPU IP 开放自主之路

彭剑英

1. RISC-V 新赛道出现给国产 CPU 提供变道超车良机

国内集成电路产业得益于国内市场的迅速膨胀而积累了大量的发展资金，但在核心技术链、关键供应链上仍然存在不少断点，我国集成电路产业普遍注重应用层面 SoC 的开发，忽视底层 IP 设计技术，特别是以 CPU IP 为代表的关键核心环节，将有可能成为产业发展的致命罩门。

根据 IPnest 数据显示，2019 年全球半导体 IP 市场总价值约为 39.4 亿美元，其中 CPU IP 在整个 IP 市场中所占比例超过 57%。中国 IP 市场约占全球的 13%，而 CPU IP 的国产化率几乎为 0，近 3 亿美元的国内 CPU IP 市场被国外公司完全占有。传统指令集架构的高度中心化使得生态发展带来的交叉合作需求难以推进，领域专用市场带来的碎片化需求无法满足，加之国际形势不确定性带来了极大的安全隐患。目前，国内 CPU 厂商已经投入在 x86、Arm、POWER、MIPS 等不同处理器架构的研发之中，但绝大多数指令集架构受制于国外公司，分散的态势严重制约了产业合力发展和软生态的标准化建设。

直到新兴的开放指令集架构 RISC-V 的出现，为我国处理器领域的技术创新带来了一个前所未有的机会。在技术演进的同时，中国作为万物互联时代的主应用需求市场，激起了在端侧和云侧对处理器的海量需求，中国 CPU IP 领域迎来了一次千载难逢的由生态和市场切换带来的突破良机。

2. 芯来科技加速 RISC-V 生态本土化落地进程

从 RISC-V 开放生态在中国的发展历程来看，芯来科技创始人胡振波先生在中

国率先对外发布了开源 RISC-V CPU 内核项目蜂鸟 E203，并同时推出了相关中文教学书籍，积极地推动了 RISC-V 生态在中国的生根发芽。2018 年 6 月芯来科技成立，成为国内首家推出自研商用 RISC-V CPU IP 的本土厂商。

自主可控的内核。芯来科技在不到三年的时间完成了 AIoT 全系列 RISC-V CPU IP 产品拼图，N100、N200、N300、N/NX/UX600、N/NX/UX900 产品覆盖了从低功耗到高性能的各种应用场景需求。同时完成了自有软件体系搭建，提供完善的驱动、工具链、SDK 和操作系统支持。作为 RISC-V 生态的核心驱动力，芯来的 CPU IP 内核正在经历从嵌入式处理器向应用处理器升级的关键发展时期。在开放的架构上，为广大的中国集成电路设计企业提供了国产自主可控内核。一定数量级别的创新和合作能够快速促进一门技术的成熟。超过 200 家客户的评估和使用，全国前 10 大集成电路设计企业中已有 5 家成为公司合作伙伴；协助客户在汽车、工控、通信、智能家居、区块链、航空航天、能源、金融、人工智能等领域输出基于芯来内核的产品，丰富了国内的芯片产业生态。

模块搭建的方案。我国作为全球最大的 AIoT 市场，将出现海量的差异化应用需求，并且随着市场的迭代加速，对处理器一体化、定制化解决方案的需求，将远远超越对 CPU 芯片和内核 IP 的单一需求。芯来科技顺势而为启动了基于 RISC-V 处理器内核的开放创新全栈式 SoC 方案平台建设，以 RISC-V 模块化扩展的思维，推动外围 IP 的模块化改造，不断为 RISC-V 方案平台引入新的创新元素。该平台有效缩减了基于 RISC-V 架构的 SoC 设计周期，降低设计成本。芯来 SoC 方案平台包含了用户在使用 RISC-V 处理器进行系统级设计流程中的共性需求模块和通用解决方案。通过预制模板和流程，为用户提供自有、第三方、客供等多种数模 IP 与 CPU 内核 IP 的快速集成，并同步为用户生成硬件层次适配及配套软件方案和开发操作工具。

3. 产业协同的生态

芯来科技继续透过构建开放生态的初心，帮助本土产业换道超车，打通产业环节壁垒。通过“一分钱计划”持续降低 RISC-V 应用门槛，围绕行业领域应用构建起新的合作模式，实现了客户的 RISC-V 芯片量产；大力推进“RISC-V+”示范应用，与各类集成电路设计领域深度融合，促进产业向开放方向升级，打造了一批适配于产业发展的深度应用场景；与相关行业重点企业和专业机构建立了面向特定行业领域、典型应用场景的资源库，通过 RISC-V 核心资源对于示范作用强、产业带动效果好的项目给予了完备的技术支持；通过“大学计划”输出全套开源教学平台，助力了 RISC-V 产学研生态发展，利用开源内核在产业链上的各个环节激发更多技术创新的可能。

4. 匠“芯”智造，引领未“来”

让面向未来的 RISC-V 技术在中国开花结果。为了突破当前 RISC-V 应用的生态壁垒，芯来科技正在研究全新的基于 RISC-V 方案的设计和验证方法学，从打造全流程完备的 RISC-V 设计系统出发，通过融合智能算法、机器学习、云计算与高性能硬件系统等前沿科学，打造与未来应用接轨的模块化软硬件和系统。在芯来科技的引领下，也有行业同仁看到开放架构能为产业带来的价值，并加入 RISC-V 生态的探索行列，芯来科技希望能够与行业同仁一起，运用我们自身的技术优势，不断为国内集成电路行业及电子信息产业提供自主可控的基础部件和先进算力模块。

作者简介：

彭剑英，浙江大学博士，芯来科技 CEO，负责 RISC-V 处理器及其他相关产品的研发及市场管理。一直从事处理器设计相关工作，曾任 Synopsys ARC 处理器高级研发经理并建立 ARC 中国研发中心，Marvel ARM CPU 部门研发经理等职位。

公司介绍：

芯来科技是中国专业 RISC-V 处理器 IP 和芯片解决方案公司，致力于研发基于 RISC-V 指令架构的国产自主可控处理器内核 IP，赋能本土产业生态。芯来的处理器 IP 已授权众多知名芯片公司进行量产，实测结果达到业界一流指标。

RISC-V 发展研究报告

芯来科技

1. 开放：RISC-V 的天然基因

RISC-V 并不是一种处理器或芯片，也不是一种 IP，而是一套指令集架构规范（Specification）。所谓指令集，是存储在处理器（芯片）内部指导它如何进行运算的一系列规范语言。它是软件和硬件之间的接口，向下定义任何软件程序员需要了解的硬件信息，向上指导应用系统的运转，可以说指令集架构决定了一个处理器的操作"灵魂"。

PC 时代，开放的是基于某个指令集架构制造的芯片产品（如 Intel 公司按照 x86 架构生产的各种 CPU 芯片）；移动互联网时代，开放的是基于某个指令集架构微处理器内核授权（如 Arm 公司按照 Arm 架构研发的各种内核 IP）；AIoT 时代，直接开放的是指令集架构 ISA（如 RISC-V 基金会定义的 RISC-V 指令集架构）——"开放"的主体在不断变换，但"开放"的程度却在越发加深，从芯片公司到 IP 公司再到标准组织，从产品销售到授权再到架构共享，谁以开放的心态拥抱新时代，谁就能够引领产业而获取更大的发展空间。

源于加州大学伯克利分校（UC Berkeley）的 RISC-V 精简指令集架构，从诞生之初，就一直拥有开放的基因。它吸取了几十年来计算机发展过程中各种复杂指令集架构的经验与教训，从设计理念上摒弃历史包袱，技术性能上相比其他计算机指令架构（ISA），显示出了极简、统一、模块化、可扩展的属性，具备了天然的后发优势。

RISC-V 作为学术界和产业界合作的结晶，最有希望成为新时代的主导架构，其遵从 BSD 协议（Berkeley Software Distribution license），可以为任何组织机构和商业组织所使用，这意味着基于 RISC-V 指令集架构开发的内核 IP、相关芯片以及开发工具既可以免费开源，也可以专有收费，具体产品实现可以包括：自行开发版本、开源无质保免费版本、开源加服务费版本、商用闭源收费版本。因此，为产业的发展提供了更为开放的选择。

据统计，RISC-V 基金会如今已经吸引了全球 28 个国家和地区 320 多家会员加入，其中不乏 IBM、NXP、西部数据、英伟达、高通、三星、谷歌、华为、阿里、Red Hat 与特斯拉等巨头的身影。这个由其成员主导的非营利性机构，指导 RISC-V 未来的发展，并推动 RISC-V ISA 更大范围的应用。RISC-V 基金会的成员可以访问和参与 RISC-V ISA 规范和相关的 HW/SW 生态系统的开发。伴随着 RISC-V 应用生态的发展，RISC-V 基金会注册地从美国迁往中立国家瑞士，RISC-V 指令集架构正逐渐成为一个产业界共同遵循的指令集的标准。其开放的特性，也让 RISC-V 的使用并不会受到单一公司的绑定，因此也被认为是我国实现芯片自主的希望路径之一。

如今，在全球范围内，RISC-V 赛道上也涌现出了一批具有代表性的技术企业，如 RISC-V 发明团队创办的美国 SiFive 公司，捷克的 Codasip 公司，中国台湾的晶心科技，以及中国大陆的平头哥半导体、芯来科技等。

2. 繁荣：从 AIoT 赛道起跑

1）RISC-V 与 AIoT

据 Gartner 预测，到 2020 年将有超过 200 亿个 AIoT 设备联网。中国台湾工研院研究报告也指出，AIoT 芯片市场预计到 2025 年将达 390 亿美元，年复合成长率高达 20%。AIoT 的发展需要四大要素，即 AI 算法、IoT 安全、处理器，以及服务平台。其中，处理器是智能联网设备的核心硬件基础，大多数 IoT 设备都需要使用低功耗、支持无线连接的嵌入式处理器芯片，而 AI 相关应用也需要嵌入式处理器进行边缘计算，才能建构完整的 AIoT 应用，面对高性能、低功耗、无线连接等方面的挑战，基于 RISC-V 的微处理器内核（包含 DSP 扩展及矢量扩展）加上 AI 运算协处理器 IP，将成为细分市场 AIoT 应用的很好机会。RISC-V 从 AIoT 赛道起跑，是由于该领域内的绝对生态壁垒并不存在，嵌入式设备的软硬件一体性和源代码重编译特性决定了其只存在生态相对壁垒。这种相对的生态壁垒随着软硬件厂商的共享繁荣的设计目标，以及差异化产品的旺盛需求，对新兴的 RISC-V 架构具有天然的友好性。

我们看到 RISC-V 目前应用的市场还主要聚焦于 AIoT 领域，这是由生态壁垒所决定的。RISC-V 指令集架构的标准和技术本身并不局限于 AIoT 领域，只是定义了要遵循的一种模式而已。而具体的性能表现，则要落实到具体的微结构设计中，不管是低功耗的设计还是高性能的设计，都依赖于 CPU 微结构设计的水平。用 Arm 架构的苹果 M1 处理器超越 x86 架构的处理器芯片的例子，也说明了 RISC-V 架构在 PC 及服务器领域有巨大潜力。

2）RISC-V 与软生态

无论 PC 还是智能手机，都需要密集的人机交互和通用应用软件生态。而未来的 AIoT 应用将进入一种“无人”的物联应用场景。要随时随地实现这样的应用，单靠硬件是不行的。RISC-V 硬件架构要想在 AIoT 赛道实现突破，还需要操作系统和软件的配合才行。RISC-V 基金会与 Linux 基金会达成合作协议，借助后者积累多年的开源生态建设经验和全球庞大的 Linux 开源社区，得到了 Linux 的软件平台支持，同时，各种针对或兼容 RISC-V 架构的 Linux 基础工具和平台也在加紧开发和测试中，开源的 Linux 与开放的 RISC-V 的软硬结合必将发挥出无限潜能。从开发工具上看，基于 Eclipse 的 IDE 工具，有芯来科技的 NucleiStudio、晶心科技的 AndeSight 和 Codasip 的 CodasipStudio 等，而国际上专业的开发工具企业 SEGGER、IAR、Lauterbach 也在最近一年为多家厂商的 RISC-V MCU 和 FPGA 提供了支持和更新。

3）RISC-V 应用领域的拓展

RISC-V 的市场也在持续扩张，Semico 预计 2025 年全球市场的 RISC-V 核心数将达到 624 亿，其中工业应用将占据 167 亿颗核心。而根据 Tractica 预测，RISC-V 的 IP 和软件工具市场也将在 2025 年达到 10.7 亿美元。从 RISC-V 基金会官网获悉，目前全球范围内，RISC-V 芯片（SoC、IP 和 FPGA）已经推出 84 款，覆盖了云端、移动、高性能运算和机器学习等 31 个产业，而越来越多的芯片企业和终端企业正在加速布局 RISC-V 产品。

RISC-V 的生态已经能很好地支撑垂直应用。在存储控制市场，希捷、西部数据这样的头部厂商都已将 RISC-V 内核应用于自身的产品当中；在 AI 领域，英伟达也公开了其在 RISC-V 方面的研究，指出了在深度神经网络中应用 RISC-V 指令集的可能性；三星也披露了将推出多款采用 RISC-V 内核架构的芯片；另外，Google、三星和高通在内的约 80 家公司将联合为自动驾驶汽车等应用开发新的 RISC-V 芯片设计；GreenWaves 推出了基于 RISC-V 的低功率 AI 物联网（IoT）应用处理器；晶晨半导体推出具有 RISC-V 安全内核的 SoC 芯片；华米发布了用于生物识别可穿戴设备的新型 AI 芯片。

RISC-V 在通用类的产品应用生态也在逐步打通，越来越完整的可选开发工具链将助力通用产品的大范围面世。RISC-V 的编译、验证和分析等流程都在逐步扩大软件与硬件支持。兆易创新在 2019 年就推出了 RISC-V 内核的 MCU 产品，乐鑫在 2020 年发布了搭载 RISC-V 处理器的 Wi-Fi+蓝牙模组，GreenWaves 发布了其超低功耗 GAP9 音频芯片，中科蓝讯有多款 RISC-V 芯片，沁恒推出了三款 RISC-V MCU，中微半导体正式发布首款集成 RISC-V 内核的 32 位 MCU，瑞萨电子也预计于 2021 年推出通用 RISC-V 芯片产品。

3. 自主：生态平台赋能本土应用

1）RISC-V 自主可控的机遇

开放的基因、繁荣的生态为自主的应用提供了前所未有的发展良机。长期以来，我国集成电路产业普遍注重应用层面 SoC 的开发，在底层技术上投入有限。虽然国内集成电路产业得益于国内市场的迅速膨胀而积累了大量的发展资金，但在核心技术链、关键供应链上仍然存在不少断点，忽视底层技术特别是以处理器 IP 为代表的关键核心环节，将有可能成为产业发展的致命罩门。Arm 公司对华为的技术断供有可能对海思麒麟芯片未来的技术和服务升级形成巨大障碍，就是一次对产业敲响的警钟。

RISC-V 的出现，为中国处理器 IP 发展提供了一个千载难逢的机会。让我们欣喜的是，在此领域也出现了深耕于开放指令架构标准中不同层次的国内本土公司，在自主可控与共享繁荣中，找到了一条奋起直追的道路。本土 RISC-V 处理器 IP 厂商，在不同领域发力，保持我国的 RISC-V 处理器 IP 与世界先进厂商同步演进，完成“突破”与“并跑”，并依靠国内市场强劲的创新需求向“引领”迈进。

2）RISC-V 的中国力量

产业链自主可控生态的关键由三个因素组成：指令集的发展权，研发团队的本土化以及微架构的自主开发。RISC-V 指令集架构的标准化为我们解决了指令集发展权的问题。而本土公司和团队的自主开发为我们带来真正的产业链供应安全。经过几十年的国内产业发展，我国在处理器领域人才培养上已经初具规模，形成了一批能够根据指令集架构标准进行微架构研发的团队与软生态研发团队，基于开放架构的指令集标准，更是为优秀的团队提供了打造自主可控产品的良机，伴随着国内 AIoT 市场的蓬勃发展，为产业提供了从硬到软各个层次自主可控生态打造的应用基础。国内集成电路产业以至 ICT 产业链各个环节，应抓住开放架构指令集生态带来的自主可控的处理器 IP 共性技术平台建设良机，从应用需求入手，彻底解决处理器领域“穿马甲”问题。

根据 RISC-V 具体产品的实现来源，我国的 RISC-V 参与者也存在开源吸收、国外引进、自主研发等不同形式。

表 1　我国的 RISC-V 参与者的研发形式对比

国内 RISC-V 内核提供公司	研发团队	微架构来源	其他信息
平头哥半导体	中国大陆团队	自主研发	阿里生态
芯来科技	中国大陆团队	自主研发	中立 IP 及服务供应商
赛舫科技	国外团队与本土团队结合	国外授权代理	外资控股
晶心科技	中国台湾团队	自主研发	台资控股
睿思芯科	中国大陆团队	开源内核吸收	主要提供芯片产品
优矽科技	中国大陆团队	开源内核吸收	中立 IP 及服务供应商

从上表可见，中国大陆满足本土团队与自主研发的只有平头哥半导体和芯来科技：

阿里巴巴旗下的平头哥半导体，以及其处理器团队的前身中天微团队，作为出身于高校的本土化研究团队，具备多年的内核开发经验，其发布的 RISC-V 处理器玄铁 910 针对云和边缘服务器，更多地依靠阿里生态推动应用与芯片的联动。

芯来科技的技术演进不同于国外引进或开源吸收模式，其技术团队具备长期的一线巨头企业处理器研发经验，在 RISC-V 架构产品的打造上从零开始，结构设计和源代码实现完全由本土团队完成，真正的国产自主可控，输出了具有自主知识产权的核心产品。芯来科技目前拥有近 100 名员工，拥有 3 个研发中心。

芯来科技作为本土 RISC-V 的领军企业，启动建设了基于 RISC-V 处理器内核的开放创新全栈式 SoC 方案平台建设，该平台能缩减基于 RISC-V 架构的 SoC 设计周期，降低设计成本。以模块化形式呈现的全栈式 RISC-V SoC 方案平台则是芯来科技未来业务布局的一个重要方向。芯来 SoC 方案平台包含了用户在使用 RISC-V 处理器进行系统级设计流程中的共性需求模块和通用解决方案。通过预制模板和流程，为用户提供自有、第三方、客供等多种数模 IP 与 CPU 内核 IP 的快速集成，并同步为用户生成硬件层次适配及配套软件方案和开发操作工具。

芯来科技的 RISC-V 架构处理器有超过 200 个客户的评估和使用，全国前 10 大集成电路设计企业中已有 5 家成为该公司合作伙伴。在不到三年的发展进程中，收获了不同领域的大量典型客户，协助客户在汽车、工业控制、通信、智能家居、区块链、航空航天、能源、金融、人工智能等领域输出基于芯来内核的产品。

基于处理器内核的自主可控，是实现 SoC 平台化的前提，将周边通用 IP 与内核的全自动化耦合集成，能为客户一站式解决基于 RISC-V 架构的 SoC 集成问题，能够推动 RISC-V 应用生态更快落地，帮助客户节省大量的各种 IP 的集成、验证和应用成本。

我国作为全球最大的 AIoT 市场，将出现海量的差异化应用需求，并且随着市场的迭代加速，对处理器一体化定制化解决方案的需求，将远远超越对 CPU 芯片和内核 IP 的单一需求。RISC-V 开放架构和自主 IP 可以让产业界进一步提升相关应用领域的效能，也借此为厂商创造利基与更多商机。

公司介绍：

芯来科技（Nuclei System Technology）是中国专业 RISC-V 处理器 IP 和芯片解决方案公司，芯来科技拥有一支经验丰富的处理器研发团队，自 2018 年成立以来全自主研发，相继推出了 N100、N200、N300、N/NX/UX600、N/NX/UX900 等系列产品，覆盖了从低功耗到高性能的各种场景需求。

芯来科技的处理器 IP 已授权众多知名芯片公司进行量产，实测结果达到业界一流指标。

聚焦 RISC-V 处理器内核研发，致力于赋能本土产业生态，是芯来科技贯彻始终的愿景与追求。

第三章

EDA 数字电路类

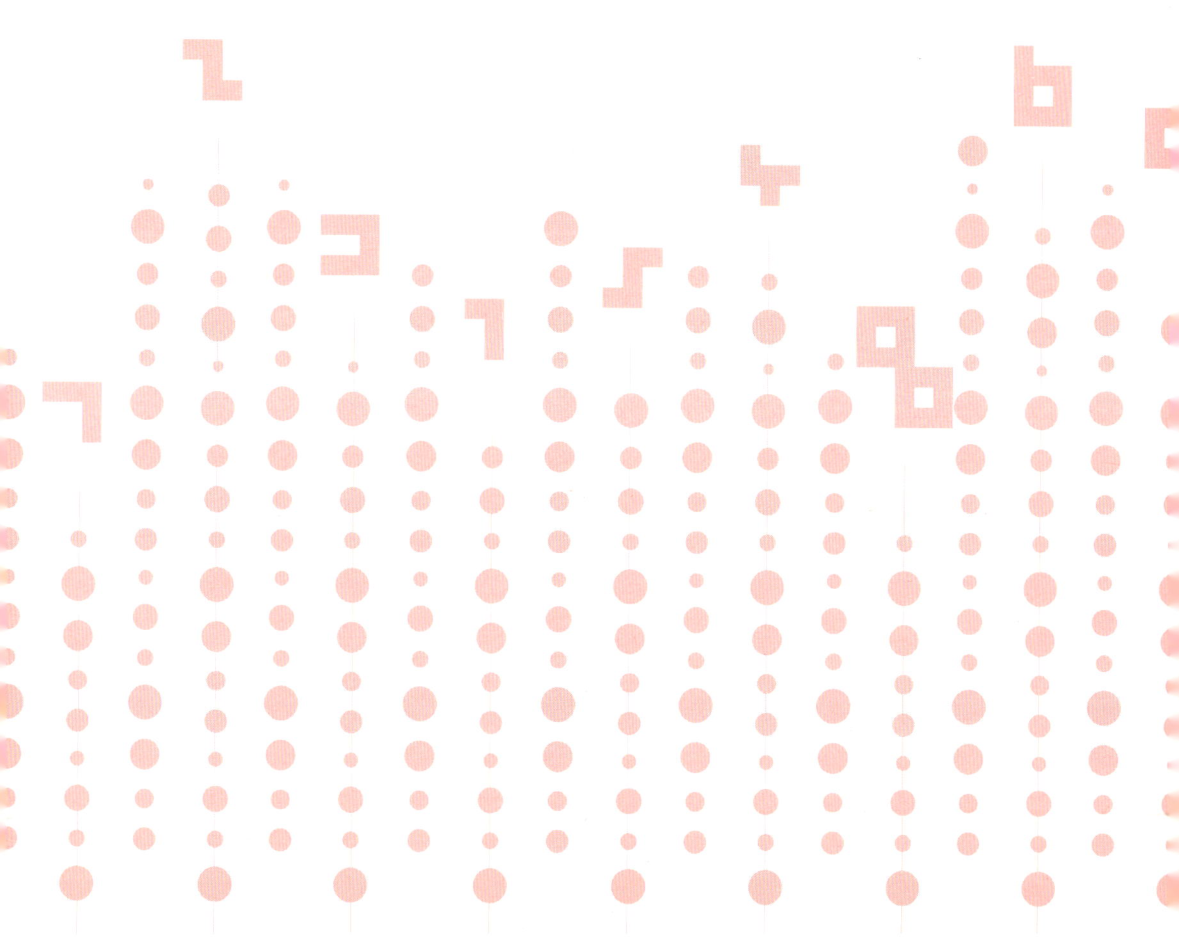

SystemC 电子系统级设计方法在航天电子系统设计中的应用

李 挥 陈 曦

1. 引言

近年来，电子系统设计日益复杂。一个典型的电子系统，如航天电子系统，一般包括不止一个基于嵌入式处理器、DSP 或 FPGA 的器件，通常还需要一个基于通用处理器或者高性能嵌入式处理器的系统进行前台处理、显示、调试。以星载北斗导航接收机的设计为例，嵌入式处理器被用于导航解算和遥控遥测处理；FPGA 被用于导航信号处理，包括信号的快速捕获和跟踪；而通用处理器至少被用于遥控遥测的显示和过程调试。在现代航天系统中，为提高寿命，降低空间环境对系统可靠性的影响，通常采用多个嵌入式处理器作为软件处理平台，在可靠性和性能之间实现有效平衡。多处理器和 FPGA 带来的一个基本问题就是设计变得更加复杂。

不同的处理平台所需的设计时间和应用性能的定性比较如图 1 所示。

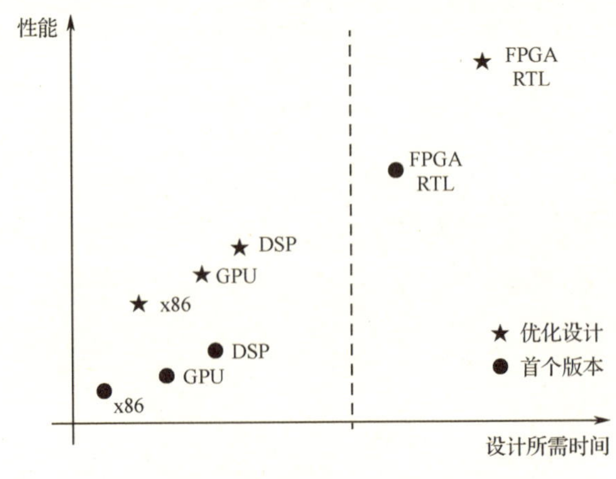

图 1　不同处理平台所需设计时间和应用性能比较

如图 1 所示，基于处理器的设计平台（包括 x86、GPU 和 DSP 等）通常具有非常高的软件灵活性和较短的设计时间，但其局限性是体积大、功耗大，对外接口受限；基于 FPGA 的设计能够提供良好的接口灵活性和最高的应用性能，但设计所需时间远远超过基于处理器的设计平台。在流程上，整个系统的设计需要经历系统设计、处理器软件设计、FPGA 设计、系统调试、系统测试等流程。通常，这一设计过程是一个迭代过程。传统的系统设计阶段通常以文档形式形成概要设计和详细设计文档。为了降低设计风险，通常采用比需求高得多的处理器和大规模 FPGA，这种方法导致了很多系统的过设计。而且，复杂算法也难以通过文档清晰表述，算法设计专家所设计的算法通常以 C/C++甚至 MATLAB 表述，算法实现工程师理解算法通常需要时间，且往往会出现偏差。

对于多数项目而言，FPGA 的设计通常是最大设计延迟路径和工程难点。近年来，为提升设计效率，设计语言不断发展，SystemVerilog、SystemC、OpenCL 比原有的 Verilog/VHDL 具有更高设计输入效率，高层次综合（High-Level Synthesis）、系统 IP 生成（System Generator）等工具和 UVM、OVM 等验证方法学进一步提高了 FPGA 的设计效率。

就整个电子系统而言，能否用一种统一的语言描述从系统设计规范到 RTL 的整个设计，并能够通过工具自动翻译为 FPGA 设计能够直接使用的 RTL 级设计、脚本，以及处理器、编译器所需的 C/C++设计？

在本文中，我们面向 Xilinx FPGA 设计，探讨基于 SystemC 的电子系统级设计方法在多处理器航天电子系统中的应用。该方法针对航天电子系统的特点，采用 SystemC 作为整个电子系统的统一设计语言，在系统层次描述和评估整个系统的行为。设计完成的 SystemC 设计进一步通过工具自动翻译为处理器所需要的 C++代码和 Xilinx Vivado FPGA 设计工具所需要的设计输入。这种方法可有效提高复杂电子系统的设计效率。

2. 基于 SystemC 的电子系统级设计

1）SystemC 介绍

SystemC 始于 1999 年，是一种基于 C++的硬件描述库，并于 2005 年成为 IEEE Std 1666 标准，是与 VHDL/Verilog/SystemVerilog 并列的硬件描述语言。由于是基于 C++的标准，因此 SystemC 可以描述系统级、事务处理级、寄存器传输级、门级、模拟级各个等级的电子系统，SystemC 还定义了专门验证库和事务处理库。尽管如此，SystemC 的最佳实践是建模系统级、事务处理级和算法级的设计。由于设计工具仍然在发展中，SystemC 的应用主要在大型设计中，因此不如 SystemVerilog 语言应用广泛。近年来，常见的电子设计自动化工具（如 Vivado、Catapult）都支持 SystemC。

2）目标设计平台

如图 2 所示，本文基于 SystemC 的电子系统设计，针对包括 CPU 子系统、FPGA、存储器和其他外围电路的航天目标多处理器硬件设计。与地面系统不同的是，为了兼顾计算性能和可靠性，低成本航天系统通常采用多个处理器来构成处理器子系统，比如多个 ARM 单片机来构成处理器子系统，每一个单片机都具有独立的内置 Flash 和 SRAM，都支持浮点运算，且典型主频不低于 300MHz。

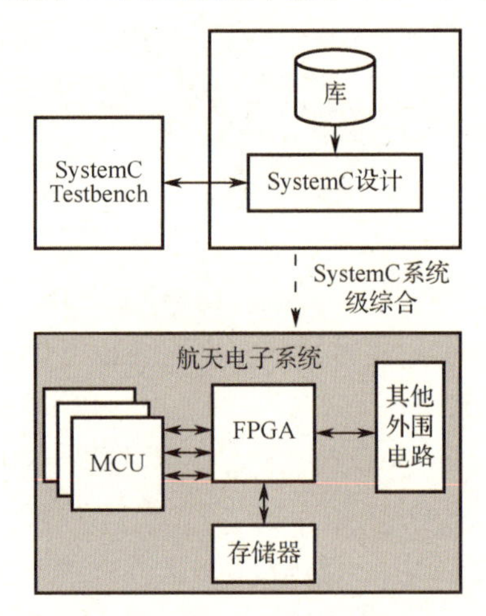

图 2 基于 SystemC 的航天电子系统级设计框架

在图 2 所示的框架中，系统的详细设计以 SystemC 的形式体现，包括软件、算法和 FPGA 外围电路的行为。SystemC 代码可以像传统 C++可执行文件的方式执行，既可以生成波形文件，也可以输出 MATLAB 可读的数据文件。在 SystemC 设计时，可以调用各种事务处理级的抽象模型，如存储器模型、各种通信接口。

3）SystemC 代码综合

SystemC 代码综合，即将 SystemC 设计分解、转化为 FPGA 开发工具（如 Vivado）和处理器代码编译程序（如 KeilC）可以支持的设计表现形式，进一步最终由相应的工具综合、映射、编译为可执行文件。它是基于 SystemC 的电子系统级设计自动化的关键步骤。图 3 是 SystemC 代码综合流程。如图 3 所示，SystemC 设计编译为可执行文件实时运行，验证算法的正确性，验证设计的各个方面满足预期。进一步，通过 Vivado 提供的高层次综合工具将关键算法函数和 SystemCRTL 子集综合为

VerilogRTL 代码，而需要在处理器上执行的代码则通过一个自研的翻译软件翻译为面向 MCU 的编译环境的 C++代码，提供给 MCU 的编译工具。

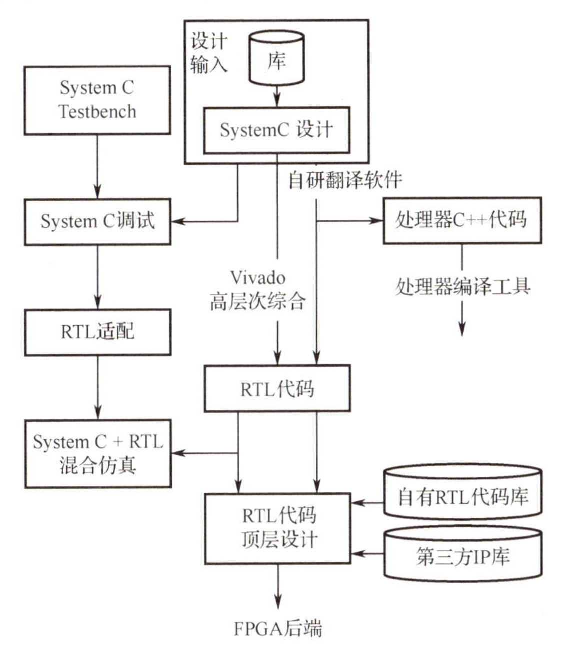

图 3　SystemC 代码综合流程

4）设计映射关系

SystemC 代码综合是基于 SystemC 的航天电子系统级设计的重要步骤，不同的语法在综合中会映射到不同的对象（表 1）。

表 1　基于 SystemC 的航天电子系统级设计框架

SystemC 语法单元	映 射 目 标
SystemC 可综合子集语法	经 Vivado SystemC 综合成 RTL 代码，
	用于描述特定功能模块、FPGA 顶层设计等
SystemC 算法函数	经 VivadoHLS 综合为 RTL 代码
sc_method sc_sensitive<<interrupt	MCU 外部中断
sc_thread	MCU 静态进程
sc_semphore,sc_mutex,sc_fifo,…	MCU 之间的通信和同步
sc_uart,sc_dpram,sc_gtx…	用户自定义的外部接口模块

3. 应用案例

1）目标设计

这里以设计一个星载电子系统为例。我们假设所设计的星载电子系统有 3 个 MCU 作为处理单元，1 个 FPGA，1 个低速外部通信串口，1 个高速外部通信 GTX 接口，1 路信号采样输入。设计需要对采样信号进行捕获、跟踪和解调处理，其中信号的捕获需要快速傅立叶变换算法。

2）SystemC 设计

目标设计的 SystemC 顶层描述如下：

```
SC_MODULE(top)
{
    sc_in_clk clk; sc_in<bool>reset;
    sc_in<int<8> > data_sample_i; MCU0 mMCU0;//例化处理器模块
    MCU1 mMCU1;
    MCU2 mMCU2;
    FPGA mFPGA;//例化 FPGA 模块
    //FPGA 到处理器的中断
    sc_signal<bool>int_ext0,int_ext01,int_ext02
    SC_CTOR(top)
    {
        SC_METHOD(add);
        mMCU0.extint.bind(int_ext0);
        mMCU1.extint.bind(int_ext1);
        mMCU1.extint.bind(int_ext2);
        //所有 MCU 都可以访问 FPGA
        mMCU0->mFPGA(mFPGA);mMCU1->mFPGA(mFPGA);mMCU2->mFPGA(mFPGA);
        …//其他捆绑
    }
}
```

可以看到在顶层设计中，我们例化了所有的目标模块。

3）Testbench 设计

在 Testbench 中，需要初始化系统的所有时钟，初始化复位信号，连接数据源模块和顶层设计，从而构成完整的设计。顶层模块最终在 sc_main()函数中调用，从而可以编译为可执行文件，进行运行、调试。Testbench 的示例代码如下：

```
SC_MODULE(testbench)
sc_in<int<8>>data_sample; DataSourcemDataSource; TopmTop;
SC_CTOR(…)
{
    //其他捆绑
    }
}
```

4）CPU 代码设计

CPU 代码示例如下：

```
SC_MODULE(testbench)
{
    FPGA*mFPGA;
    void main(){
    mFPGA.write(addr,data);//FPGA 事务处理接口
    …
}
void isp(){…} SC_CTOR(…)
{
    //中断服务程序
    SC_METHOD(isp);sensitive<<extint.pos(); SC_THREAD(main);//main
函数
    //其他捆绑
    }
}
```

其中，main()是当前 CPU 的主函数，而 isp()为中断服务函数。main()函数可以访问 FPGA 模块的事务处理级接口对 FPGA 进行访问。不同 CPU 之间可以调用 FPGA 内的模块资源进行同步和相互通信，如mMCU0 和 mMCU1 希望通过SC_FIFO 进行通信，则 mMCU0 可以调用 mFPGA->mFIFO.write(data)，mMCU1 可以调用 mFPGA->mFIFO.read(data)。

5）FPGA 模块代码设计

FPGA 的代码中可以以不同形式例化和调用不同的 SystemC 语法单元，也可以引用与已有 RTL 代码对应的 SystemC IP，以及设计新的算法。FPGA 代码的一个示例如下：

```
SC_MODULE(FPGA)
{
    sc_clk clk(…);
```

```
    sc_in<int<8>>data_sample;
    //MCU 之间的同步和通信
    sc_fifo<int16> mFIFO;
    sc_gtxgtx;//已经经过验证的 VerilogIP 的 SystemC 抽象模型
    …
    //高层次综合算法
    void fft(…){…};
    void capture(){
    //读取数据
    fft();
    //输出数据
    //};
    //事务处理接口
    voidwrite(intaddr,intdata); intread(intaddr); SC_CTOR(…)
    {
        FPGA.clk.bind(clk);
        //其他捆绑
    }
}
```

可以看出，在基于 SystemC 的 FPGA 设计中，更关注的是顶层的行为，而 IP 模块，则被抽象为各种接口和行为。

6）SystemC 代码综合

在传统的 RTL 综合中，综合的输入是 RTL 级设计，描述的是简单组合逻辑（电门路）、复杂组合逻辑（如乘法器）和时序逻辑（触发器、锁存器和存储器）之间的调用和连接关系。在 SystemC 代码综合过程中，SystemC 的 RTL 子集代码仍然按照 RTL 综合的思路进行综合，而 SystemC 代码中的处理器行为则被翻译为在处理器上可以执行的 C++代码，如本例 MCU 中的 main()函数和 isp()函数；在 FPGA 模块中的所有算法函数则被综合为具有特定输入接口（如 data_sample_i）和总线（如 ARM 的 AXI 总线）接口，FPGA 中的事务处理则被翻译为基于总线的寄存器访问，而多个 MCU 之间的通信（如 sc_fifo）则根据实际的定义变长了预定义的参数化的模块（如 Xilinx FPGA 的内置 FIFO）。

从本文的例子可以看出，基于 SystemC 的电子系统级设计方法，实际上是利用更加抽象的描述来调用更多的现成模块，可以通过高层次综合翻译为 RTL 的 IP 的算法模块作为基础的积木来构成整个系统设计，积木之间的通信包括总线、专门的通信和模块（如 sc_fifo），软硬件在一起共同设计共同迭代，而不是像传统 RTL 代码那样只有组合逻辑和时序逻辑。

4. 总结

设计方法、设计语言和设计工具在不断演进，以适应日益复杂的电子系统的设计要求。本文抛砖引玉，面向多处理器+FPGA 的航天电子系统设计平台，讲述了一种基于 SystemC 的电子系统级设计方法。这种设计方法可以在设计的早期阶段实现控制软件、算法和硬件的联合建模，评估设计瓶颈；在实现阶段，最大化利用高层次综合、SystemC RTL 综合和软件翻译等设计工具，实现最大化的设计复用。SystemC 从 2005 年成为 IEEE 标准到 2020 年已经 15 年，随着电子设计工具对其支持的不断深入和电子系统设计的日益复杂，相信基于 SystemC 的电子设计自动化将会在实践迭代中得到更多的认可和应用。

作者简介：

李挥，男，1989 年取得清华大学学士和硕士学位，2000 获香港中文大学博士学位，北京大学教授，北京大学深圳研究生院集成电路系主任。

陈曦，男，1978 年生，北京邮电大学通信工程专业本科，清华大学电子工程系硕士、博士，目前为清华大学信息科学与技术国家研究中心副研究员，主要从事卫星通信系统弹性时空基准技术研究。

数字集成电路的后端实现

黄国勇

数字集成电路芯片的设计流程由一系列的设计实现和验证测试过程组成（图 1）。首先是功能定义，它描述了对芯片功能和性能参数的要求，我们使用系统设计工具设计出方案和架构，划分好芯片的模块功能。然后是代码设计，我们使用硬件描述语言（HDL，如 Verilog）将模块功能表示出来，形成电脑能理解的代码（行为级、RTL 级）。经过仿真验证后，进行逻辑综合，把代码翻译成低一级别的门级网表，它对应于特定的面积和参数，并再次做仿真验证。这两个仿真可以用电路模型验证逻辑功能（逻辑仿真），也可以用 FPGA 硬件电路来验证（原型仿真），后者速度更快，与实际电路更接近。设计和仿真验证是反复迭代的过程，直到验证结果完全符合规格要求。验证还包括静态时序分析、形式验证等，以检验电路的功能在设计转换和优化的过程中是否保持不变。可测性设计（DFT、ATPG）也在这一步完成。下一步就是数字电路后端实现中最为关键的布局布线，它实现电路模块（如宏模块、存储器、引脚等）的布图规划、布局，实现电源、时钟、标准单元之间信号线的布线。在布局布线过程中及完成之后，需要对版图进行各种验证，包括形式验证、物理验证，如版图与逻辑电路图的对比、设计规则检查、电气规则检查等。最终输出 GDS 数据，转交芯片代工厂，在晶圆上进行加工，再进行封装和测试，就得到了我们实际看见的芯片。

本文所指的后端实现工具主要是指布图规划（Floorplan）和布局布线（Place & Route）两个阶段所使用到的工具集合。目前芯片设计公司使用的主要软件有 Synopsys 的 ICC2/Fusion Compiler，Cadence 的 Encounter/Innovus，Mentor Graphics 的 Nitro-Soc 等。

国微集团的自动布局布线系统（图 2）是基于模块级的布局布线系统，配套布图规划、布局、时钟树综合、布线、时序优化、功耗优化等内建工具，支持业内标准的数据输入输出，包括 Verilog、SDC、LEF/DEF、Liberty 等，支持 40nm/28nm/22nm/14nm 及以下的先进工艺节点的 IC 设计，为 IC 设计提供高质量结果、有竞争力的运行时间。它的关键特性包括：

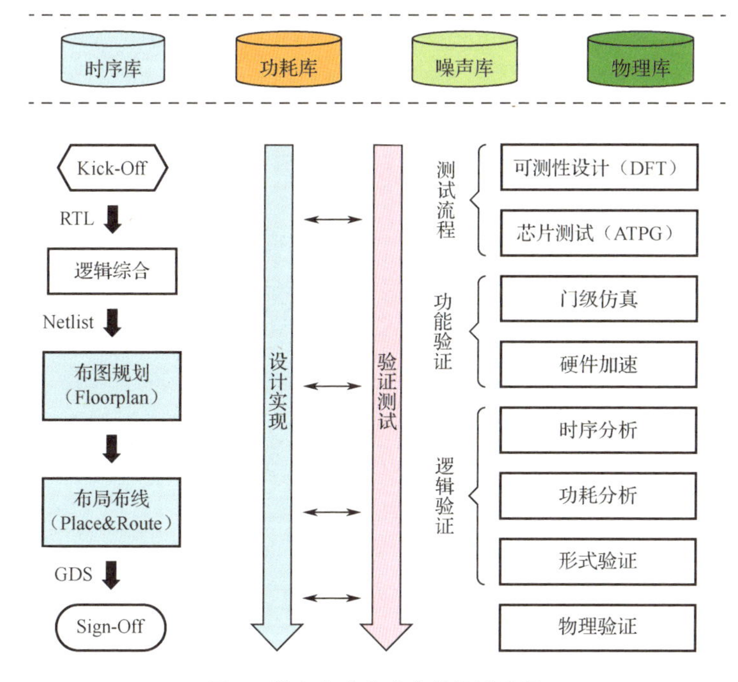

图 1　数字集成电路芯片设计流程

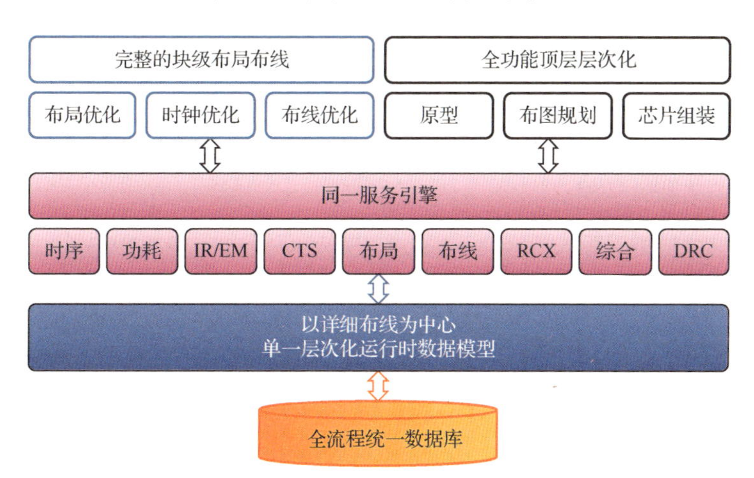

图 2　自动布局布线系统

① 完整的自上而下全功能层次化顶层设计工具。在芯片级布图规划和顶层集成的技术中，共享同一时序、布局和布线的工具引擎，在提供最优的时序一致性基础上，为复杂的芯片项目提供无缝的数字设计集成环境。

② 友好的 GUI 工具界面和脚本支持，用户能在现有流程中快速导入，易用、易部署。

③ 所有设计环节都支持多线程和分布式计算，能快速便捷地获得设计效率提升。

④ 独有的以详细布线为中心的单一层次化运行时数据模型技术构架、统一的层次化数据库，设计收敛速度快，使得设计效率提升两倍以上，时序、功耗、面积进一步优化。

⑤ 适应代工厂支持的数字设计流程，支持标准输入输出格式，具有与签核工具高度一致的时序分析引擎。

⑥ 通过实际流片验证，可支持 FinFET 先进工艺节点的设计。

国微集团的自动布局布线系统采用了诸多先进技术。

① 使用统一的数据结构和数据库

在布局阶段进行的寄生和时序预估时，与布线阶段共用一个引擎，从而保证在布局阶段就能看到布线阶段的问题，提前确定是否需要进行下一步动作，或者返回修改设计的顶层规划，避免设计在后期的不收敛和投入的浪费，提升设计的一致性，减少迭代工作，提高后端设计的设计效率。

② 先进的自动布局布线算法

在全局布线和详细布线之间能高效迭代，在自动布局布线流程期间，显著地减少迭代次数，从而加速了设计的收敛。

③ 拥挤度敏感的低阻布线

在布局优化时，依据的拥挤度和时序估算算法，能有效选择最佳时序的低阻线网，对时序关键线网进行路径选择，以满足时序要求。

④ 电迁移（EM）敏感的布线技术

支持先进工艺节点的所有 EM 规则，具有集成的 EM 检查和修复引擎。

⑤ 支持多种时钟树

支持多种时钟树结构，如 H-Tree、Multi-Point Tree 等时钟树生成。

⑥ 集成的时钟 / 数据优化

使用优化集成时钟路径和数据路径的算法，能改进所有的 MCMM 芯片整体的设计余量和功耗。

⑦ 先进的时序分析

嵌入式的时序分析器，与签核的静态时序分析工具高度关联，支持各种 OCV 方法，如 AOCV、SBOCV、SOCV，具有先进的信号完整性和噪声分析能力。

⑧ 压降（IR Drop）敏感的布局布线技术

在布局布线时能自动检测并规避可能的压降热点。

⑨ 基于低功耗的优化

支持标准的 UPF 和 CPF 文件，支持漏电和动态功耗驱动的优化方法。

⑩ 自适应 MCMM

采用先进的 AI 算法，智能化筛选应用场景进行优化，能有效地在布局布线中减少时序 ECO 的数量。

⑪ 使用内建的自适应技术

对不同应用类型的设计都具有通用性。一旦在一个工艺节点上完成技术导入后，对不同类型的设计具有自适应能力。一套脚本能适应的应用类型更多，在企业内部不同的模块之间的迁移成本极低，大幅降低客户内部的技术导入成本。

数字后端的设计过程，是把逻辑综合映射后的电路网表转换为 GDS 的过程，也就是把电路从逻辑网表转换为几何版图的过程。业界各个工具系统的实现大同小异，我们以国微集团的布局布线工具为例来说明。它可以细分为设计环境建立、布图规划、布局、时钟树综合、布线、调试完善等步骤（图 3）。

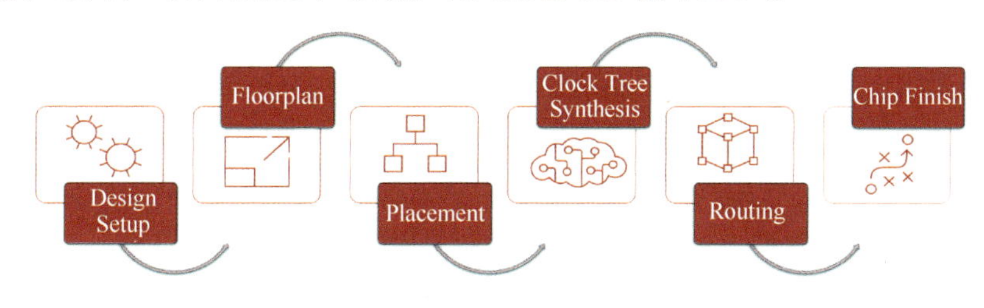

图 3　数字后端实现过程

① 设计环境建立

设计环境的建立是把后端设计所需的数据读入数据库，然后检查数据的完整性与一致性。后端设计的输入数据包括门级网表、设计约束和工艺库文件三部分。其中，门级网表（Gate Level Netlist，GLN）是逻辑综合工具把设计从 RTL（Register Transfer Level）映射到 GLN 所得，它同时满足时序、面积、功耗等约束。设计约束 SDC（Synopsys Design Constraints）则描述了时钟、延迟、电源、面积、设计规则、工作条件等对芯片的约束条件。工艺库文件主要是时序库文件和模型库文件，如物理抽象库文件 LEF、物理详细库文件 GDS/OASIS、时序库文件.lib、RLC 模型文件.rlc、EM 规则文件、DEF 文件等。

② 布图规划 Floorplan

布图规划是后端实现中需要手工活的唯一阶段，其他阶段都是通过修改脚本和约束，然后让工具自动完成的。布图规划的好坏，直接决定了后续布局布线的收敛、芯片的功耗性能面积。Floorplan 一般都是由经验丰富的设计师来完成的。现在 Cadence、谷歌也在探索使用 AI 来实现 Floorplan。它包括初始化、布放宏模块和布放输入输出脚等过程。

我们需要根据设计前端所给的数据流向，了解设计中各个模块之间的交互、各个时钟之间的关系等信息，以规划模块的位置和模块接口的位置。模块形状与设计类型相关，也影响到绕线资源的使用，这与在前端中只考虑逻辑功能不同，需要仔细规划。低功耗设计则需要提前规划好各个电源域的划分区域、隔离岛等。在布放电源地时，需要根据芯片功耗估算，添加芯片核心的电源地；根据 SSO、ESD、EM

估算，添加输入输出脚的电源地。输入输出脚添加完成后，根据宏模块、IP、IO 的面积就可以估算出芯片的面积了。

③ 电源及电源网络分析

在现代低功耗芯片设计中，电源设计是非常重要的一步，包括分析计算所有单元的功耗、静态 IR Drop 和电迁移 EM 分析。它可以在多个阶段进行，如布图后、电源地布线后、全局布局后、详细布线后等。它分析电源设计是否合规。分析计算过程包括线网活动因子计算、电源分析、电源网分析、电网电阻分析、阻抗失配分析、IR Drop 分析、EM 分析等。

④ 静态时序分析

通过建立和使用静态时序分析器，以验证设计符合所有的设计约束，如满足在所有要求操作条件下的建立和保持时间，或者识别出违反时序的原因所在。静态时序分析主要包括数据准备、分析条件设置、生成时序报告、分析报告。所需要的数据（电路网表、时序库、约束文件、寄生模型及外部寄生文件）在第一步已经读入数据库中，这里也可以补充读取。分析条件则是在一个或多个模式下，考虑 PVT、RCX、OCV、CRPR 等诸多因素进行设置。根据分析所需，控制分析器执行适当的命令，得到时序分析报告。对报告进行分析后，执行相应的操作。例如，从时序分析报告中，可以看到设计的关键路径，进而执行增量式的修改以符合时序需求。

⑤ 定义电源结构

这一步是为电源的绕线创建禁区，创建电源带、电源环、标准单元 rail 等，定义如何连接到宏模块的电源脚等，完成电源的绕线，报告电源的状况。

⑥ 布局及优化设计

这一过程包括为布局和优化做准备（布局指南和布局分组）、进行无优化的布局、插入备用单元（为 ECO 做准备）和 Tap 单元、管理扫描链（重排或拆分）、进行布局和优化、分析布局和优化结果，决定是否需要迭代。

传统的时序驱动的布局算法通常会留下很多时序违反，因为它们不能仅仅由布局修正。时序违反由布局后优化工具找到后，它就会做很多修改，以符合时序约束的要求，如修改单元尺寸、插入缓冲、分解驱动等，这些操作会逐步降低原始布局的质量。因此，为满足时序和拥挤约束的目标，需要进行多次布局迭代和优化。

我们工具的布局和优化引擎是并行的，从宏固定的预布局开始，就能得到一个最好时序质量和最低拥挤程度的全布局。布局和设计优化也能在一个布局好的设计上增量式地进行。

⑦ 时钟树综合

布局之后，就是布线工作。我们要首先完成时钟网络的布线，因为它们比普通数据通路上的线网更重要。在数字电路中，时序元件的数据传输是由时钟控制的。时钟频率决定了数据处理和传输的速度，时钟频率也就决定了电路的最终性能。

决定时钟频率的主要因素有两个，一是组合逻辑部分的最长电路延时，二是时序元件内的时钟偏斜（clock skew）。组合逻辑部分可以优化的延时不多，时钟偏斜成为影响电路性能的制约因素。时钟树综合的一个主要目的就是减小时钟偏斜。

时钟信号是数字芯片中最长最复杂的信号，从一个时钟源到达各个时序元件的终端节点，能形成一个树状的结构。时钟源的扇出很大，负载很大，需要一个时钟树结构，通过一级级的器件去驱动最终的叶子节点。时钟树综合的另一个目的，就是要使同一个时钟信号到达各个终端节点的时间相同。采用的办法也很简单：在时钟信号线网上插入 buffer 或者 inverter 来平衡信号的延迟。

时钟树综合的准备包括标记可用于时钟树的 buffer/inverter、定义时钟结构规则（如绕线、时钟单元周边间距、buffer 等）、生成时钟 skew 约束（即定义各种 skew 组和时序约束），然后综合时钟树，再对综合结果进行分析和优化，如修复 setup 时间违反、额外的功耗和面积收复等。

⑧ 布线及设计优化

这一步虽然是一个自动进行的步骤，但也需要创建布线指南，以指导布线器的运作。过程包括全局布线、总线布线、详细布线、手动优化、添加防护、金属填充、天线效应修复、光刻修复、绕线到 bump 等。

⑨ 工程改动要求 ECO（Engineering Change Order）

ECO 是在一个完成或接近完成的设计上，进行一个增量式的改变。可能是对设计网表、布局或绕线做一个小的改变，而设计的主体部分中不变的部分无须重建。ECO 可能涉及所有层的改变，或者仅仅涉及金属层的改变。假若修改的门数不到整体的 5%，那么 ECO 是值得的。另外，使用 useful skew 来进行手工的时钟树 ECO，也是一项重要的技能。

⑩ 时序调试

时序调试的目的，是找到一个方法去修复所有约束违反。我们需要用不同的选项去运行时序分析器，分析各种时序报告，识别可能的时序问题，在 GUI 和版图上同时查看关键路径，提升设计的时序。时序的优化贯穿着整个数字电路后端设计全过程。

⑪ 数据导出

设计的最后一步，就是电路版图数据 GDS 的导出。GDS 描述了晶体管大小和物理位置、连线的宽度和位置等制造芯片所需的全部信息。对 GDS 的要求是功能与 RTL 一致、性能满足指标、规格满足代工厂要求、功耗性能面积（PPA）优良。

EDA 工具强调的是 A，即 Automation，也就是自动化。这在数字集成电路后端设计工具中表现尤为突出。要处理规模大至数十亿个晶体管的电路，对所涉及算法的性能、效率、资源占用等都有极高的要求。目前，我们正在努力探索在数字芯片全流程中应用最新的 AI 技术、云计算技术等，以满足各种现代芯片的设计要求。

作者简介：

黄国勇，深圳国微芯技术有限公司 CTO，西安电子科技大学微电子学院兼职教授。清华大学计算机科学与技术系学士、硕士、博士。研究方向为集成电路计算机辅助设计，从业 EDA 20 年，主持了多项国家“核高基”课题研究。

作为深圳市第一家半导体设计企业，国微集团成立于 1993 年，并于 2016 年在香港联交所主板上市（HK 02239）。

基于 Innovus 的数字 IC 的复杂层次化物理设计

陈　鹏　程智杰　马孝宇　韩　雁

1. 摘要

本文基于 Cadence 公司的数字 IC 设计软件 Innovus 完成了某款芯片 dtmf_recvr_core 从综合到物理实现的全流程设计。RTL 到 Netlist 的综合通过 Genus 完成，将整个芯片划分成了 7 个 Partition，使用 hierarchy 和 top-down 的方式对该款芯片进行了物理实现。使用 QRC 进行高精度的 RC-extraction，最终在 Tempus 中完成了 Signoff 级别的 STA（Static Time Analysis，静态时序分析）。在 PR（布局布线）过程中创新性地使用了 Signoff Opt flow 来对芯片进行 Signoff 优化，使用 FlexILM flow 减少了 top design timing enclusre 的迭代次数，采用脚本的方式手动进行 timing eco 的修复，提高了芯片的面积利用率。

关键字：Innovus，PnR，Partition，STA

2. 引言

业界一般认为 Cadence 软件主打模拟 IC 设计（根据自动化与人工参与程度的相互比重，我们更喜欢叫它 CAD 工具），Synopsys 软件主打数字 IC 设计（同理，我们更喜欢叫它 EDA 工具）。本文介绍的却是用 Cadence 公司的 Innovus 软件来设计数字 IC 的一个全流程。

本设计采用 Cadence 数字 IC 设计软件对一款数字芯片完成了从综合到 PR 的全流程物理实现，采用 Hierarchical 的设计方式，在时序收敛的情况下，面积优化到了 762.63μm × 1000μm=762630μm^2，频率提高到了 270MHz。创新性地使用了 Signoff、FlexILM 的设计方式，简化了设计，加速了 STA 的收敛。

本设计采用的主要技术路线以及实现方法如下。

PR 过程使用的脚本分为 8 步：

（1）initDesign

（2）Partition

（3）Place

（4）preCTS

（5）postCTS

（6）preRoute

（7）postRoute

（8）Signoff

其中 initDesign 主要包括对整个设计的初始文件配置，包括 global 文件、mmmc 文件、global net 规划及其他一些脚本文件调用的设置，这里不做详细描述，下面就第 2 步到第 8 步流程做个介绍。

3. Partition & FlexIlm 策略

整个设计由多个 dsp_core 组成，根据各个 dsp_core 模块的连接关系，将连线关系较多的 module 划分到同一个 Partition 中去。最终划分成了 7 个 Partition（包括顶层），划分后，Partition 的连接关系如图 1 所示，可以看到具有逻辑连接的 module 已经划分到同一个 Partition 中。与 top 有连接关系的 Partition 放置到了合理的位置。

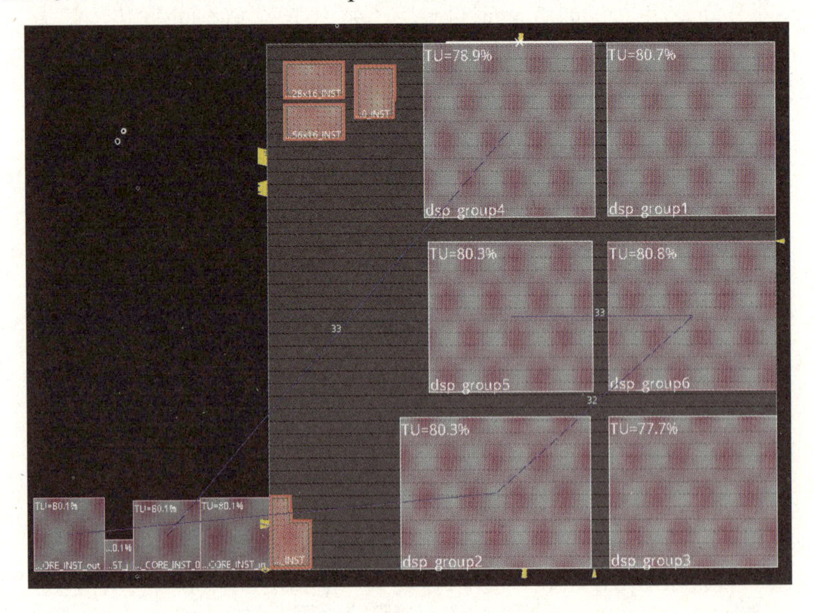

图 1　Partition 划分（紫色模块为 Partition，粉色模块为 SRAM、PLL 等 Macro）

在初期的划分过程中，只是初步规划了各个 Partition 的大小、位置，并没有做详细规划。因为考虑到后期使用 FlexILM，可以在具体实现 Partition PR 的时候再分别对每个 Partition 进行优化。FlexILM 的实现方法是，在底层固定好 floorplan 和 pin，在完成 preCTS 后，输出 FlexILM 接口文件给顶层来做整体 PR。顶层在做 PR 的时候，允许 route 对 Partition pin 和 Partition Honor Fence 进行修改，产生的接口修改信息通过 update_partition_flexIlmEco 来交给底层。这样做大大缩小了 assemble 顶层时的 timing closure 迭代次数。最终做出来在时序收敛的情况下每个 Partition 的面积利用率均达到了 80%～85%。

最终 6 个 Partition 的 PR 版图如图 2 所示。

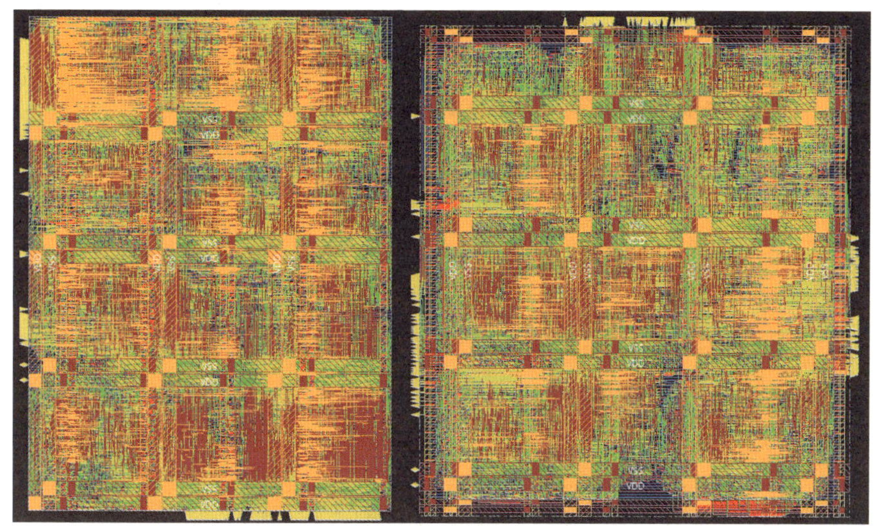

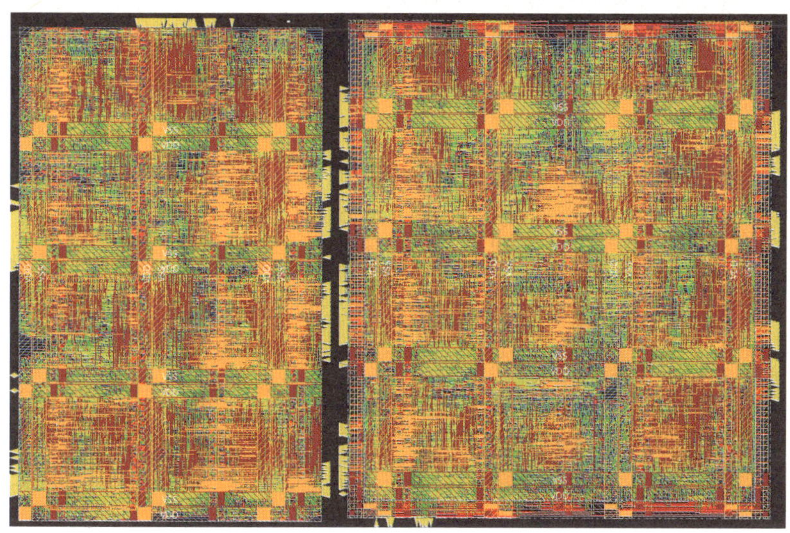

图 2　Partition 1～6 的 PR 版图

图 2　Partition 1～6 的 PR 版图（续）

4．Place

Place 阶段主要做芯片 macro 的摆放与电源网格的规划。电源采用 M6(V-垂直)、M5（H-水平）、M4（V-垂直）来做 power strip，physical pin 出自 M6 与 M5。Power rail 由 M2 连接到 M4 及各个 Partition 的 block ring 上，这样做可以保证整个网络电源分配的均匀，最大程度降低 IR-drop，同时也提高了芯片的走线效率。TopCell 的 floorplan 如图 3 所示。

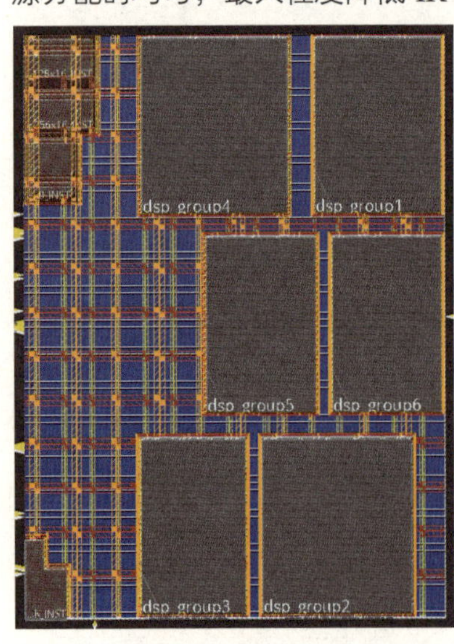

图 3　TopCell 的 floorplan

规划 floorplan 的面积时，采用了一种可以获得较准确利用率的估算方法。首先，使用 place_design 将 stand cell 大致排布上去，这个过程需要打开 drc_check，global_fast_cts，detail_route，timingDrive 等开关来进行 Place 预估，这样可以大致得到一个 Place 的 utilization。接着使用 optDesign_preCTS 对上一步的 Place 进行优化，通过这一步得到的 utilization 更为准确。最后根据这个 utilization 来指定芯片的面积。经多个 Partition 验证，这种方法预估的 utilization 与 Signoff 之后的 utilization 仅仅相差 3～5 个百分点。

5. preCTS

preCTS 阶段的任务是在做时钟树之前，对 Place 阶段的 stand cell 进行 DRV 和 setup 的初步修复。这个阶段可以将 opt_design 的密度设置得高一点，holdTargetSlack 和 setupTargetSlack 设置得高一点，来最大力度地修复一些 DRV 还有 setup 的违规，最好在 CTS 之前将 DRV 清理干净。该芯片在设计时将初始的利用率设置得较高，增加了一些 cellPad，使得后期的 timing 更易收敛。

6. postCTS

postCTS 阶段需要完成整个时钟树的生成。为了最大程度地提高布线资源的利用率，降低时钟树的 skew，top_rule 采用 M6-M5、2 倍线宽、2 倍间距，trunk_rule 采用 M5-M4、2 倍线宽、2 倍间距来走线，leaf 采用 M3-M2、2 倍线宽来走线。为了避免时钟树多级生长，通过 max_fanout 来限制时钟树的级数过长，最终的时钟树如图 4 所示。该设计最大的 skew 为 0.082 ns，时钟树较为平衡，有利于后期的时序收敛。

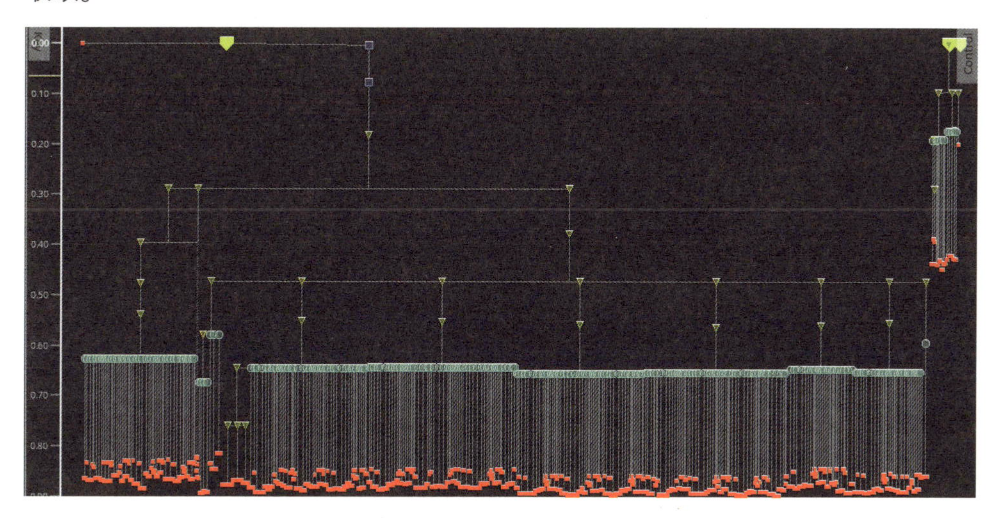

图 4　整体时钟树

7. preRoute

preRoute 阶段主要修复生成时钟树之后设计中存在的一些 DRV 违规，通过

optDesign 对 setup 和 hold 进行更进一步的优化。这个过程中，可以进一步提高 maxDensity，适当降低 holdTargetSlack，setupTargetSlack 的指标来更好地实现 DRV 的修复和时序的收敛。尽管 optDesign 可以一次性修复 DRV、setup、hold 违规，为了获得最好的修复效果，采取分步修复的方式，依次修复 DRV、setup、hold 违规。

8. postRoute

postRoute 阶段是对芯片进行全局的 Route，此时的 extraction 的等级设置为 medium，来进行更准确的寄生参数抽取，此时 PR 已经完成了大多数的步骤，maxDensity 的密度可以进一步提高，如果在这个阶段依旧出现了一些 hold 和 DRV 违规，需要手动进行修复。这个阶段还可以同时做 SI 分析。

9. Signoff

Signoff 阶段采用的是 Innovus 的 SignoffDesign 流程，包括 QRC 的寄生参数提取和 Tempus 的 STA 分析。Signoff 将 extraction 的等级提高到 high，采用的是 GBA 的方法来做 Signoff 的 STA。首先通过 setSignoffOptMode –preStaTcl 将 Tempus 的脚本映射过来，通过 SignoffOptDesign –hold | -setup | -drv 来进行 Signoff 的修复。时序收敛及 DRV、LVS 通过之后，再对整体设计插入 filler 和 metal filler 来提高设计密度，增加设计良率。

本设计最终完成的指标如表 1 所示，芯片整体版图如图 5 所示。

表 1 本设计完成的指标

Nomber of partitions	7(include top)
Area	762.63μm×1000μm=762630μm^2
Performance	270MHz
DRV	Clean(only some error due to the stdcell.lef)
LVS	Pass
Scale	495318 gates
Technique	1P6M

本设计的主要创新点总结如下：

（1）在 Partition 模块中创建 FlexILM 文件。

```
    CreateInterfaceLogic -dir flexIlm_signoff -useType flexIlm -optStage
postCTS
```

图 5　芯片整体版图

（2）在顶层中导入这些 FlexILM 文件。

```
Commit_module_model
-flex_ilm {dsp_group1 ./ptn/dsp_groul/flexIlm_signoff} \
-flex_ilm {dsp_group2…..}
-mmc_file ./ptn/dtmf_recver_core/viewDefition.tcl
```

（3）顶层 PR 时允许对 Partition 内部进行 pin 的修改。

```
setRouteMode-earlyGlobalRoutePartitionHonorPinfalse-eatlyGlobalRo
utePartitionHonorFence true
```

（4）设置优化策略可以对 Partition 进行优化。

```
SetOptMode -handlePartitionComplex true
```

（5）进行 PR。

（6）将修改后的 Partition 文件更新回去。

```
Update_partition
```

10. 写在后面的话

本团队在对各种 TCAD/CAD/EDA 软件工具的长期使用过程中，虽然深切体会到各种软件及其神操作的曼妙之处，但从用户的角度来讲，也还是能够发现一些美中不足。这里陈列出一些小不足，希望今后我们的国产 IC 设计工具能够做得更好。

1）模拟 IC 设计工具

如果在不同的 library 下面取相同的 cell 名字，那么在对 A library 中的某个 cell 下的 layout 做 LVS 时，有可能会识别到 B library 中相同 cell 名字下的 layout 上去。

用 Stb 做系统稳定性仿真时，在差分放大器反馈环路中插入 diffstbprobe 单元，仿真出来的系统稳定性和时域仿真的结果会不相吻合，比如用前者仿真的结果是稳定的，但用后者仿真的结果却是不稳定的。

仿真用的电路图不适合用于撰写论文和报告，每次都得用第三方软件重新对电路图进行手工二次绘制。这对用户而言，非常不经济高效，也十分不便。

2）数字 IC 设计工具

在数字 IC 仿真的源代码中，如果忘记了写 stop 语句，系统不会发现和给出提示，直至发生仿真数据把整个内存占满造成死机的后果。

数字 IC 的规模很重要，但从目前的设计工具中，无法直接获得以逻辑门为单位或者以晶体管数为单位的数字 IC 的规模大小。这点在使用中比较不方便。

数字 IC 在完成综合后，不能进行时序仿真，以观察此时的工作频率能达到多少。而这种需求的目的是，想研究单纯逻辑门造成的延时和最终布局布线后加上连线延时的总延时究竟会相差多少。

作者简介：

陈鹏，1995，浙江大学集成电路工程硕士研究生，研究方向：低功耗物理设计以及高精度电子设计自动化工具。

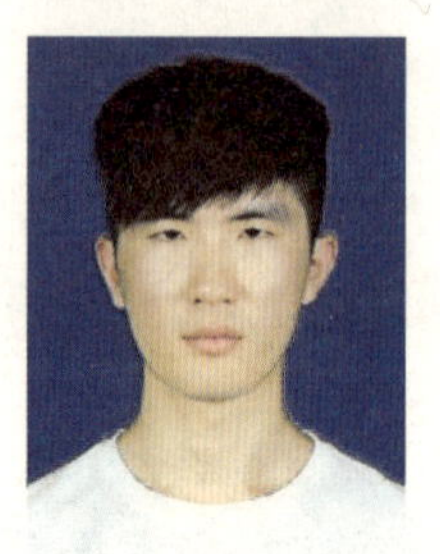

程智杰，1996，浙江大学集成电路工程硕士研究生，研究方向：复杂片上系统先进时钟发生器的芯片设计与实现

马孝宇，1995，浙江大学微纳电子学院博士研究生，主要研究方向为认证加密算法的芯片实现与数字集成电路设计。

韩雁，博士，浙江大学微纳电子学院教授、博导。长期从事半导体器件与微电子学科的教学与科研工作，出版 TCAD/CAD/EDA 等相关领域的著作、教材 10 余本。

ICLAB 实验室介绍：

浙江大学微纳电子学院 ICLAB 实验室，成立于 1999 年，二十多年来，致力于为国家培养集成电路设计及其相关领域的高端技术人才，主要工作与贡献如下：

- 培养学生的国际视野——在国际集成电路设计顶级期刊 JSSC 上发表论文；
- 培养学生的国内地位——参加全国各类研究生专业大赛，三年拿了 6 个一等奖；
- 培养学生的校内知名度——自主设计并在国内工艺线制造完成了 60 GHz 锁相环芯片，获“浙江大学十大学术进展”荣誉；
- 培养学生的学科奉献精神——撰写出版 10 余部专业教材、专译著，包括海外出版物；
- 培养学生的专业创新精神——从实验室走出的 86 名硕、博士研究生，人均一项以上授权发明专利，包括美、日等国际专利。

形式验证介绍

袁　军

1. 前言

形式验证是基于形式逻辑的功能正确性验证，近期在芯片设计以及软件开发中得到越来越多的应用。功能验证是芯片按照设计意图工作的第一个保证。当然，在后期的优化、布局布线和生产过程都会有功能正确性的考虑。和仿真这项传统的验证方法相比，形式验证不需要生成测试案例。一旦设计属性被严格的逻辑推理证明，那么仿真中不论用怎样的测试案例，这个属性都不会出错。所以形式验证具有不同于仿真的完备性。据一项 Collett International 的研究，由于设计规模和复杂度的不断增加，芯片一次流片的成功率已稳步下降到 35%，而 70%的流片失败是功能错误造成的（图 1）。所以在今天低纳米工艺的高成本和不断缩短的市场窗口的双重压力下，完备的功能验证变得十分重要。

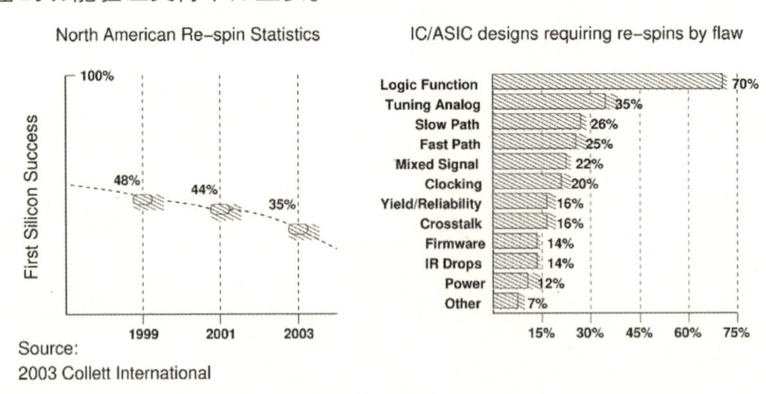

图 1　因功能错误造成流片失败

形式逻辑具有很长的历史，可以说集成电路本身就是形式逻辑的一种实现。那么为什么形式验证到近期才得到重视呢？原因是多方面的。一是仿真从 EDA 诞生的初期就是设计输入和验证的标准环境，形式验证只是在仿真不能满足需求的时候才能偶露峥嵘，比如已经说滥了的英特尔浮点除法事件。二是形式验证本身的复杂度。理论上形式验证和现在的硬件工程师们的 EE 背景不大兼容，使用难度也因为算法的特殊性而需要比较多的人工干预。一个流行的段子就是英特尔曾经拥有一个 70 名博士组成的形式验证团队。三是直到近期底层算法和计算机算力的大幅提升才促进了形式验证的推广。

今天 EDA 成为“卡脖子”技术的原因，就是芯片设计流程中的仿真、验证、综合、时序、布局布线、DRC 和 LVS 各个环节，都荟萃了当今几乎所有学科的最前沿成果，包括数学、逻辑、物理、化学、材料、光学等。就形式验证理论而言，时态逻辑和基于符号的模型验证分别获得 1996 年和 2007 年两个图灵奖。形式验证的应用也从广义的逻辑验证，向更细分的领域发展，比如信息安全、自动驾驶、人工智能，甚至区块链。接下来我们介绍形式逻辑的发展史，形式验证的主要概念和技术，及其应用和趋势。希望在文章结束的时候读者对形式验证有个比较完整的了解。

2. 形式逻辑

对逻辑推理和数学运算的机械化、自动化一直是人类认知过程的一个趋势。文艺复兴时期，帕斯卡发明计算器是这个趋势的一个标志性事件。莱布尼茨为计算器增加了乘法，同时也意识到逻辑推理和数学一样是可以机械化的。逻辑形式化就是基于逻辑语言的形式或者语法来表达语意进行推理的，是逻辑机械化的前提条件。莱布尼茨读过易经和论语的译本，深受太极生两仪、两仪生四象，大道至简的中国哲学思想的影响，认为逻辑应该由简单的原理按定法生成。而第一件事，就是找到一个他称之为“普遍特征”的形式语言。这种语言类似埃及和中国的象形文字，是一套形和意高度统一的符号系统，能准确传递人类的认知。这和当时阿拉伯数字的推广一样，符合全球贸易的兴起对于信息标准化的需求。

逻辑是先验性的，即基于推断而不是观察。这一点上形式逻辑有别于科学，却和数学不谋而合。逻辑方法是从已知的前提条件出发，运用一系列的推理，而得出有效结论。例如，

因为：
　　所有的狗都是哺乳动物
　　有的四足动物是狗
所以：
　　有的四足动物是哺乳动物

这就是一个逻辑推理。而形式逻辑把上述的狗、哺乳动物、四足动物等具体但是和推理无关的特性抽象掉，代之以符号：

```
所有的 X 都是 Y
有的 Z 是 X
有的 Z 是 Y
```

这里的符号 X，Y，Z 等同于代数中的变量。把变量符号还原为狗、哺乳动物、四足动物的过程称为逻辑解释或变量赋值。给定的逻辑解释中每个变量会有一个值域，比如上面的 Y 值域是哺乳动物。另外，赋值是可以有约束的。比如“有的”指至少一个，叫作存在量化；“所有”指值域中的所有值，叫作全称量化。只使用命题的逻辑称为命题逻辑。命题逻辑加上对命题变量量化的逻辑统称为一阶逻辑，如果量化对象为函数或者集合，则称为二阶或更高阶逻辑。引入这些概念的现代逻辑较之亚里士多德的经典逻辑已经有了长足的发展。

下面我们定义形式逻辑。一个形式逻辑系统包括一组符号和一组定义符号组合规则的语法。符号包括变量和被赋予了一定语意的运算符号，比如逻辑的与非，和上面例子中的量化。按语法组成的符号串叫作“明确定义的项或者公式”。逻辑推理要求对逻辑系统的“原理化”，即指定系统中的一些公式作为原理，并制定一组推理规则。这样的系统也称为逻辑算子，具备了从原理推导出新定理的能力。比如 Peano 用了这样两个原理来定义自然数：

```
0 是自然数
如果 n 是自然数，那么 n+1 也是
```

一个理想的原理化逻辑系统应该具有自洽性和可决定性。自洽就是系统不会同时推导出一个定理和这个定理的反定理（逻辑非），即不存在逻辑悖论；可决定就是一个定理的是与非可以经过有限步数推导出来。这样的系统正是 Hilbert 和 Russell 在尝试把数学逻辑化原理化时所追求的。Hilbert 乐观地认为，把所有的数学体系逻辑化所需要做的就是找到足够的原理和推理规则，而这只是个时间问题。

但随后 Godel、Church、Turing、Tarski 等人的发现给了这种尝试致命的一击。Godel 在他著名的两个不完整定理中证明，一个可以有效定义的（比如通过有限语法规则定义的），包含了基本数学运算（比如加法和乘法）的逻辑系统是不可决定的，即存在语意上有效但是从语法上无法推导的定理，包括系统自身的自洽性定理。前面讲的一阶逻辑和 Peano 逻辑都是不可决定的。这些逻辑的自洽只能从更高阶的或其他系统得到证明。Church 和 Turing 把“有效定义”更明确地表述为 Lambda 算子或图灵机。图灵机停机问题的不可决定性和 Godel 的不完整理论是等价的。这些结果反映了人类在机械运算和自动逻辑系统上无法逾越的理论缺陷。

虽然完全基于形式逻辑的数学和逻辑推理的“逻辑原教旨主义”被证明不可行，但是在这个过程中，人类对于形式逻辑理论和其在特定系统的应用都有了更深的认识。定理证明，基于规则的专家系统、软硬件设计的形式证明等，都得益于这场理论的较量和升华。

本文所关心的软硬件设计的形式验证就是建立在一系列自洽又可决定的逻辑系统上的。纯布尔逻辑或命题逻辑，可以通过满足性求解（SAT）来决定。实数线性方程可以用 Simplex 算法求解。描述有限精度数学运算的矢量逻辑（bit-vector logic）可以用综合多种逻辑系统的 SMT 解法。另外用来描述被验证属性的时态逻辑，如 LTL 和 CTL，都是可决定的。

3. 形式验证

形式逻辑推理就是一个验证问题。给定一个定理，利用原理和推理规则推导出这个定理或者定理的反定理，就是证明和证伪的过程。一个定理既能证明又能证伪就出现了悖论，系统就不自洽。一个定理不能证明也不能证伪就是不可决定的。所以逻辑证明决定了逻辑系统的基本特性。

逻辑系统基于原理和推理规则去证明一个定理，传统上叫定理证明。比如早期基于一阶逻辑的定理证明系统 ACL2，被用来证明了 AMD 的浮点运算。近期的高阶定理证明系统（如 Coq）也做过浮点运算的证明。

广义上讲，现在所有的形式验证方法都可以称作定理证明，只是逻辑和推理规则各有不同。比如 SAT 是基于 CNF（Conjunctive Normal Form，合取范式）逻辑，运用消除法（resolution）的完整的逻辑推理系统；插值算法用的是克雷格插值推理；BDD 算法是基于二叉树的集合操作，等等。但是通常形式验证是完全自动的，这一点上和需要比较多人工干预的定理证明不同。

芯片设计的形式验证需要三大要素：对设计的建模，验证属性的描述，和验证设计模型是否满足属性。当 k'kp'p 属性被另一个设计所取代，验证目标就成了两个设计的等价性。这种形式验证也称作等价验证。下面我们就这几个要素进行介绍。

4. 数字电路建模

数字电路的底层逻辑是布尔逻辑，即所有变量的值域都是{0,1}的命题逻辑。和其他命题逻辑一样，布尔也可以量化成为一阶逻辑。布尔逻辑的两个基本操作（语法）是逻辑与和非。语意可以用真值表来定义。DeMorgan 法则和 Shannon 展开是布尔逻辑常用的操作。比如存在和全称量化都可以用 Shannon 展开来描述。如果把布尔逻辑表达式看作一个集合的特征函数，集合为空集，全集或者介于两者之间，是可决定的，方法就是 SAT。

布尔逻辑有时候又称为组合逻辑。只包含布尔逻辑器件的电路叫作组合电路。组合电路加入带存储功能的时序器件（如触发器）后，就成为时序电路。时序电路等同于状态机。状态机的状态即触发器的赋值，状态转换函数即代表触发器的驱动函数的组合逻辑。状态机有一个或多个指定的初始状态。形式验证理论中，这样的设计状态机通常被称为 Kripke 结构。

对于形式验证，数字电路状态机有两个重要概念，一个是可达状态集合，一个是状态路径，简称可达状态和路径。可达状态就是设计状态机从初始状态经过状态跳转所能到达的所有状态的集合。路径就是从初始状态开始的连续状态跳转所经过的状态链。

常用的电路设计描述语言 HDL（Hardware Description Language）有 Verilog 和 VHDL。除了底层的布尔逻辑，这些语言还引入了其他有限精度的数据类型和操作，比如整数、浮点数和相关运算。HDL 中最终转换为芯片器件的部分叫可综合逻辑，其他部分用于描述仿真、延迟、时间约束等设计辅助功能和参数。

一个电路网表的例子如图 2 所示。

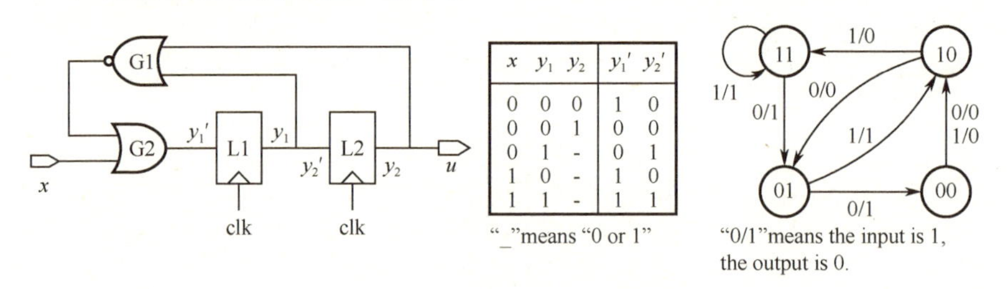

x	y_1	y_2	y_1'	y_2'
0	0	0	1	0
0	0	1	0	0
0	1	-	0	1
1	0	-	1	0
1	1	-	1	1

图 2　电路网表对应的真值表和状态机

5. 属性描述语言

电路功能验证是证明电路设计满足一定的设计规范或者属性。形式验证中的属性通常用基于自动机（automaton）的形式语言来描述。自动机是一个特殊的状态机。给定一组字符，自动机的每个跳转用一个字符来标注。除了初始状态，自动机还有一个接受状态。自动机的状态路径代表了标注字符按顺序组成的字符串，或者一个语句。从初始到接受状态的所有语句，就是这个自动机所代表的语言。如果把前述设计状态机的全部状态路径看成是设计所代表的语言，那么形式验证就是要证明属性语言包含了设计语言，即所谓形式验证的语言包含方法。语言包含一般通过测试属性语言的补集和设计语言的交集是否为空来决定。为空的话则包含关系成立，或者称设计满足了属性，也可以称设计是属性的一个模型。不为空，那至少有一条设计语句违反了属性，形式验证算法会生成这么一条语句作为反例。

自动机分为确定（Deterministic Finite Automaton，DFA）和不确定（Nondeterministic Finite Automaton，NFA）两种。确定自动机从每个状态出发，同

一个字符只能标注一个跳转；而不确定自动机，一个字符可以标注多个跳转。不确定自动机可以通过一个叫“子集构造”的算法转换为等价的确定自动机，即两者代表同一个语言。但是转换结果可能造成状态的指数级增长（状态爆炸）。这种转换后能表达同一语言的特性被称为两个状态机或对应的逻辑具有相同的表述力。

字符搜索中用到的ω正则表达式（Regular Expression，RE）和不确定自动机就具有相同的表述力。实际上从正则表达式的语法可以直接构建一个对应的自动机。布奇状态机（Buchi automaton）和不确定自动机也有相同的表述力。这种状态机的一个特点是所接受的语句为无限长，而硬件设计的状态路径也是无限长的，所以形式验证中属性语言或自动机一般先转换为布奇状态机或类似的自动机。

图 3 为 RE 语言（a,b）*的 DFA，最右边是初始状态，最左边是接受状态。

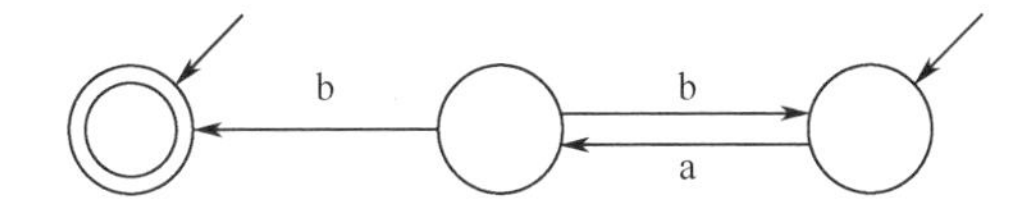

图 3　RE 语言（a,b）*的 DFA，最右边是初始状态，最左边是接受状态

上述自动机语言还局限于传统的形式逻辑，这些自动机的表述力都等同于一元二阶逻辑（Monadic Second Order Logic，MSOL）。在逻辑中引入时态（time modality）是形式验证语言的一大突破。时态逻辑主要分为线性时态逻辑（Linear Temporal Logic，LTL）和分叉时间逻辑（Branching Time Logic，BTL）两种。LTL 认为时间上分离的事件可以用一条条线性的状态路径来表述；而 BTL 则认为每一个时间节点上事件的发生会分叉，所以这些路径是以树的形式出现。

时态逻辑的发展造就了形式验证的两个图灵奖：一个是 1996 年 Pnueli 的 LTL 及形式验证方法，另一个是 2007 年 Clark、Emerson 和 Sifakis 的 CTL 及符号形式验证方法。LTL 形式验证一般先将 LTL 转换为布奇自动机（可能出现状态爆炸），然后运用言语包含方法进行验证。CTL 是运用 Emerson-Lei 的 mu-算子，在设计状态机上根据 CTL 表达式进行相应的状态集合计算来决定表达式的真伪。

在工业应用中，硬件形式验证属性语言的标准化结果是两个集合了多种逻辑的混合语言 PSL（Property Specification Language）和 SVA（System Verilog Assertion）（图 4）。和大多数 EDA 工具的历史一样，新型的算法和工具首先出现在学校或大型的芯片厂商内部。当 EDA 厂商决定介入的时候，第一件事就是标准化，以便于后面的市场推广。和 5G 标准一样，大的制造商和大客户基本决定了标准的内容。PSL 和 SVA 就是集结了英特尔的 ForSpec、IBM 的 Sugar、摩托罗拉的 CBV 和 Vericity 的 e，包含了 LTL、BTL 和 RE。注意以上提到的自动机和属性逻辑都是可决定的。虽然综合多种时态逻辑，理论上，PSL 和 SVA 的表述力依然等同于不确定自动机。但不管怎么说，属性语言的标准化极大地推动了形式验证的普及。

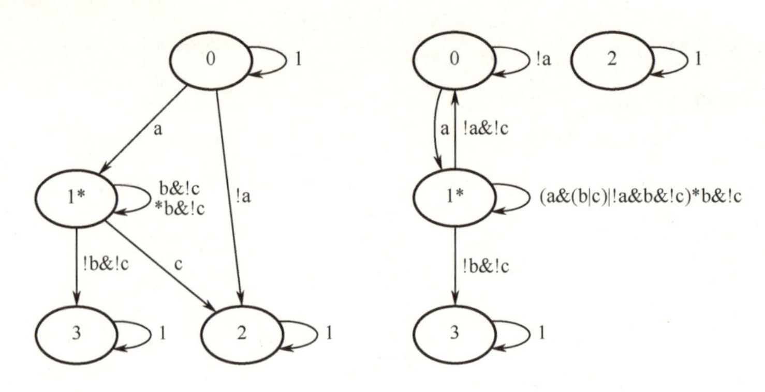

图4　SVA 表达式 a |=> (b[*0:$] ##1 c)的状态机，左图为 NFA，右图为对应的 DFA

作者简介：

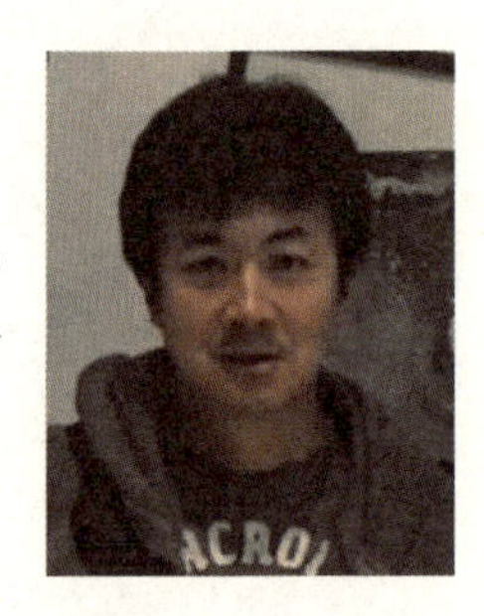

袁军，清华大学热能与汽车工程系学士，德州奥斯汀大学电子与计算机系博士，奥卡思微电科技有限公司总经理。先后在 AMD、Motorola 和 Cadence 等公司从事集成电路设计自动化研发和管理。他的科研方向是形式验证方法在集成电路功能验证、软件验证和信息安全方面的应用。

公司介绍：

奥卡思微电科技有限公司 2018 年成立于成都高新区，专注于芯片形式化验证平台的开发和设计服务。其自有知识产权的形式化验证工具达到国际先进水平，并已被国内多家芯片企业采用。

集成电路物理设计面临的挑战

吕志鹏

1. 数字芯片物理设计中的优化问题与求解算法

1）导言

EDA（电子设计自动化）被誉为“芯片之母”，是电子设计的基石，也是精密器件生产、加工和测试的基础。EDA 领域中存在大量的、复杂的、具有挑战性的优化问题，而这些问题往往具有 NP 完全的性质，是计算机领域中被认为较难求解的一类问题。

芯片设计对方案质量要求极高，同时数据规模增长迅速。随着质量要求的不断提高，整体考虑全局优化的必要性将逐步提升；随着问题规模的持续增长，分而治之逐个击破方案的劣势将愈发明显。物理设计是整个 EDA 流程中最重要的环节之一。因此，本节将先从整体的角度介绍物理设计面临的挑战，然后从中提炼出若干核心优化问题，最后简单介绍针对上述优化问题的通用方法学。

2）物理设计问题概述

物理设计是将数字电路中的器件及其互联逻辑关系（网表）转换为空间中的几何图形的过程，其核心决策在于布局和布线。其中，布局过程主要确定宏单元和标准单元的位置分布，使拓扑上相邻的元件在几何上也相近；布线过程主要确定元件间信号传输的具体线路，并在传输线路有交叉时进行合理避让取舍。此外，考虑到时钟信号的特殊性，有时需要单独对其进行针对性处理。对于时序电路，时序分析与优化也是贯穿布局布线过程的重要步骤。对于一个具体的物理设计方案，需要满足众多设计规则，即约束条件。在此基础上还有众多指标对其优劣进行评价，即优化目标。

物理设计的约束主要有两方面，一方面要考虑与逻辑设计的等价性（Layout

Versus Schematic），另一方面需满足制造工艺的兼容性（Design Rules Check）。前者要求原理图中所有元件均能在物理版图中找到唯一对应的功能相符的物理实现，同时原理图中所有网表中元件的引脚均连接到同一导线上（不短路），且不同网的导线不相交（不断路）。后者主要为几何图形（元件和导线）之间的距离关系，包括最小间隔（Space）、重叠（Overlap）、包围（Enclosure）与延伸（Extension）等距离限制（图 1）。

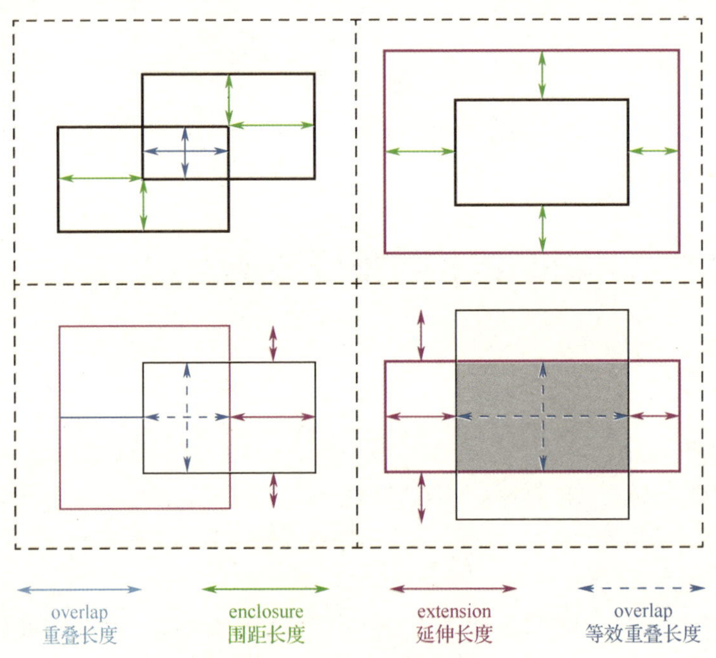

图 1　距离关系约束示意图

物理设计的优化目标与芯片的最终设计目标保持一致，即以功耗、性能与面积（PPA）为中心的多目标优化。其中性能主要取决于电路中信号传输的关键路径长度，而功耗与总线长相关，因此布线结果对性能和功耗均有一定影响。一般来说，线长越短性能越高，而功耗越低。在此基础上，布局结果不仅直接决定了整个芯片的面积，还极大地影响了布线问题解的质量与求解难度。若连接到同一个网中的元件分布过远，则其连通将产生较长的线长，同时大量占用有限的布局布线空间，进一步影响其他网的布线。除了经典的优化目标，随着市场竞争的愈发激烈，芯片用户提出了越来越多的要求，包括但不限于芯片的发热平衡、可测试性、抗干扰、防监听、防错误注入等众多指标。

在传统的物理设计流程中，布局可以进一步细分为网表划分（Partitioning）、版图规划（Floorplanning）、全局布局（Global Placement）与详细布局（Detailed Placement）四个阶段；布线可以进一步细分为全局布线（Global Routing）与详细布线（Detailed Routing）两个阶段。具体地，布局过程首先对固定形状的宏单元和标准单元进行划分聚类，将整个电路划分为多个相对独立的子模块，实现对超大规模的优化问题进行分而治之；接下来，将子模块抽象为面积或形状固定的矩形块并放置于平面上，在确保矩形块不重叠的情况下最小化包络矩形的面积与矩形块之间的连线长度；随后，全局布局通过适当的约束松弛计算高质量的整体格局，而详细布局则对整体格局进行合法化，并进一步考虑布线相关的目标与约束；最后，全局布线将整个芯片的空间划分为粗粒度的网格，在考虑拥塞的情况下，为单元间的信号传输规划具体线路，而详细布线则进一步考虑微观尺度下的电磁学和热力学特性及制造工艺限制，输出完全符合设计规则的物理设计。

3）关键科学问题分析

由于物理设计的高度复杂性，业界普遍采用分阶段，将各个子环节分而治之的求解思路。其中具有代表性的组合优化问题包括网表划分、版图规划、全局和详细布局、全局布线、详细布线五个关键问题。下面我们将分别对这几个关键问题从问题背景到求解方法进行简单介绍。

（1）网表划分

问题描述　根据电路网表结构将一个完整电路分解成更小的子电路或模块，每个子电路或模块都尽可能可以被单独设计或分析，同时在保证电路功能的前提下使得子电路之间的连接数最小化，从而在之后的阶段每个模块都能以一定的独立性和并行性进行处理。该问题的难点在于如何在高达百亿门级的大型网表信息中快速找到容易拆分与合并的划分。

背景意义　现代集成电路的设计复杂性达到了前所未有的规模，使得全芯片布局、基于 FPGA 的仿真等重要任务变得越来越困难。芯片设计的分而治之策略可以通过将每个块单独放置并将结果重新组装为完整电路来实现。过去较小的电路可以通过人工划分完成，但对于大规模的网表结构则变得不可实现，因此需要通过自动化的网表划分来处理大型网表。

求解方法　网表划分问题是 NP 难（NP-hard）的。到目前为止，还没有一种多项式时间的全局最优平衡约束划分算法。对于网表划分的有效求解算法大多是启发式算法，经典的求解方法主要包括 KL 算法、FM 算法等。其中前者适用于较小网表，而后者适用于大规模电路网表。

（2）版图规划

问题描述　版图规划主要用于确定网表划分后子电路或模块的形状和布置，具体表示形式为：给定一组模块，首先将每个模块简化为一个矩形，而矩形的长宽比则根据每个模块内独特的电路信息所确定，最终为每个模块矩形选择合适的长宽比、朝向及位置。其主要目标为：①最小化版图总面积；②同时优化互连导线长度。该问题的难点在于许多模块尺寸和朝向都可改变的情况下，需要为每个模块找到合理的放置位置，并使得最终稿版图面积最小。

背景意义 为了应对日益复杂的集成电路设计，分层设计和功能模块被广泛使用。这种趋势使得版图规划对超大规模集成电路设计的质量比以往任何时候都更加重要。版图规划处理网表划分后的大型模块，包括高速缓存、嵌入式内存等已知功能的模块，这些模块具有已知的区域、固定或可变的形状，以及可能固定的位置；同时也包括无法提取特定功能信息的模块，这类模块通常无特定限制。在版图规划过程中，为电路模块分配形状和位置可以生成块，并能够早期估计芯片面积、电路延迟和芯片性能。这样的早期分析可以识别出需要改进的模块。

求解方法 版图规划的经典求解方法包括基于布局尺寸的方法和基于集群增长的方法。其中基于布局尺寸的方法主要通过确定版图的最小面积和各个块的相应尺寸来求解；基于集群增长的方法通过迭代地添加块直到分配完所有块，来构建平面版图。

（3）全局和详细布局

问题描述 布局的目标是根据版图规划结果确定具体电路元件的最终位置与朝向。全局布局是忽视电路元件的形状与大小，将其抽象为理想的质点，并且在松弛了元件的重叠与对齐约束的前提下，确定所有单元的空间位置。而详细布局则是在全局布局的基础上进行微调，真实考虑元件的形状与大小，对布局进行合法化，同时对其他约束违反进行修复，得到满足设计规则的布局方案。布局的必要目标是得到可布线的合法化元件布局，次要优化目标包括版图面积、估计布线长度值等。该问题的难点在于合法放置各个电路元件的同时还需考虑版图面积与布线长度。

背景意义 布局是物理设计中最重要但也是最难的问题之一。在通过网表划分将电路划分成更小的模块并经过版图规划确定块的形状和空间位置后，全局和详细布局的主要目的是确定每个块的块内电路元件的位置，满足硬约束的同时最小化目标函数。常用的目标函数一般采用连接元素的半周长长度等。就具体意义而言，全局布局是将元件放置到一个大概的位置，这个位置可能是非法的，但可以被进一步调整。而详细布局则将全局布局后的电路元件放置到该类型元件的附近合法位置，并强制满足非重叠约束。完成详细布局之后，可以更准确地估计电路延迟。

求解方法 对于布局算法的研究，实践中最成功的是启发式算法，其经典求解方法是最小割划分布局结合二次线长布局。其中最小割划分布局利用划分算法将网表和布局区域分别划分为更小的子网表和子区域，接着二次线长布局则是构造一个改良的线长的二次函数式，对其进行求解，最终使用 Tetris 算法对其进行合法化。

（4）全局布线

问题描述 在经过全局和详细布局之后，尚未被占用的金属层均为布线区域。全局布线首先将整个布线区域划分为多个网格，并确定网格到网格的布线，其主要目标是最小化总布线长度，也包括优化其他与性能或功耗相关的次要目标。全局布线不会将线确定在某个特定轨道，在每个布线区域会有一个容量值表示全局布线在该区域可使用的轨道数，并且全局布线也会忽略布线间隔等工艺要求，因此全局布线的主要难点在于不同网络在有限的布线容量中找到最终布线长度最小的方案。

背景意义 全局布线可为详细布线提供高质量的参考方案，使得整体布线问题简化的同时让布线结果有所保证。相比于直接确定每段导线的几何形状，全局布线将整个布线区域划分为若干离散的单位网格，将导线的截面尺寸抽象为标量表示对网格容量的占用。上述转换得到的问题模型与经典的斯坦纳森林问题十分相似，可以借鉴文献中的经典算法求解。

求解方法 为了解决不同的布线争夺路由资源产生的冲突，可以通过所有网络并发布线来解决，如整数线性规划（ILP），或者通过顺序布线技术，如拆除和重新布线。对于单网络布线问题可以直接将其转化为斯坦纳树问题进行求解，而多网络布线问题则对应于斯坦纳森林问题，可以拆解为多个单网络顺序解决或直接对所有网络同时布线。

（5）详细布线

问题描述 根据全局布线的指导结果，详细布线为信号传输分配特定的布线轨道、通孔和金属层，确定具体线宽，在考虑多种类型的间距约束的前提下，得到基于几何图的布线方案。详细布线的难点在于如何在尽可能遵循全局布线指导的情况下将各个网络的布线放置在最合理的轨道上。

背景意义 全局布线仅给出了较粗粒度的网格中较为理想的基于拓扑图的布线方案。然而，在现实世界中，导线并非无粗细的一维线段，而是复杂的多边形。为生成可制造的电路版图，在全局布线之后，还需要进行详细布线，为其确定具体的几何形状。

求解方法 详细布线主要有以下三种求解情况：①通道路由；②闸盒路由；③网格上路由（Over The Cell routing，OTC routing）。

对于通道路由求解的算法主要包括左边算法及 Dogleg 算法等；对于闸盒路由，主要使用 Beaver 算法和 Packer 算法等；对于网格上路由，通常使用 Chameleon OTC 路由算法和 Wiser 算法等。

4）高级求解算法简介

数字芯片物理设计中的绝大多数核心技术难题本质上均为 NP 难组合优化问题。除了前文介绍的几个典型案例之外，随着制造工艺的演进，不断有新的问题出现。事实上，层出不穷的新问题之间普遍存在着共性。在针对具体问题求解方法的基础之上，我们可以对其进行抽象，提炼出通用的算法框架或方法学。本节将简单介绍对 EDA 领域可能相对陌生，但在计算科学理论、工业工程、管理科学等学科早已为人们所熟知的方法。

NP 难组合优化问题的求解算法目前主要有三种：精确算法、近似算法和启发式算法。其中，精确算法在 CPLEX、Gurobi 等通用的求解规划问题的软件中得到了广泛的应用，但是由于其完备性，即会对整个解空间进行毫无遗漏的搜索，在问题规模较大时效率往往会很低下；近似算法则是先求出一个可行解，然后使用一定的数学技巧求出并证明最优化问题的下界或者上界（取决于问题的目标函数是求最大还是最小）；而启发式算法能够用比精确算法更快的速度得到一个近似最优解，但是无法验证解的最优性。具体的生产实践中，往往追求求解优度与求解效率的平衡，因此能高效求得近似最优解的启发式算法得到了学术界与工业界的普遍关注。基于上述特性，我们这里主要从启发式相关的算法做一个简单的介绍。

启发式算法主要分为基于单个解的（Trajectory-Based）搜索算法以及基于种群的（Population-Based）演化算法。其中，基于单个解的搜索算法主要包括局部搜索、迭代局部搜索、禁忌搜索、变邻域搜索、有导向的局部搜索、贪心随机自适应搜索过程以及模拟退火等算法；而基于多个解的演化算法可进一步细分为遗传算法、蚁群算法、粒子群算法、差分进化算法、分散搜索与路径重连算法等。

基于单个解的搜索算法均以局部搜索（Local Search）为基础，通过引入不同的疏散性策略或加速策略得到。局部搜索又被称为爬山法、邻域搜索或迭代改进，其基本思路为每一次改变解向量的部分元素（这个改变被称为邻域动作），使目标函数值得到一定程度的优化，在若干次迭代之后，目标函数值无法继续改进，达到局部最优解。在局部搜索算法的设计中，最关键的要素为邻域结构（Neighborhood Structure）。邻域结构给定了一个从解空间 X 中任意一个解向量 x 到一个解向量集合 $N(x) \subset X$ 的映射关系，其中 $N(x)$ 被称为解向量 x 的邻域（Neighborhood），而邻域中的解向量 $x' \in N(x)$ 被称为邻域解（Neighboring Solution），将当前解变换为某个特定的邻域解的操作被称为邻域动作（Neighborhood Move）。因此，局部搜索往往也被称为邻域搜索（Neighborhood Search）。局部搜索算法首先按照随机、贪心或其他策略针对问题生成一个合法的初始解 x，以此作为出发点，不断将当前解 x 的邻域 $N(x)$ 中的最优合法解作为新的当前解，反复迭代直至邻域中不存在比当前解更优的合法解，此时当前解 x 为局部最优解（Local Optimum）。由于算法总是选择邻域中最优的邻域解，因此一旦到达局部最优，即使算法不停止而继续搜索，也只能在局部最优解及其最优的邻域解之间来回切换，无法进一步改进，这种情况我们称算法陷入了局部最优。因此，局部搜索往往需要与其他方法配合，跳出局部最优去寻找其他局部最优，用不断寻找更好的局部最优的方式不断逼近全局最优解。扰动（Perturbation）、禁忌（Tabu）、模拟退火（Simulated Annealing）等策略的引入旨在避免搜索路径（Search Trajectory）止步于局部最优。

基于种群的演化算法可进一步细分为遗传算法（Genetic Algorithm）、蚁群算法（Ant Colony Optimization）等。基于遗传算法的演化算法通过交叉算符（Crossover Operator）和变异算符（Mutation Operator）模拟生物演化的过程。先生成一个初始种群，包含多个存在差异性的解向量。从种群中选取几个解质量较好的作为亲代，执行交叉或重组，将它们中质量较好的子结构结合起来产生后代，并有一定概率产生变异，从而实现对优秀解遗传因子的继承并保留适当的多样性。以蚁群算法为代表的演化算法模拟了生物的觅食或迁徙等行为活动，其设计思想与后来的强化学习（Reinforcement Learning）有异曲同工之妙，均以一个随机构造算法为基础，结合优度、探索频次、最近探索时间等客观状态与历史信息，对构造过程中不同分支的选中概率进行调整。通过反复构造并更新概率，算法将逐步收敛得到质量较好的解。

启发式算法的指导思想是实现集中性（Intensification）与疏散性（Diversification）的平衡，也即探索（Exploration）与利用（Exploitation）的平衡。更强的集中性意味着算法能够充分挖掘解空间中当前解附近的局部最优解，而更强的疏散性意味着算法倾向于探索更广阔的解空间而非聚焦于局部最优解。由于基于单个解的搜索算法容易陷入局部最优难以跳出，疏散性往往不足，而基于多个解的演化算法往往缺乏对得到的解所在领域的深度探索，集中性相对较弱，因此最新的研究焦点大多落在了如何使两种算法进行优势互补，进一步提升算法的效果与性能上，例如混合进化算法、模因算法、师徒进化算法等均在不同的组合优化问题上取得了突出的成果，具有借鉴意义。

另一方面，近年来，随着计算机性能的稳步提升，以及众多学者对精确算法的不懈研究，精确算法也开始在越来越多的问题上展现出优势，其可在合理时空开销限制下求解的问题规模也在稳步提升。其中以线性规划（Linear Programming）和混合整数规划（Mixed-Integer Programming）为代表，有大量组合优化问题可以在多项式时间内归约为线性规划或混合整数规划进行求解。这类数学规划方法具有极佳的通用性，在工程实践中可以大幅减轻算法开发人员的工作量，应用十分广泛。因此，很多研究人员开始尝试将复杂问题分解为若干个阶段或者多个子问题，对问题的整体格局调整和细节优化分别采用精确算法和启发式算法，有效地结合了两种方法学在面对不同类型和不同规模的问题上的优势。其中，将数学规划算法与启发式算法紧密结合到一起的方法一般被称为数学启发式算法（Matheuristics）。具体地，数学启发式算法可以被进一步细分为三类，包括使用启发式算法提升数学规划的求解效率、使用数学规划方法提高启发式搜索算法的集中性及使用行生成（Row Generation）或列生成（Column Generation）算法对问题进行分解。

2. 高端 EDA 算法人才培养

1）导言

算法人才培养，即让人接触并熟悉各种已知问题和经典方法，逐步掌握应对未知问题并提出创新方法的能力，最终成为可以为社会发展贡献力量的有用人才。EDA 中不仅存在大量的优化问题，同时 EDA 算法人才的培养也可视为一个受限于时间空间等多种约束的优化问题。从优化算法的设计思想，到人设计优化算法的过程，再到算法人才的培养，存在着一种巧妙的天人同构。

对于优化算法，我们需要把有限的搜索时间花在更有潜力的解空间上，但也不能过于贪婪，还需跳出局部最优搜索希望渺茫的区域，即集中性与多样性的平衡；对于优化算法的设计过程，我们往往会面临无数的灵感而没有机会一一实现，因而不得不花费大部分精力尝试有望产生确定性收益的策略及其组合，但也会保留少量时间验证天马行空的想法，即探索与利用的平衡；对于 EDA 算法的人才培养，每个人的学习时间和消化知识的速度是极其有限的，而生产实践中有无穷无尽的问题，故在熟练掌握经典问题的求解方法的基础之上，还应适当涉猎其他领域的复杂优化问题以达到活学活用融会贯通的境界，即深度与广度的平衡。

2）基本算法设计能力的训练

（1）经典问题的求解算法

在 EDA 领域，大多数问题可以通过抽象，形式化地描述为经典的组合优化问题。因此，学习相关经典问题的求解算法有时可以直接解决我们面临的挑战。当然，在通常情况下，生产实践中遇到的问题往往错综复杂，由大量困难问题组合而成，无法通过查阅文献即取即用获得立竿见影的效果。即便如此，由于问题结构上存在的普遍联系，我们仍然有机会站在巨人的肩膀上去思考与行动，从而走得更加长远。面向 NP 难组合优化问题的求解算法主要可归为精确算法、近似算法与启发式算法三大类。在现实生活中，出于工程与市场方面的考量，往往需要在开发周期与产品质量之间进行折中，故采用的方法以启发式算法为主。所谓“启发式”，即基于人类或自然界的经验，而经验的获取离不开实践。而所谓“经典”，即已经被无数人实践过，其实践经验经过简单转换便可广泛作用于各式各样的问题。具体地，对于 EDA 领域的 NP 难组合优化问题，只需以编程实践的方式，在数据结构方面熟悉栈、队列、树、图等基础数据结构的常见操作，在 P 问题方面熟悉指派、分配、路由、调度等经典的动态规划或树搜索算法，在 NP 问题方面熟悉局部搜索、禁忌搜索、混合进化等元启发式算法框架，即能具备基本的解决问题的能力。值得庆幸的是，当前的高等教育课程体系在知识覆盖上似乎已经比较完善，互联网上也存在大量编程训练平台为大家提供实践与交流的机会，这些条件为后续的进阶训练提供了坚实的基础。

（2）复杂问题的建模能力

解题难，而发现问题往往比解题更难，把从未遇到过的问题无二义地描述清楚更是难上加难。复杂问题的建模能力能够将复杂的实际问题抽象为一个数学上可以表达的问题，在 EDA 领域，也就是把实际问题抽象为优化模型。例如我们用的 GPS 导航软件，从一地到另一地的最短路径问题，就是一个典型的运筹学问题。该问题优化目标是找到最短的驾驶路径（或驾驶时间最短的路径），转化成优化模型时，约束条件往往有单行路段以及每条路段的限速等。而该优化模型又是建立在一个更为广泛的优化模型基础上的。系统建模能力事实上并不需要太多高深的数学知识，建模的过程其实和软件工程中的需求分析十分相似，前面说的目标和约束，通俗地说就是定义清楚做成什么样算做得好，做成什么样算做得对。培养建模能力的机会无处不在，我们可以把自己当成项目经理，随处挑选问题，如果让我来做，这里面会有什么技术难题？做成什么样叫解决了这些难题？做成什么样才叫解决好了这些难题？当形成这个习惯之后，遇到更加复杂的问题，我们也会知道从哪里下手去解决。完成上述工作之后，我们就可以试着看一些经典的运筹优化问题的相关文献，如快递配送问题、外卖配送问题、集装箱装载问题、护士排班问题、飞机停机位调度问题等。通过阅读这些问题的相关文献，我们可以更好地了解当一个学者碰到棘手的运筹优化问题时是如何将这个问题一步一步地抽象建模成为一个有着完备的约束、优化目标的数学模型，能够让建立的模型与实际问题相吻合。阅读了足够的文献之后，我们就可以尝试着自己建立模型了。为了更加快速验证我们建立的模型的正确性，我们可以使用诸如 Gurobi、CPLEX 等通用求解器。使用这些通用求解器可以较为快速地求解我们建立的运筹优化问题的数学模型，以此来验证模型的正确性。问题的建模与求解往往是密不可分的，模型的准确性与求解难度往往是一对矛盾。建模能力的培养是完成从“做题家”到“科学家”和“工程师”的蜕变的必经之路。

（3）问题灵活分解与组合

问题灵活分解与组合的能力，是对经典问题的充分掌握与建模能力的有机结合。以武术对抗为例，如果说学习经典问题是练习攻防招式，建模能力是分析对手的招式厉害在哪，那么灵活分解与组合便是见招拆招的能力。EDA 领域的问题是非常复杂的，即使有较好的建模能力，仍然难以保证能将这些问题完美地解决，还需要拥有将 EDA 领域的问题拆分成一个个更容易求解的组合优化问题，然后对其建立模型，进行求解的能力。之后我们需要将这些拆分求解的问题反向合并。复杂的运筹优化问题通常会被拆分为两个或多个子问题，为了降低问题的复杂度，我们需要具备对具体问题分解与灵活拆分的能力，进而以不变应万变，面对复杂的组合优化问题也能临危不惧，构思出独特的方法去求解。

（4）算法开发实践经验的积累

训练场和真刀实枪的战场总归是不一样的，毕竟纸上得来终觉浅，绝知此事要躬行。然而，一方面，由于可以实践的问题太多，大多数人尚不具备识别有价值、有挑战但是通过自己努力之后又能解决的问题的能力；另一方面，实践需要花费大量的时间和精力，这往往会打消绝大多数人的主动性。因此，一方面应设置约束，即必须完成的任务，让自己有一个明确的方向；另一方面需要设定目标，建立激励机制，增强动力。针对 EDA 中的 NP 难组合优化问题，对于前者，建议大家可以先尝试包含图着色问题、中心选址问题、旅行商问题、装箱下料问题等经典难题的求解，如果有能力，甚至可以建立一个算法题库和自动化基准测试平台，供自己和其他同学持续打磨和优化自己的算法。对于后者，可以通过参加学术竞赛的形式，以赛代练，通过经济性奖励充分调动自己的主观能动性，以客观的评价指标使自己能清晰了解自己和其他同龄人的优势或差距，并认识更多的优秀人士，互相见证共同成长和进步，形成良性循环。

作者简介：

吕志鹏，教授、博导，现任华中科技大学计算机学院人工智能与优化研究所所长。2007 年于华中科技大学计算机软件与理论专业获博士学位。2007 年至 2011 年在昂热大学（法国），先后与法国大学研究院（IUF）院士、法国国家特级教授 Jin-Kao Hao，美国工程院院士、冯诺依曼理论奖获得者 Fred Glover 进行合作研究。

研究方向为复杂系统建模、工业优化、EDA 算法、拟物拟人算法、调度与规划等。长期致力于为工业界提供智能优化解决方案，所研制的算法在 EDA、人工智能、智能优化等领域的国际算法竞赛中多次获得全球前三名，包括：

2022 年，DIMACS 国际算法挑战赛（VRP），两项冠军（第一名）；

2021 年，国际计算机辅助设计会议（ICCAD）布局布线算法竞赛，冠军（第一名）；

2021 年，国际遗传与进化计算会议（GECCO）摄像机布局算法竞赛，冠军（第一名）；

2021 年，国际物理设计研讨会（ISPD）切分、布局布线算法竞赛，季军（第三名）；

2020 年，国际遗传与进化计算会议（GECCO）摄像机布局算法竞赛，冠军（第一名）;

2018 年，国际逻辑命题满足性问题（SAT）算法竞赛，季军（第三名）;

2017 年，国际逻辑命题满足性问题（SAT）算法竞赛，冠军（第一名）;

2016 年，欧洲运筹学学会 ROADEF/EURO 液化气库存路由算法竞赛，季军（第三名）;

2010 年，国际护士排班算法竞赛，季军（第三名）; ;

2008 年，国际大学排课表算法竞赛，亚军（第二名）; 。

主持了多项国家级项目，并承接了二十余项工业界实际工业优化落地项目，涉及领域包括：电子设计自动化（EDA）、芯片制造、云计算、电信等。在人工智能、智能优化等领域的国际著名期刊和会议上发表学术论文 100 余篇（如 AAAI, IJCAI, AI，IJOC，TS 等）。担任人工智能顶级会议 IJCAI、AAAI 的程序委员会资深成员（Senior PC Member）。

| 第四章 |

EDA 模拟 / 混合信号 / RF 类

Empyrean ALPS-GT：首款商用模拟电路异构仿真系统

吴　涛　余　涵　杨　柳

随着集成电路的工艺进入深亚微米（16nm 及以下）阶段，电路设计规模急剧增加，设计工艺复杂度也不断提高。与此同时，产品上市周期变得越来越短，不仅要实现功能，还需要综合考虑功耗、时序、寄生参数等对电路的影响，后仿真验证任务变得愈加重要而艰巨，对设计验证效率的要求也越来越高。由于后仿电路的寄生器件规模急剧增加，设计工程师在使用传统 SPICE 仿真工具进行后仿真验证时遇到了前所未有的挑战。

这其中 Transient 分析又是所有后仿真类型中最重要且最耗时的仿真任务。这一方面是因为很多先进工艺的电路性能光凭 DC、AC、STB 等耗时较短的静态分析或频域分析，不能够完全得出可靠的结论，而大量实践表面后仿 Transient 分析往往是最精确、最接近流片实测结果的分析类型。另一方面，Transient 分析由于需要完整解决如图 1 所示原理流程图中的双重迭代过程，即完成每个时间点求解的内迭代和完成所有时间点求解的外迭代，所以也成为计算量最大、最为耗时的任务，这对仿真器的工作效率提出了前所未有的巨大挑战。

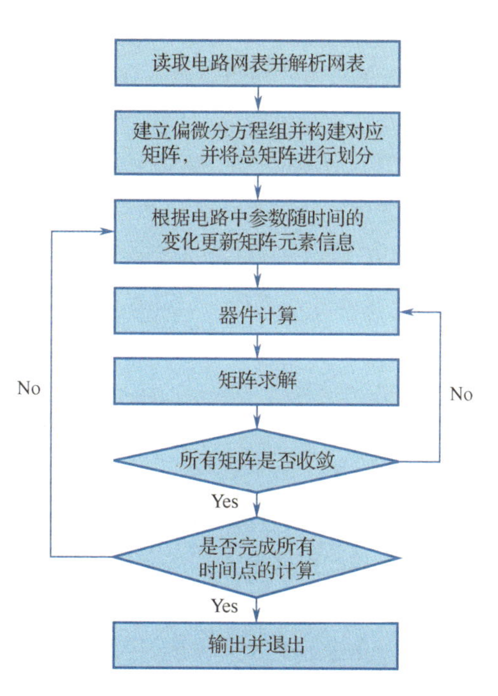

图 1　Transient 仿真的基本原理流程

从图 1 可以看出，Transient 后仿真的性能瓶颈首先在于器件计算（Model Evaluation）和矩阵求解（Matrix Solving）

这两个过程，因为它们是整个流程中被反复调用、时间占比最重的过程。从数值计算的理论来讲，矩阵求解就是用数值计算的方法（包括牛顿迭代法等）来逼近矩阵的近似解的过程。经统计，在 16nm 以下的先进工艺节点模拟电路的后仿真中，器件计算和矩阵求解往往能占到整个 Transient 仿真的 60%以上，有些电路甚至能占到 90%以上。所以，提高器件计算和矩阵求解的效率就成为加速先进工艺后仿真的重中之重。

另外，划分矩阵这一过程对于提高后仿效率来说也很关键，这是因为理论上来说，如果能将规模庞大的总矩阵合理划分成更多的小矩阵，并充分减低各个矩阵之间的耦合计算，那么就能将各个子矩阵更均衡地分配到更多的线程去进行仿真，提高并行算力利用率和多线程的线性加速比，以达到降低总仿真时间之目的。

虽然业内各大 EDA 公司都在纷纷推出或升级各自的后仿工具，以提高 Transient 仿真的效率，但这些工具仍然不能满足业内的迫切需求。一方面是性能出现瓶颈，对一些 Transient 后仿真电路需要几个星期甚至几个月的情形不在少数；另一方面，对于某些精度要求高、对寄生参数敏感的模拟电路，传统的后仿真工具为提高仿真速度而尽量采用一定程度上牺牲精度的寄生参数约简技术，导致仿真结果精度不满足要求。

事实上，目前市场上的 SPICE 仿真工具虽然算法各异，但都是基于 CPU 架构的软件算法。我们通过对比研究发现，由于 CPU 架构和运算单元的制约，其多线程的线性加速比已逼近上限，导致整体运算效率已无法再得到质的提升，以适应先进工艺设计的需求。受此限制，用户要么只能挑选部分 PVT corner 进行仿真，或通过子模块级仿真来推导芯片顶层的仿真结果，这为芯片的最终量产质量埋下了不可预知的风险；而通过寄生参数约简技术来加速的仿真结果精度却有可能无法满足验证要求。为此，华大九天在自有模拟仿真器 ALPS 的基础上，开发了 EDA 行业内第一款商用的基于 GPU 加速的模拟电路异构仿真系统 Empyrean ALPS-GT（图 2）。

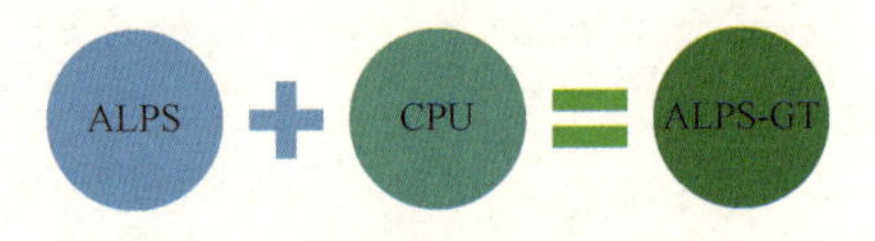

图 2　ALPS-GT 的基本理念

我们认为，在如今 IC 工艺发展逐步放缓的后摩尔时代，GPU 的运算单元由于采用了较 CPU 线程多两个量级以上的并行架构，其正在发挥越来越重要的延续算力增长的作用。而 GPU 服务器经过算法优化，在特定的计算领域可以取代数十台商用 CPU 服务器，从而大幅提升应用程序吞吐量并节省成本。在许多传统 CPU 架构的计算任务遇到难以提升的性能瓶颈之时，GPU 异构计算已经成为推动软件发展的必然趋势之一（图 3）。

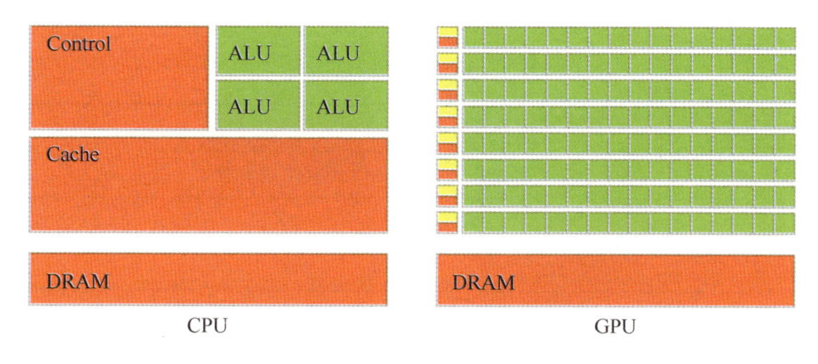

图 3　GPU 的算力显著高于 CPU

采用 GPU 架构的 ALPS-GT 的价值在于确保 True-Spice 精度的同时，能够对模拟电路后仿真带来平均 10 倍以上的加速比。ALPS-GT 的核心运算硬件是英伟达 Telsa V100，这是一款已广泛应用于图像处理、高性能计算、深度学习等领域的利器。表 1 为 CPU 服务器常用的英特尔 Platinum 8180 与英伟达 Tesla V100 的算力比较。

表 1　硬件运算能力对比

	Platinum 8180	Telsa V100
运算单元	28 physical cores	5376 FP64 cores
浮点计算能力	2T flops	7T flops

可以看出 GPU 相比 CPU 架构来说，无论在运算单元的数量还是总体浮点算力，均有明显优势。业内也早已有学术机构和公司进行过类似异构仿真的开发，但受限于无法充分利用 GPU 的并行算力的瓶颈等一系列原因，一直没有形成成熟的模拟仿真方案。

华大九天在模拟仿真领域有着长达 10 多年的技术积累，在 CPU 架构的时代，我们自研的仿真器 ALPS 通过独有的 SMS（智能矩阵求解器，Smart Matrix Solver）技术，已能实现在复杂电路后仿真方面相较同类 CPU 仿真器的数倍提速。SMS 的核心内容主要包括：

- 独有的智能矩阵切分技术，相较于传统仿真器，能够将总矩阵切割成更多的子矩阵，分配到各个 CPU 核去进行仿真，以提高 CPU 核的平均利用率。
- 包含较传统仿真器更多的 Matrix solver 供选择，对于每个子矩阵而言，自适应地选择特定的 Matrix Solver 可以得到更高的求解效率。当可供选择的 Matrix Solver 越多，那么每个子矩阵获得更高求解效率的概率也就越大。
- 新一代智能矩阵求加算法 SMS-GT 技术，其架构来源于 CPU 时代的 SMS 技术，并针对后仿真整体时间中占比最重的器件计算和矩阵求解两部分进行了优化和创新，以适配于 GPU 架构大量并行计算的特点。经实际对比，SMS-GT 可以取得相较于直接使用硬件原厂求解器更高效的计算速度（表 2）。

表 2 矩阵分解性能对比

	运行时间（ms）		加 速 比
	NV CUDA 求解器	SMS-GT 求解器	
测例 1	130	22	5.9×
测例 2	116	46	2.5×
测例 3	441	39	11.3×
测例 4	171	48	3.6×
平均加速比	5.8X		

通过在国内一线设计公司的大量测例验证，基于 SMS-GT 核心算法的 ALPS-GT 对不同电路类型和各工艺节点均普遍适用。在确保精度的前提下，对于常见的电路类型（PMU、ADC、DAC、PLL、Serdes 等），ALPS-GT 相较于市面主流的 CPU 架构仿真器均有明显的加速比（表 3）。

表 3 ALPS-GT 与 CPU 仿真器对比数据

测 例	运 行 时 间		加 速 比
	CPU 仿真器	ALPS-GT	
高速 ADC	100.8 天	6 天	16.9×
Serdes_TX	115 天	5 天	23×
Serdes_VCO	94.9 小时	9.8 小时	9.7×
PLL	735.3 小时	100.8 小时	7.3×
DC-DC Converter	38.4 小时	7.3 小时	5.3×
CIS 阵列（300X300）	94 小时	4.5 小时	21×

总的来说，ALPS-GT 的技术特点包括：

（1）完全 True-SPICE 精度。

（2）独创的 GPU 矩阵求解方案，相对于基于 CPU 架构的仿真器提供平均 10 倍以上加速比。

（3）支持超过 5 亿器件的超大仿真容量，为先进工艺的后仿真提供保障。

（4）支持灵活的 PVT corner 仿真和蒙特卡洛仿真。

（5）支持各种对大规模后仿真友好的特色功能，包括：

- 支持后仿过程中的自动时间保存，可用于断点续仿；
- 支持在后仿真过程中的动态参数调节；
- 支持 circuit checking 技术，也即允许使用者在不需保存信号波形的情况下，实时监控某些信号的状态；
- 支持对输出波形进行压缩和分割等。

（6）支持从传统工艺到 7+nm 的设计，得到国际领先 foundry 的工艺认证。

作为国内最大的 EDA 供应商，华大九天在包括模拟仿真在内的模拟和数字设计流程领域中有长达 10 年的深耕。创立前期不断夯实基础，开发和完善模拟 / 数模混合设计全流程平台工具。近几年，随着软件的不断成熟、技术能力不断提升及人员和市场规模的扩大，华大九天开始加速推出 EDA 新品工具，在填补空白的同时，通过持续的产品和技术创新，开始逐步在某些 EDA 产品方向引领前沿设计方法学，ALPS-GT 正是其十年磨一剑的技术结晶。ALPS-GT 致力于解决先进工艺下大规模仿真带来的技术挑战，目前已在诸多国内一线 IC 设计公司和研发机构中投入使用，得到了客户的高度认可。

未来，华大九天将进一步加速发展，由点及面逐步完善 EDA 产品工具链，在仿真方向，充分发挥技术特长，打造优势产品集群"高速高可靠全仿真系统"及其应用解决方案，将全面覆盖模拟仿真、射频仿真、Fast SPICE、数模混仿等领域，赋能我国集成电路设计验证事业高质量快速发展。

作者简介：

吴涛，北京华大九天科技股份有限公司模拟 EDA 应用工程师。本硕连读毕业于澳门大学电机及电子工程专业超大规模集成电路国家实验室。2014 年加入北京华大九天科技股份有限公司。

余涵，北京华大九天科技股份有限公司市场拓展部高级市场经理、资深 EDA 技术专家。本硕连读毕业于北京航空航天大学电子信息工程专业，2010 年加入北京华大九天科技股份有限公司。

杨柳，北京华大九天科技股份有限公司产品总监、资深仿真 EDA 专家。博士毕业于清华大学计算机科学与技术系，2015 年加入北京华大九天科技股份有限公司。

公司介绍：

北京华大九天科技股份有限公司（简称“华大九天”）成立于 2009 年，隶属于中国电子信息产业集团。公司成立以来始终致力于面向泛半导体行业提供一站式 EDA 及相关服务，为中国集成电路产业的健全发展提供重要保障。主营业务包括模拟 / 数模混合 IC 设计全流程解决方案、数字 SoC IC 设计与优化解决方案、晶圆制造专用 EDA 工具和平板显示设计（FPD）全流程解决方案，涉及相关服务包括设计服务及晶圆制造工程服务。公司总部位于北京，在南京、成都和深圳设有全资子公司，并在上海、日本、韩国、东南亚等地设有分支机构。

混合信号 SoC 设计验证方法流程介绍

邵亚利

1. 片上系统 SoC 混合信号含量越来越高

集成电路从模拟电路开始，后来到数字电路的蓬勃发展，而今，片上系统 SoC（System on Chip）中的数／模混合信号含量已经从 10%～20%增加到 50%。例如：ADC（Analog- to-Digital-Converter，模数转换器），DAC（Digital-to-Analog-Converter，数模转换器），PLL（Phase-Locked-Loop，锁相环），高速 IO（Input-Output，接口），射频收发器，存储器接口等。

模拟为主的片上系统，也增加了控制／调准／校正（Control/Trim/Calibration）数字逻辑，来补偿 PVT（Process，Voltage，Temperature，工艺，电压，温度）的变化，提高性能指标和良率。数／模电路在不同层次中紧密结合，混合信号设计的复杂度急剧增长，促使设计队伍需要具备各种技能的工程师；随着工艺尺寸变小，电路抽象级别，在系统级进行分析和验证缩小数／模之间的设计差距，更多采纳软硬件结合的自动化方法；数／模之间数据交互，需要 EDA 工具和设计方法学支持，以加速数／模混合验证的收敛。

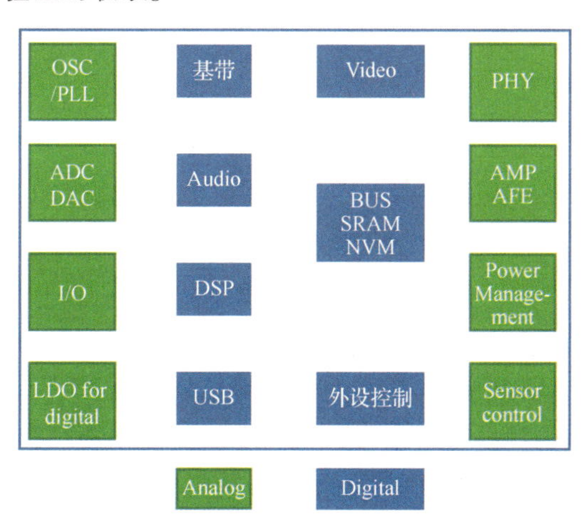

图 1　典型 SoC 框图

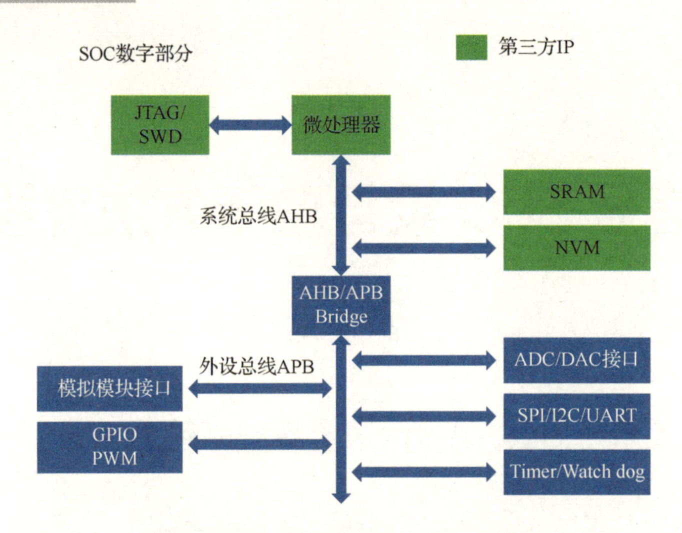

图 2　系统总线与外设总线结构示意图

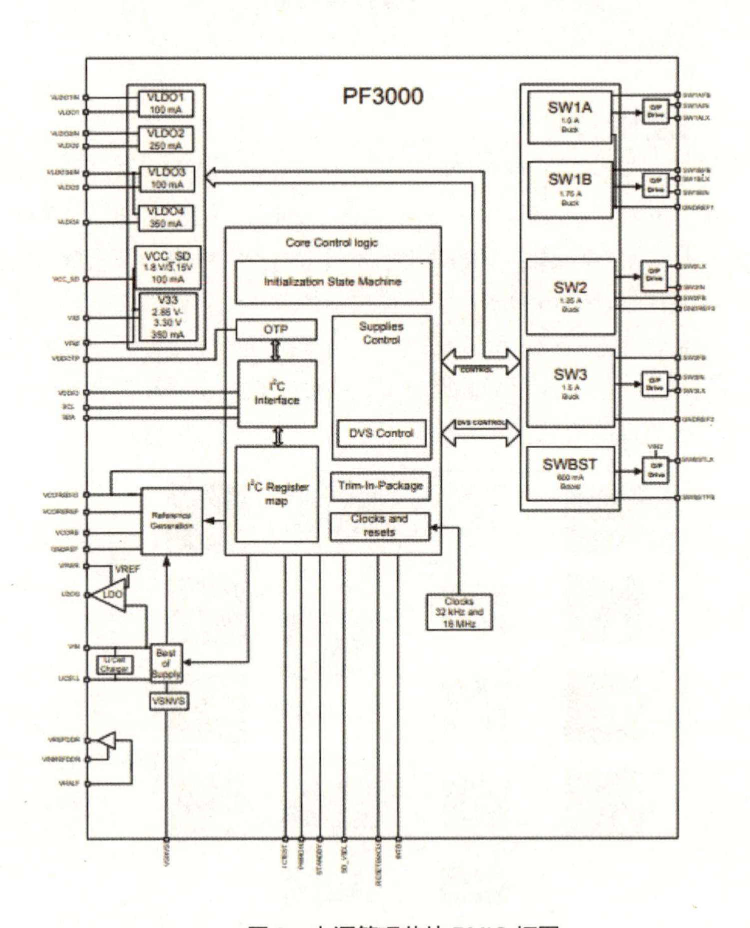

图 3　电源管理芯片 PMIC 框图

2. 混合信号 SoC 的挑战

研发混合信号 SoC，最怕出现低级错误。引起低级错误的原因一般如下。

1）数模设计采用不同的工具和方法，模拟电路通常采用自下而上的方法，而数字电路通常采用自上而下的方法

（1）数字为主的混合 IC 设计验证流程

常用文档编辑工具去设计数字电路（硬件描述代码）并制作 Testbench（测试环境与用例）和层次化的模型，再用仿真工具去仿真模型，然后进行综合，生成网表，再对网表进行布图并生成三个文件：GDS、网表（Netlist）和时序约束（Timing）信息的标准延时格式文件（Standard Delay Format，SDF）。设计告一段落。

在 Testbench 阶段就需要模拟电路的 Model，供数字控制模拟或者模拟返回到数字的验证。固件的二进制码供给测试平台对 SoC 进行仿真。

把 GDS 导入模拟电路的版图（用 Virtuoso 的 Stream-In），而 Netlist（用 Verilog-in）生成电路图（Schematic）；SDF 用于顶层仿真的 Timing 仿真，以期做出正确的仿真结果。

（2）模拟为主的混合设计验证流程

通常先设计模块级别（Block level），它由一个模拟顶层的线路图和一个空的数字模块构成。

顶层仿真用数字的 RTL 的 IP 模块和固件（Firmware）组合进行模拟顶层的仿真，由于没有具体的数字线路图，所以只能用混合仿真（AMS）方式仿真。

仿真通过后进行数字后端设计（PR），再由电路图 Verilog-in 组成最终顶层的线路图并完成 PR 后的仿真。

顶层仿真后，整合模拟版图（Analog Layout），同时将数字后端设计完成之后的版图通过导入（Steam-In）的方式导入，最终形成顶层的版图。

（3）数模混合验证与实现的常见工具

- 数模混合设计需要综合使用两套设计流程
  - 模拟设计流程是schematic based
  - 数字设计使用RTL module
- 前端设计环境不同
  - 模拟设计工具 Virtuoso schematic + Spectre
  - 数字设计工具
    - Vcs+Verdi（S）
    - Xrun+Simvision（C）
  - Firmware 环境
    - ARMCC or GCC等编译工具
- 后端设计环境不同
  - 模拟设计环境 Virtuoso Layout + Calibre
  - 数字设计环境 DC, PT, ICC or Encounter, FM

图 4　数模混合设计验证与实现的常见工具

数 / 模混合验证需要在顶层同时整合两套设计流程。模拟工程师熟悉的流程是 Schematic Based，数字设计师使用 RTL module。

通常熟悉 Cadence Virtuoso schematic + Spectre 的是模拟设计者。数字设计工具，Synopsys 用 VCS+Verdi，Cadence 用的是 Xrun+Simvison，此外还要搭建 Firmware 的设计环境。当然，写程序和编译还要用到 ARM CC 或者像 GCC 之类的工具。

后端设计，模拟往往用 Virtuoso Layout，再加上 Calibre，做 LVS 和 DRC；数字设计要用 DC 综合，时序分析 PT，布图用 ICC（或 Encounter），还有形式验证（FM）、Patten（测试矢量的自动生成）工具。

（4）数 / 模混合并行协同设计

公开的 / 工业标准的数据库的出现，例如 OpenAccess（OA），对数模混合 SoC 方法学的开发与应用做出了重要贡献。OA 是一种层次化的数据库，能同时存储数字和模拟，从而不需要将数据从一种格式转换到另外一种格式。它对设计方法学做出了贡献，因为在之前单独的模拟或者数字方法学中，每个区域对对方而言都是黑盒子，非常容易出错。因为复杂的功能，不同的 Background，模糊的“Common Sense”，都会使得芯片存在甚至很低级的问题。

Items	以模拟为中心的混合IC	混合SoC并行协同设计流程	以数字为中心的混合IC
方法	一般自下而上	同步协同设计	一般自上而下
设计	Analog On Top: Block中有Standard Cell	模拟和Standard Cell在同一级混合	Digital On Top: Analog as block integrated
顶层连接	Schematic	Schematic & Netlist	Netlist
验证	SPICE混合信号仿真 模拟行为模型	混合信号仿真；行为模型； MDV	模拟部分用RNM等模型来代替，做数字仿真，MDV
布图	手工为主，可控，约束驱动	控制和自动化	高度自动化，时序阻塞，功耗驱动
模拟Part	主要设计	协同设计	黑盒子
数字Part	分割模块	协同设计	主要设计
布线	顶层和模拟定制设计； 数字采用时序驱动网格布线	非网格定制设计和数字网格化组合	顶层模拟基于间隔布线； 其他布线采用纳米规则布线
芯片集成	定制环境	定制或者数字	数字环境
Sign off	混合信号寄生仿真	静态时序分析和/或混合信号寄生仿真	静态时序分析

图 5 数模混合 IC 的设计 / 验证 / 实现流程

2）数 / 模混合仿真

混合仿真本身的速度比较慢，建立 Model 需要人才储备，时间与资源也是一种挑战。为了解决混合信号验证的问题，有以下几项选择方案。

表 1　混合 SoC 仿真验证方案

序　号	方　案	优　点	缺　点
1	全 SPICE 仿真	精准	设计规模增大后，速度太慢
2	全数字逻辑仿真	快速验证连接性	对数模之间的相互作用很不精准
3	混合仿真	模拟晶体管、数字逻辑仿真	设计规模增大后，模拟矩阵求解影响速度
4	基于模拟模型的仿真	速度与精度的折中，提高了仿真性能	模拟行为级建模需要时间

显然这四种方案各有优缺点，经常需要几种方案交互使用。

混合 SoC 验证面临的挑战如下图所示。

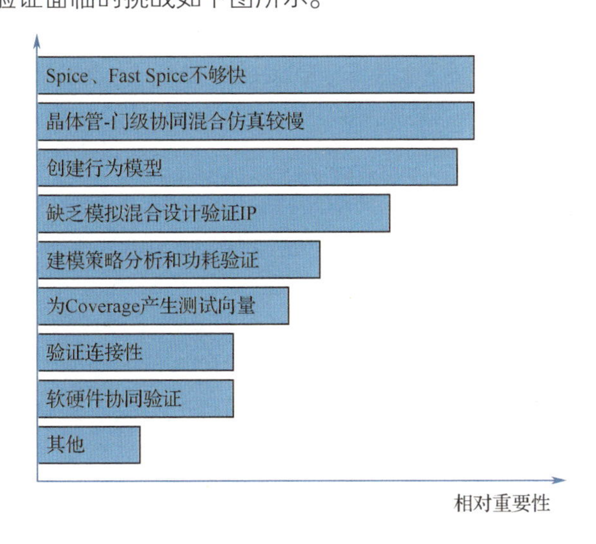

图 6　混合 SoC 验证面临的挑战

模拟、数 / 模混合仿真都很慢，模型建立需要知识与时间，另外物联网在低功耗方面的要求越来越高，造成芯片测试成本超过硅片本身，可测性设计就应该在设计过程中考虑。为此在保证正常功能与性能不降低的同时，增加片内自建的测试电路（扫描测试 Scan，静态电流测试 IDDQ 等），会使芯片尺寸增大 10%左右，加上冗余修复等电路，都为提高产品品质和排错调试（Debug）提供了良好的基础，但也增大了数 / 模混合电路的验证难度。

3. 数模仿真器介绍

“工欲善其事，必先利其器”，做好数 / 模混合验证必须了解 EDA 工具的工作原理。EDA 仿真器在干两件事情（时间和数值），即在什么样的时间，该出什么样的数值（表现）；数字和模拟的差别在于要求解的方程组是完全不同的。

1）Digital 仿真器

事件驱动（Event driven）的逻辑方程是顺序执行的，有很清晰的信号流和事件发生顺序，不会回头计算，所以速度快。由于时间和数值都是离散的，容易出现不收敛性的问题。完成代码编程后，应该知道有哪些事件（Event）要发生，等待那个时刻的反馈，如果没有其他事情抵消掉（就不发生了），就只和逻辑方程打交道，一定如此。问题是现实世界（对象是 Transistor），并不是非黑即白的 0、1 世界，所以它的精度会低些；只要做好协议和纠错功能，是不会出错的。SoC 的顶层用数字仿真器，也是因为速度快。

2）Analog 仿真器

需要解决 Analog 大环境、大矩阵（System Matrix）的求解问题，而且要在仿真的每一步都站在全局的角度，看各种需求是否被满足。模拟仿真器考虑的是真实的信号与系统（信号就是电压和电流）。KCL、KVL，节点电流为 0，回路电压为 0，往往用简单逻辑方程理不清楚，必须建立大型的矩阵，才能求解出各种复杂因子。任何一个 Analog 环境里的元素 / 器件（Element）都直接影响到其他元件。EDA 工具可以对模拟电路做分割（Partition），以减小矩阵的规模。

Analog 仿真器每往下走一步，都先试一试是否满足容许量（Tolerance）要求，满足则往下继续；不满足，修改后再试，直到最终满足各种要求；这种迭代如果仿真器告之收敛性问题（Convergence Issue），就要修改参数，反复迭代。由于时间和数值都是连续量且相互影响，所以 Analog 仿真很慢但比较精确，故高性能的 Analog IC，都离不开 Analog 仿真器。

SPICE 是一个解非线性常微分方程的工具，其快速仿真（Fast SPICE，XPS）可以将整个电路分成几个独立的小块单独求解矩阵，然后再把各块连接起来。这样，速度比原来 SPICE 的快上几十倍，而精度差别为 SPICE 的 5% ~ 10%。

3）数 / 模混合仿真器

数 / 模混合仿真器取两者之长，对性能不太关注的部分，就是用逻辑方程来求解，只对模拟部分（Analog Part）做矩阵计算，就取得了速度和精度两者的折中。当然数 / 模混合仿真器需要建立自己的连接模块（Connection Module），把数字和模拟信号之间的桥梁搭好，才能让 A/D、D/A 自由流通在整颗 IC 上面。

典型的混合信号交互过程融合了包含迭代算法和后向步长功能的模拟求解器和沿前向计算的数字求解器。这种功能组合定义了模拟的即时方程求解和数字的事件驱动求解，必须在系统的 DC 工作点和瞬态 Trans 分析中协同工作。

（1）DC 工作点分析

模拟的静态工作点和数字在零时刻的初始化工作，在数 / 模混仿工具上的顺序是：

- 运行所有离散的初始化；
- 在零时刻执行所有离散 initial 模块；
- 在零时刻执行所有离散 always 模块；
- 模拟迭代得到所有电压电流结果。

（2）Trans 工作点分析

模拟部分从 0 时刻工作点计算出发，按时间步长重复计算。模拟仿真器用 SPICE，由牛顿-拉夫逊迭代技术反复迭代；数字求解逻辑方程。如果它们两个各自运行 / 没有数据交换，那就在下一个步长重复。一般而言，每次模拟求解器的时间轴先向前移动，数字仿真器在后面跟上（数字仿真速度快）。但是如果数字在追赶的过程中，有离散数据或者事件变化了，模拟仿真器需要退回到数字改变数据的时间点，重新和数字同步。

4. 数模验证流程介绍

1）验证目标

首先迫于产品上市时间（Time To Market）的压力，芯片的研发周期时间表不断被压缩，成本也越来越低，且 IC 人才又相对有限。如何保证芯片的质量（首次流片送样，First Silicon Sample）呢？又如何提高效率呢？考虑有三：首先是 Automatic（验证环境自动化），Test Bench（测试自动生成）和 Model（自动产生）；其次是 Reusable（复用性），如 Stimulus（测试激励），Checker（检查节点），DV（仿真验证）/ AE（Application Engineer，应用工程师）和 TE（Test Engineer，测试工程师）之间的复用（Reuse）；第三是 Scalable，一次高度集成的数 / 模混合验证，通常需要很多人参与。如何让新资源快速上手（ramp up）以缩短适应时间；这么多人工作在同一个项目上，且做到彼此不相互影响，那就更需要验证环境和整个流程的分配协调，从而保证大家能够“各自为战”。

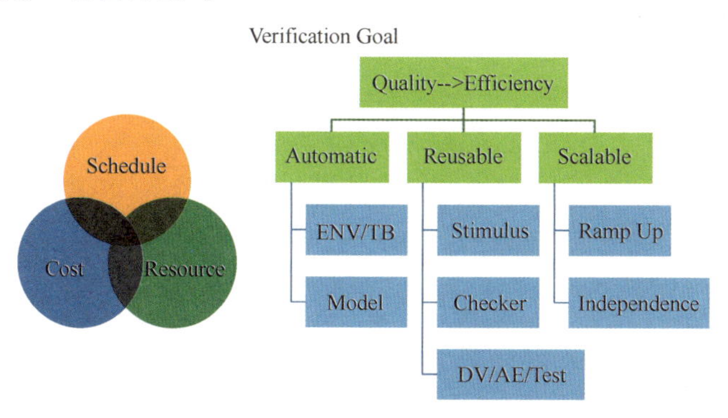

图 7　验证目标

2）验证流程与方法

典型的验证流程如下图所示。首先要建立混合验证的策略，目标是什么，有哪些资源，进度风险是什么，采用什么方法等；其次需要制定验证计划，哪些通过测试用例来做、哪些可以通过形式验证等，输入输出各是什么等；再次就到了执行阶段，需要开发验证环境，例如建立 UVM 环境，需要建立模型，以提高速度，需要把测试用例的输入激励、输出检查点等做好；然后进入 Regression（回归）测试阶段，将不同层级、各种 PVT 情况都考虑进来，跑仿真，从而收集覆盖率（Coverage）等；最后当版图做好之后，提取 R、C、SDF 等参数，做过压（OV）、浮点（Floating Nodes）等检查。

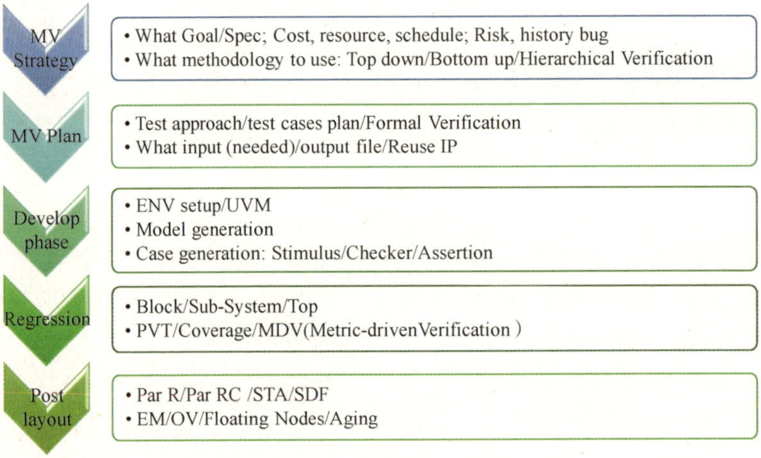

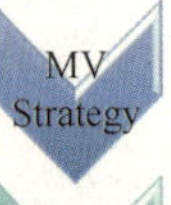

MV Strategy
• What Goal/Spec; Cost, resource, schedule; Risk, history bug
• What methodology to use: Top down/Bottom up/Hierarchical Verification
MV Plan
• Test approach/test cases plan/Formal Verification
• What input (needed)/output file/Reuse IP
Develop phase
• ENV setup/UVM
• Model generation
• Case generation: Stimulus/Checker/Assertion
Regression
• Block/Sub-System/Top
• PVT/Coverage/MDV(Metric-drivenVerification)
Post layout
• Par R/Par RC /STA/SDF
• EM/OV/Floating Nodes/Aging

图 8 验证流程

验证方案需要考虑：哪些通过 RTL 进行，哪些需要通过快速 SPICE 仿真，哪些需要通过晶体管仿真进行。最后，在每一个检查点（包括架构 / 电路），需要重新回顾更新验证方案。

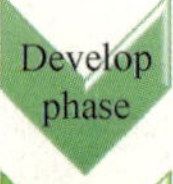

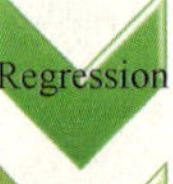

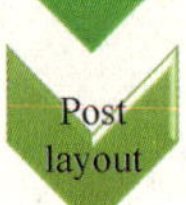

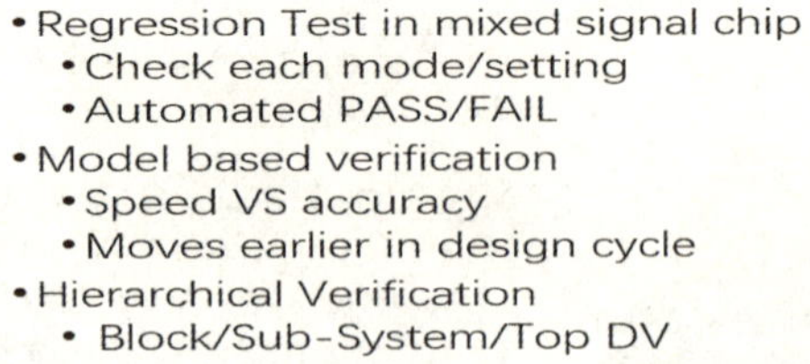

• Regression Test in mixed signal chip
• Check each mode/setting
• Automated PASS/FAIL
• Model based verification
• Speed VS accuracy
• Moves earlier in design cycle
• Hierarchical Verification
• Block/Sub-System/Top DV

图 9 验证方案

基于 Coverage 和 Assertion 的指标驱动验证（MDV）数字技术的应用，是数 / 模混合验证的重要内容之一。

硬件加速目前还没有针对模拟电路开发大量使用。

5. Model 介绍

“基于模型的模拟验证方法，是唯一重要的能够验证复杂模拟设计的验证方法，可以帮助模拟设计工程师进行模拟集成电路设计验证。”——Ken Kundert 博士，Spectre 的发明者，Designer’s Guide Consulting 总裁。

对于先进的数 / 模混合验证而言，行为建模对模拟设计的高级抽象起到了至关重要的作用。自动模型的创建和认证奠定了混合信号 IP 重用和系统验证的基础。

我们以独特的视角、丰富的设计经验，做数 / 模混合信号的 Model 的全面剖析。做 Model 的目的不是把仿真器给跑死，而是验证设计。现有 EDA 工具中有哪些和 Model 相关的产品？他们到底好使不好使？是噱头还是很实用，实用部分具体在哪里？都是我们应该关注的。

1）Model 的本质目的

Model 的本质目的是“洞见”（就是明察），清楚地看到，而且提前看到。“明察、清楚”是对“精度”的要求；“提前”是对时间的要求。所以做 Model 的本质目标就是“时间和精度”。谁在控制“时间”和“精度”？显然是仿真器。所以搞清楚仿真器之后，通常事半功倍。

2）Model 的级别

仿真器所需的“时间”和“精度”怎么协调？想快就向数字仿真器靠拢；想准就向模拟仿真器靠拢。做 Model 不是做加法，就是做减法。做模拟出身的熟悉电路图（Schematic），所以对 ADV 而言，电路图的加法得到 Critical Part Model、BA Model；电路图的减法得到 VerilogA、Verilog AMS、Real Number Model（RNM）、Verilog、Reference Model 等。

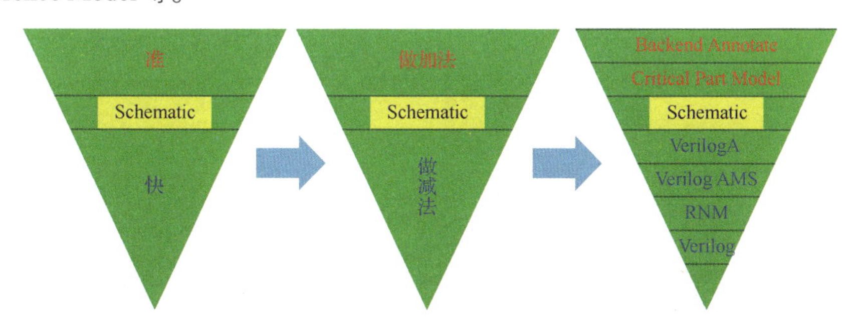

图 10 Model 的级别

工艺给出 PDK，用 EDA 工具直接仿真，这其实也是一种 Model。通过

Process/EDA 把环境和数据设置好，电路图直接用就行了。Layout 以后，DV 也指望着 Verification 呢。所以划分 Model 级别时，它作为黄金标准，其仿真速度设置为 1x。

（1）对 Schematic 的加法

PDK 总能包含我们想要的吗？什么情况下 Schematic Model 做加法呢？

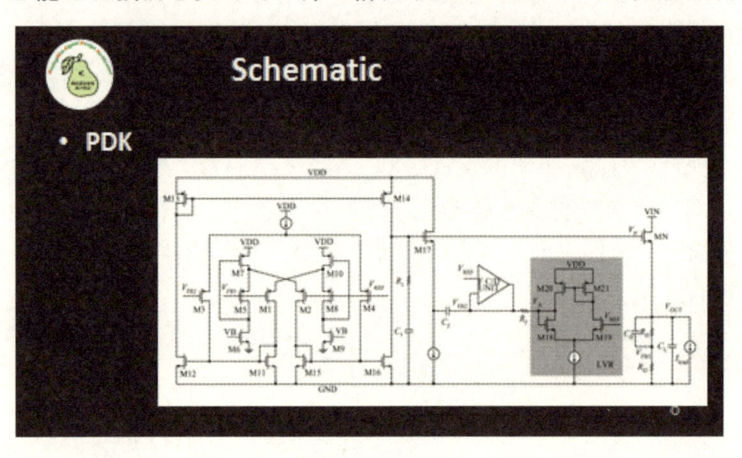

图 11 电路图

① Critical Part Model（关键模块建模）

工艺 PDK 也是一种 Model，它是经 Fab 验证的较精准的 Model。PDK 上给出的常用范围内的数据是比较准确的，当超出时会导致 Model 和实际的硅片（silicon）之间不吻合。当 Analog 要求处理的数据是连续的，即各种大小的电流、尺寸都满足时，对数学表达式的要求就比较复杂，导致仿真器会更慢。当要求低功耗减小电流时，必须考虑 PDK 建模时数据的真实性，而不是表达式外推臆断（extrapolate）的虚假数值而已。相反，大管子（powerFET）本身的走线电阻、电容形成的网络，对其 Model 也要相应调整。

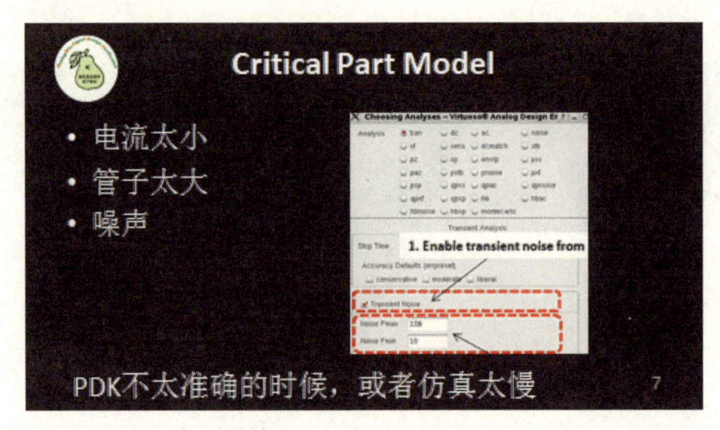

图 12 关键模块建模

对器件噪声模型，Cadence 的仿真工具有 trans noise、ac noise，但 trans noise 开启，仿真时间就上涨了。所以仿真器设置 turn on 还是 turn off，只对关键的、敏感的节点有噪声影响。有时为得到有噪声影响的结果，自己用 VerilogA/VerilogAMS 去写一个随机变化的噪声源，而不用打开 trans noise，得到有噪声时芯片的一个预判。这就是所谓的 Critical Part Model。

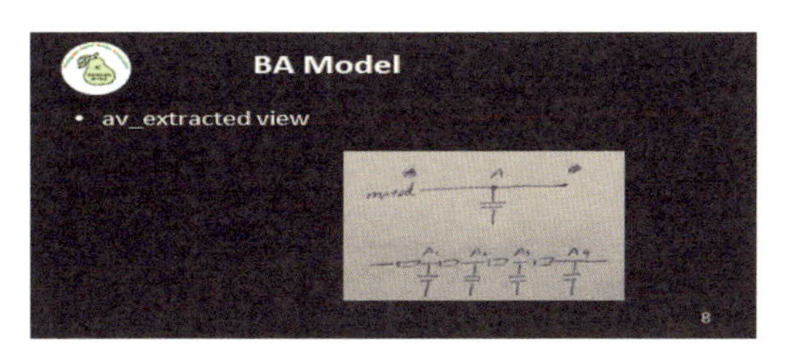

图 13　BA Model

② BA Model（后仿真建模）

Layout 后，EDA（LVS，DRC）工具帮你提取 R、C 和 RC 等寄生参数，做参数提取后仿真（BA sim），不过仿真就更慢了。而 Layout 都出来了，把一些不重要的模块（block）换成 Schematic 甚至 Model，这时只关心重要模块的性能。如果只提取 C，而不提取 R，这时整个电路的仿真时间并不会增加多少。因为提取 R，大大增加了求解矩阵的复杂程度，所以仿真时间也长了很多。

对 Schematic 做加法的目的在于提高精度。这是高性能的模拟 IC、模拟 IC 占很大比重的混合 IC 所在乎的。如果再加上 Thermal Model（热仿真模型）、Package Model（封装模型）、Board Model（板级模型）、Transmission Line Model（传输线模型）等，就是更精准的实际 IC 应用环境了。但是，如果更关心速度和仿真时间，就需要对 Schematic 做各种减法。

（2）对 Schematic 的减法

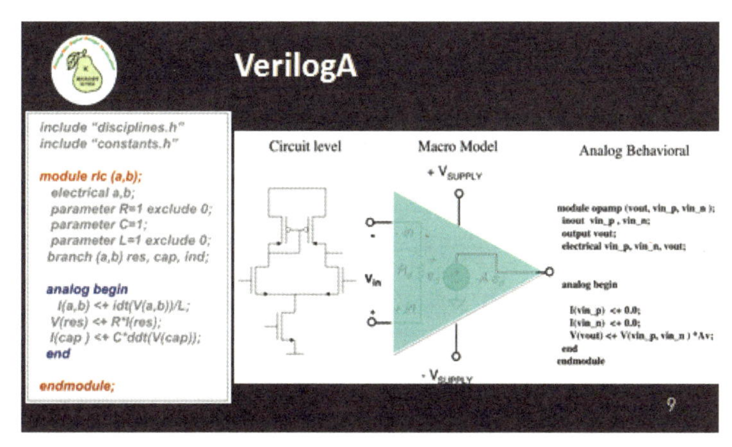

图 14　做减法的 Model

① VerilogA

如果不涉及工艺 PDK，VerilogA 比 Schematic 要快。VerilogA Model 和 VerilogAMS 相比，它是纯 Analog 仿真器，但引入 digital 时，接口处理不好会导致收敛性问题，缺点还是慢。另外就是会用 VerilogA 的工程师少，即使模拟设计的人，精通 VerilogA 语言的也不多。习惯了 Verilog 的人，去看纯 VerilogA 的程序，当控制等信号太多的时候，有时候会觉得 VerilogA 太啰唆。

② VerilogAMS

VerilogA 还是纯 Spice 的模拟仿真器，纯模拟仿真器的劣势是矩阵求解要多控制信号，这些控制信号又给 Analog 仿真器增加了负担，Analog 最讨厌高频扰动信号，尤其是方波。所以 AMS 横空出世，于是高速开关转换信号、控制信号、调准校正信号都 Model 化。于是像 cross、above 和 Analog 的 transition、timer 等关键字，把这 A-2-D、D-2-A 的事情做了。

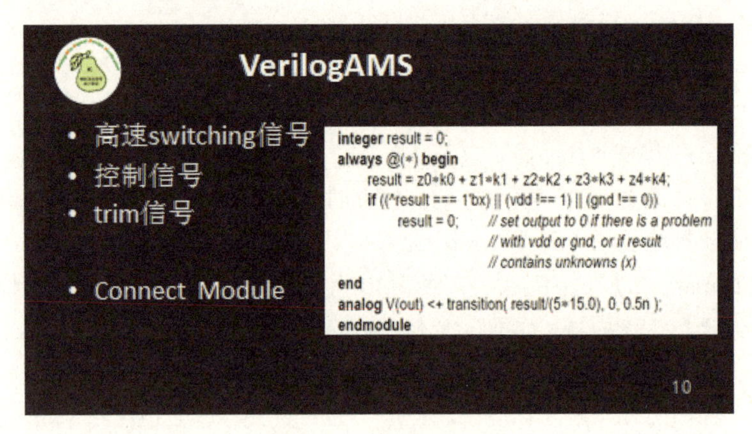

图 15　VerilogAMS

为了把 Analog 和 Digital 仿真器做成 Mixed-signal 的仿真器，需要引入连接模块，当然它提高了做 Model 人的经验要求。因为它和仿真器契合度太低，就不可能提高仿真的速度，即使降低了精度要求。有的时候 A 到 D、D 到 A 写不好会相互缠绕和给仿真器带来不收敛问题。

③ Real Number Model（RNM，实数数值建模）

Real Number Model（RNM）是解决混合仿真快和准的手段：用实数来表示电气信号，用离散 Solver（求解器）替代模拟 Solver，在更抽象层级上端口间传送的电压 / 电流信号可以描述为单个实数。在 VerilogAMS、System Verilog（SV）和 VHDL 中，RNM 得到支持。

在 VAMS 中 “wreal” 的定义就是 “A real valued wire”，言简意赅，一个能够做线（wire），又能连续变化的变量，作用是做 Model 和用来做 verification。

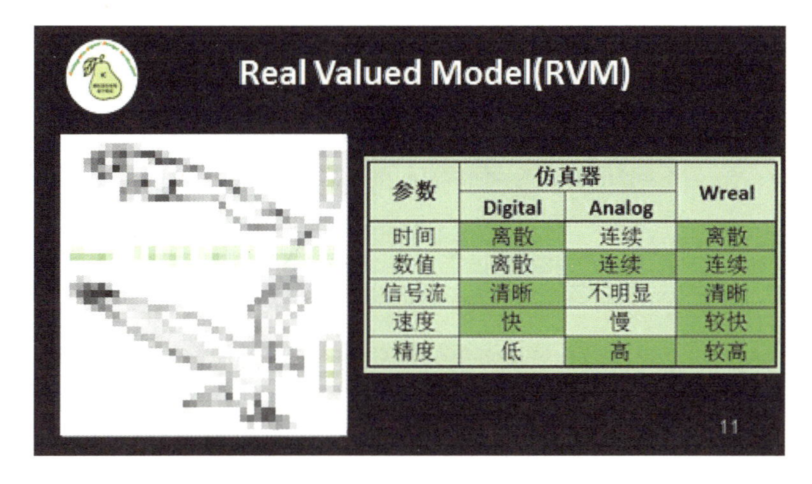

图 16 Real Number Model（RNM）

仿真器怎么处理一根 wreal 的线呢？因为 wreal 在时间上是离散的，它只根据离散的 event 来变化，故它用 digital solver 来解决问题，而同时又有 Analog 的痕迹（它不是 0,1，x，z 时是一串串浮点数，和连续变化的模拟信号非常接近）。用 wreal 做 RNM（下图中绿色填充色为优势点），它将 Digital 和 Analog 仿真器两者的优点给综合到了一起，并且在仿真速度和精度之间取得了折中（wreal 的 Analog 痕迹保证了精度，数字化处理的机会保证速度），还可以把 random、coverage、assertion-based verification 等概念利用到 Analog 信号上，集速度和精度于一身。

参数	仿真器		wreal
	Digital	Analog	
时间	离散	连续	离散
数值	离散	连续	连续
信号流	清晰	不明显	清晰
速度	快	慢	较快
精度	低	高	较高

图 17 不同仿真器处理 wreal 的对比

wreal 和 electrical 如何通信呢？由 R2E（wreal to electrical）和 E2R（electrical to wreal）实现。它们的转换关系总结如下表所示。

RNM 的缺点是在离散域要定义一些基本模块。因为离散实数域没有标准的模拟建模语言中的内嵌函数（上升时间 / 转换 / 积分 / 微分和模拟滤波），需要按时间步长格式去实现，否则处理 Inout 端口时比较吃力（RNM 忽略了阻抗效应，只用于没有直接强反馈的模块的输入输出传输）。

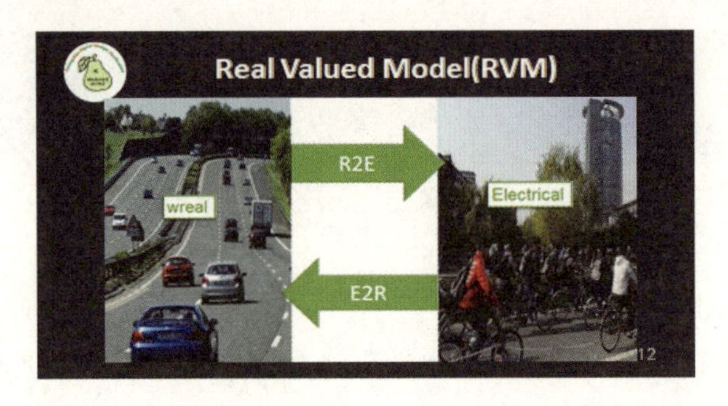

图 18 wreal 和 electrical 如何通信

表 2 R2E 和 E2R 的转换关系

Connection Module	Key word	Simple example
R2E	transition	V(w_electrical) <+ transition(w_wreal,td,tr,tf,ttol)
E2R	absdelta	always @(absdelta(V(w_electrical),vdelta,ttol,vtol))W_wreal =V(w_electrical);

④ Verilog

很多人都懂 Verilog，不再介绍它的仿真工具。

⑤ Reference Model（参考模型）

对于模拟 IC，了解 Verilog 就够了，但做数字的对 Verilog 形成的 Model 仍不满意。如何打通软件和硬件之间的联系？让一个软件工程师去懂硬件描述语言，显然太苦了，对 Verilog 进行再抽象就很有必要，很多验证工程师熟悉 UVM（Universal Verification Methodology，通用验证方法学），搞出 Reference Model，或者系统工程师的 Virtual Prototype（虚拟原型）或算法模型 Model 就是进一步做减法而得到的 Model。System Verilog、SystemC 都有支持你需求的描述 Model，实现硬、软件工程师的一次跨界。

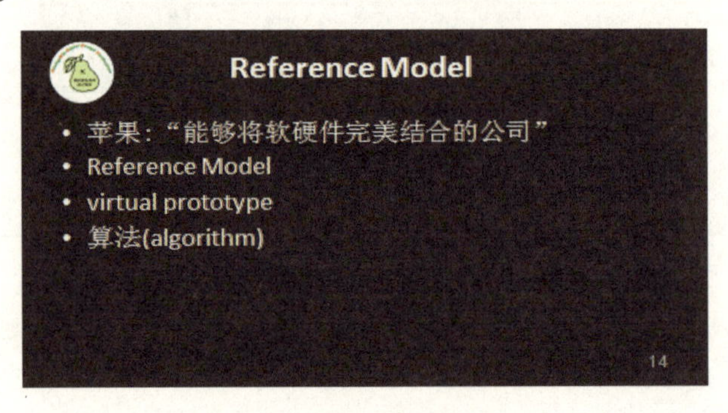

图 19 Reference Model

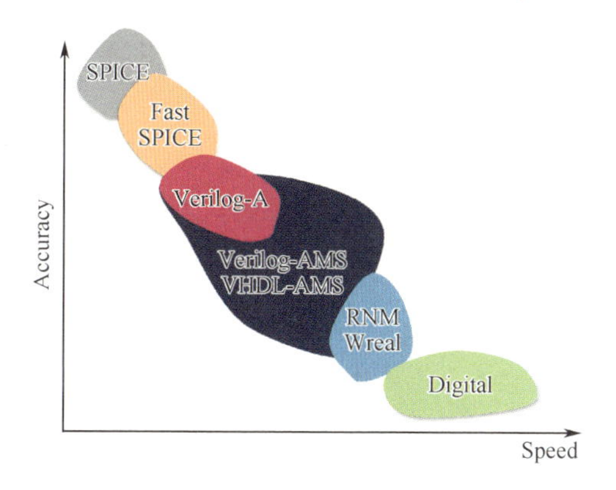

图 20　不同建模类型的速度精度对比图

上述 Model 做减法（VerilogA、VerilogAMS、RVM、Verilog 和 Reference Model），一步步脱离 Analog，一步步走进 Digital，甚至从硬件迈向软件，这就是 Model 做减法的魔力。

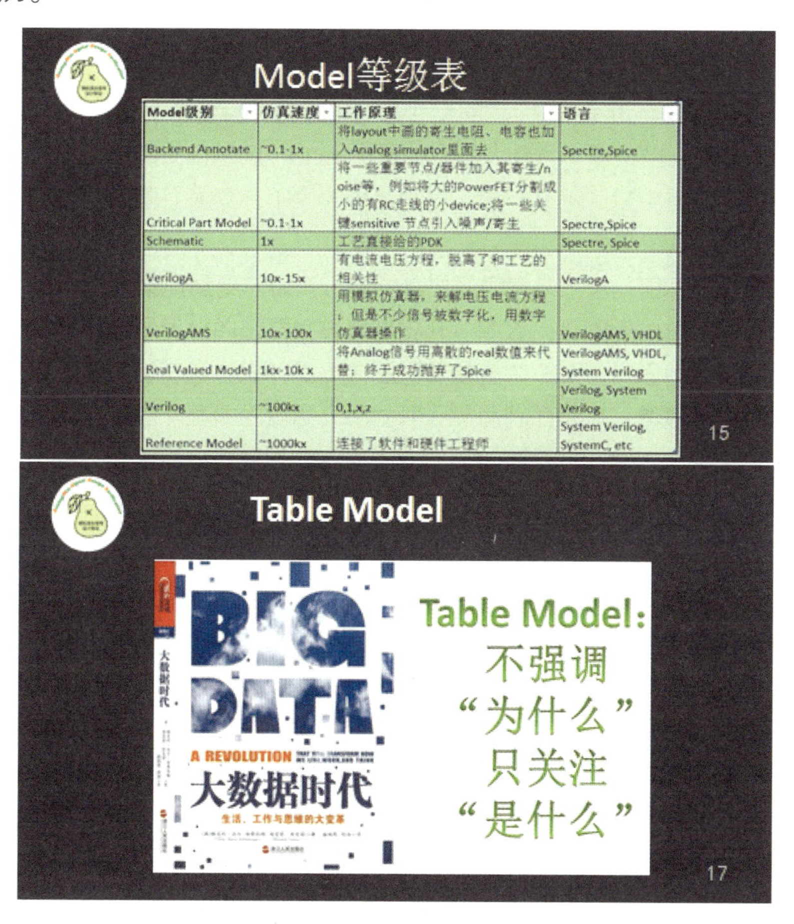

Model级别	仿真速度	工作原理	语言
Backend Annotate	~0.1-1x	将layout中画的寄生电阻、电容也加入Analog simulator里面去	Spectre,Spice
Critical Part Model	~0.1-1x	将一些重要节点/器件加入其寄生/noise等，例如将大的PowerFET分割成小的有RC走线的小device;将一些关键sensitive 节点引入噪声/寄生	Spectre,Spice
Schematic	1x	工艺直接给的PDK	Spectre, Spice
VerilogA	10x-15x	有电流电压方程，脱离了和工艺的相关性	VerilogA
VerilogAMS	10x-100x	用模拟仿真器，来解电压电流方程；但是不少信号被数字化，用数字仿真器操作	VerilogAMS, VHDL
Real Valued Model	1kx-10k x	将Analog信号用离散的real数值来代替；终于成功抛弃了Spice	VerilogAMS, VHDL, System Verilog
Verilog	~100kx	0,1,x,z	Verilog, System Verilog
Reference Model	~1000kx	连接了软件和硬件工程师	System Verilog, SystemC, etc

图 21　Model 等级表

3）表格模型（Table Model）

有点类似于大数据的概念。既然有些 Model 已经和硅工艺联系不紧密了，那么直接把 Silicon 测试出来的数据都列举出来，建立一个数据库（温度、电压和 Silicon 数值）表格，仿真器用的时候直接查表就行了。你只要关心输入什么值，能输出来什么值就行了，一表在手，有 input 就有 output。

放弃对因果关系的过分渴求，取而代之去关注“相关关系”，只是根据实际测试到的 silicon 的数值，直接做一个数据库，当外界加什么电压、有什么温度时，就来什么对应的输出电流等。这就类似于大数据的概念，不关心为什么，只在乎是什么。对于在 table 里面无法查到的数据，仿真器需要插入数值（interpolate）或者外推推断数值（extrapolate）。所以表格模型的缺点是离散数据的连续性和光滑性差，这些需要 Analog 仿真器做些处理。

4）建模前要 plan！plan！plan！

Model 能够实现仿真速度、精度提高，可移植性（Portability）好，问题是哪个级别的 Model 是你所需要的？所以在建模之前，一定要做好计划。所谓的建模，正如电路设计一样，也有需要考虑的六边形法则。哪些功能要建立，哪些不需要；采用什么样的 Solver，精度达到哪种程度；模型建立在哪个层级，模拟 / 数字的设计者会理解不一致；怎么做模型的验证；将来怎么考虑模型的复用性，等等。

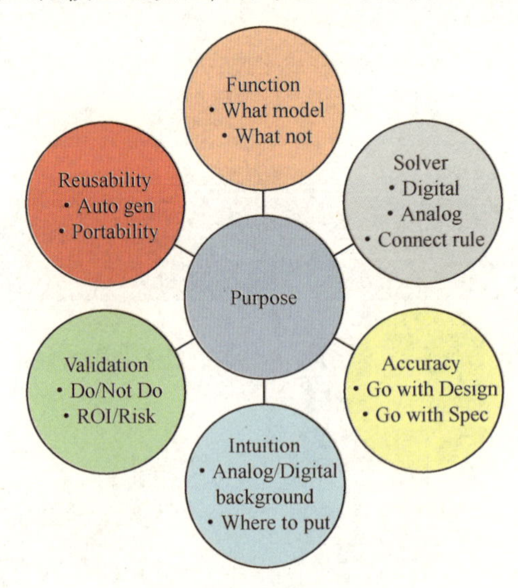

图 22 建模前做好计划

不管是 Model 还是 Design（电路设计），都需要通过相同的测试平台来验证，它们会有对应的 Model 和 Design 的仿真结果。需要对比其结果，保证模型的准确性，即模型需要验证。

5）与 Model 相关的工具

（1）SMG

Schematic Model Generator（电路图模型自动生成器）的工具在 Virtuoso 里，只要用图形的界面填写一下 pin 的性质，代码就自动生成了。

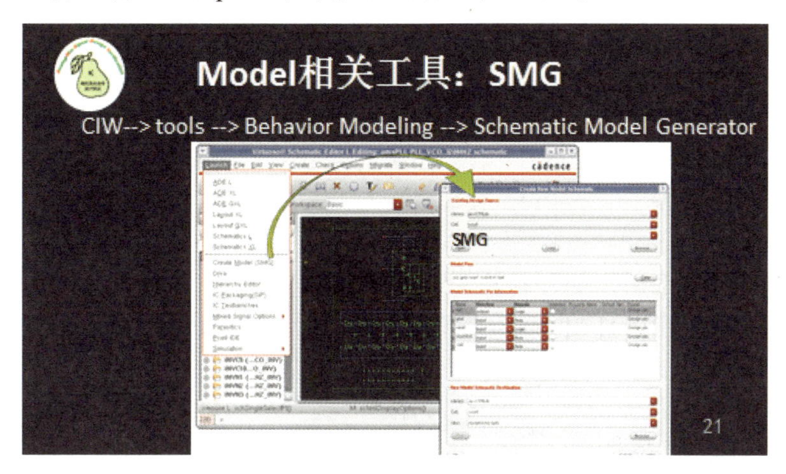

图 23　Model 相关工具：SMG

图 24　Model 相关工具：SMG

很多内置的小模块 BBT（Building Block Text），提供了示例的代码，可根据自己的 Schematic，去搭建设计。

在 Model 自动化的道路上，设计者和 EDA 工具开发者都需要进一步使分割模块（Partition）和标准化等工作通过 AI 等手段实现智能化。

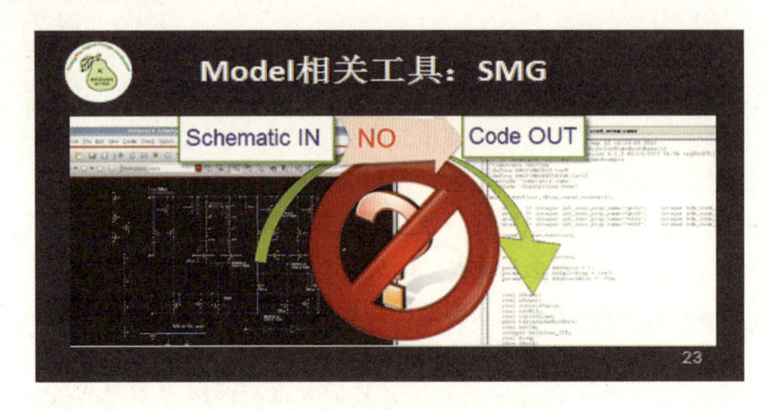

图 25　Model 相关工具：SMG

（2）amsDmv

Model 要和 Schematic 吻合，amsDmv（AMS Design and Model Validation，混合设计和模型验证）也是 Cadence 推出的一款工具。

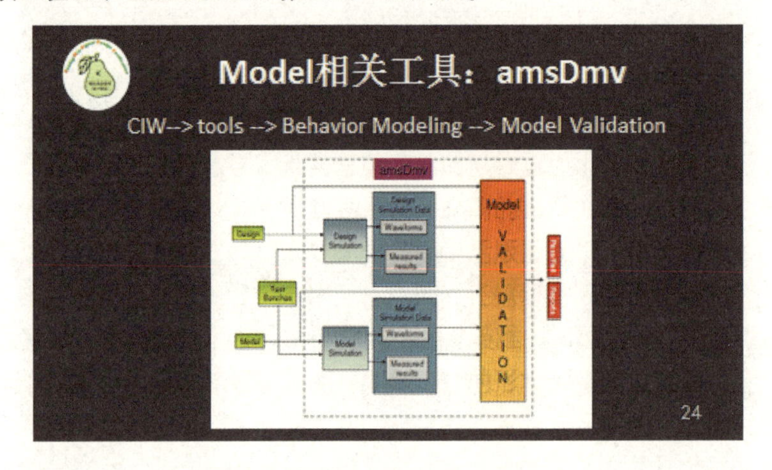

图 26　Model 相关工具：amsDmv

它利用 ADE 的结果按一定的误差对比 Schematic 和 Model 仿真的波形，可以做最基本的 Pin check（管脚信息检查）等。

（3）其他思路

还有一个 xmodel 的工具，有 Python 和 Skill 的接口，也是方便做 Model 的小工具。

6. 数 / 模混合芯片的物理实现

物理实现将电路转换成芯片物理版图，称为 Tape Out（TO，流片）。数字设计把相同的节距和高度标准单元，通过综合工具得到门级网表，再通过自动布局布线工具（P&R）实现版图。模拟设计将自动生成的参数化的 MOS 管搭建 Pcell。通过 Pcell 搭建模块，模块组成单元，然后通过架构选择、器件连线等，形成电路。模拟版图一般是定制的。

对于复杂的数模混合 SoC，芯片布局至关重要。在物理实现的初始要有自上而下的大局观，定制单元和数字单元同时考虑，目前 EDA 工具也保证了其数据类型兼容。自上而下设计中，各模块的面积和摆放位置需要预估，信号流方向和电源布线需要考虑，端口需要优化。在自下而上的 Layout 中，首先实现包括电阻电容和 MOS 管的基本器件的版图，然后再考虑其摆放和连线，从而形成一个版图单元；再与其他模块联合。对于低功耗设计，由于输入电源数目不断增加，所以需要自上而下设计。对于较小设计或者可以复用的 AMS IP，一般用自下而上的流程。当然目前越来越多地在混合使用两种流程。版图的 IP 包括硬模块和软模块两类。

基于约束（Constraints）的方法学，正在用于模拟和数字物理实现。约束可以捕捉设计者的意图，并将其传递给掩模版工程师，从而验证版图是否符合要求。常见模拟约束有：匹配器件，敏感信号的标记和处理，高电压或高功耗信号，保护环和其他隔离结构。数字 IC 中，设计定义时序约束，从而进行门级网表综合。布线结束后，会抽取线上寄生，进行静态时序分析（Static Timing Analysis，STA），来检查物理实现是否符合要求。

物理实现之后，需要进行后仿真。模拟 IC 常见的抽取方法有只提取寄生电容（C）（最常用，不影响仿真速度下快速验证），只提取寄生电阻（R），电阻电容都提取（RC），电阻电容电感（RCL）提取。数字 IC，将线延迟转换到标准延迟格式（Standard Delay Format，SDF）当中，从而进行后仿真，获知寄生对电路性能的影响。

到真正生产，还要做设计规则检查 DRC（Design Rule Check）、电学规则检查 ERC（Electrical Rule Check）、版图对照电路检查 LVS（Layout Versus Schematic）来保证版图符合电路的连接关系，以及针对制造的设计检查 DFM（Design For Manufacture）来发现影响制造质量与良率的因素。

电学特性感知设计（Electrically Aware Design，EAD）代表了范式转移的方法，将电学特性分析和验证前馈到设计过程中。

例如，考虑先进工艺引入的邻阱效应（Well Proximity Effect，WPE）、浅沟隔离效应（Shallow Trench Isolation，STI）和电迁移效应等。为数模混合验证提供电学特性感知设计的解决方案以及方法学的优化将是一场持久战。

参考文献

[1] Cadence. Cadence Manual [G].

[2] CHEN J, HENRIE M, NIZIC M, et al. 混合信号设计方法学指导[M]. 陈春章，何乐年，李智群，等译. 北京：科学出版社，2015.

[3] 陈俊晓. ADV 第二十三讲 SoC TOP 设计与仿真[EB].

作者简介：

邵亚利，模拟混合信号设计验证专家，浙江大学本硕，“模拟混合信号设计验证”公众号（yaliDV）创始人。曾就职于德州仪器（TI）、亚德诺（ADI）半导体等知名公司，在模拟、数模混合、EDA、设计验证、隔离驱动等方向有丰富经验。

射频模拟电路 EDA 的过去与将来

费瑾文

集成电路工艺节点已经从 10μm 发展到 3nm。其中，台积电、三星等先进的半导体制造厂商已经开始研发 2nm 工艺。集成电路又可分为数字集成电路、模拟集成电路、数／模混合集成电路，因为设计流程、生产工艺的不同，数字集成电路和模拟集成电路呈现了截然不同的发展情况。

这几十年来，数字集成电路的集成化程度越来越高。以英特尔为例，自从其创始人戈登·摩尔 1965 年发表了摩尔定律以来，几十年间，英特尔的研究人员一直都是根据摩尔定律设定目标和指标的。在摩尔定律的指导下，计算机集成电路芯片变得越来越小，运算速度却越来越快。

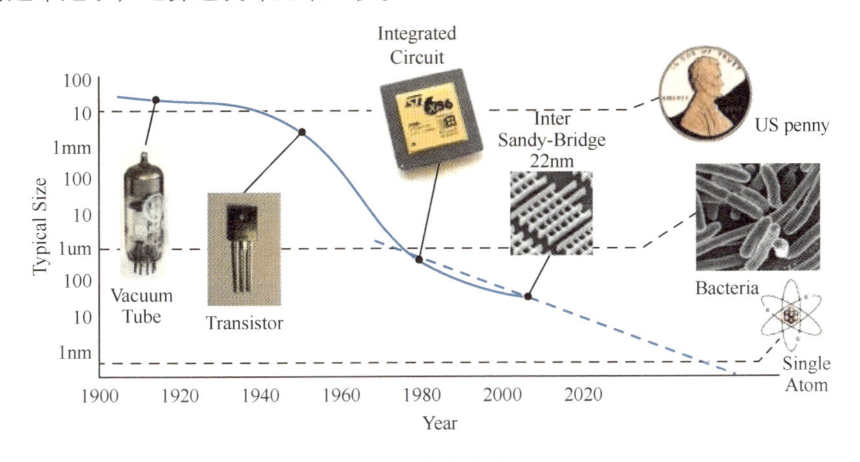

图 1　摩尔定律

英特尔 1971 年开发的第一个商用处理器 Intel 4004，片内集成了 2300 个晶体管，采用五层设计、10μm 制程，能够处理 4bit 的数据，每秒运算 6 万次。经历了几十年的发展，现在已经到了 10nm 制程工艺，最高可配置 48 颗核心，以 2019 年发布的 i9-9980HK 为例，能够处理 64bit 的数据，CPU 主频可高达 5GHz。

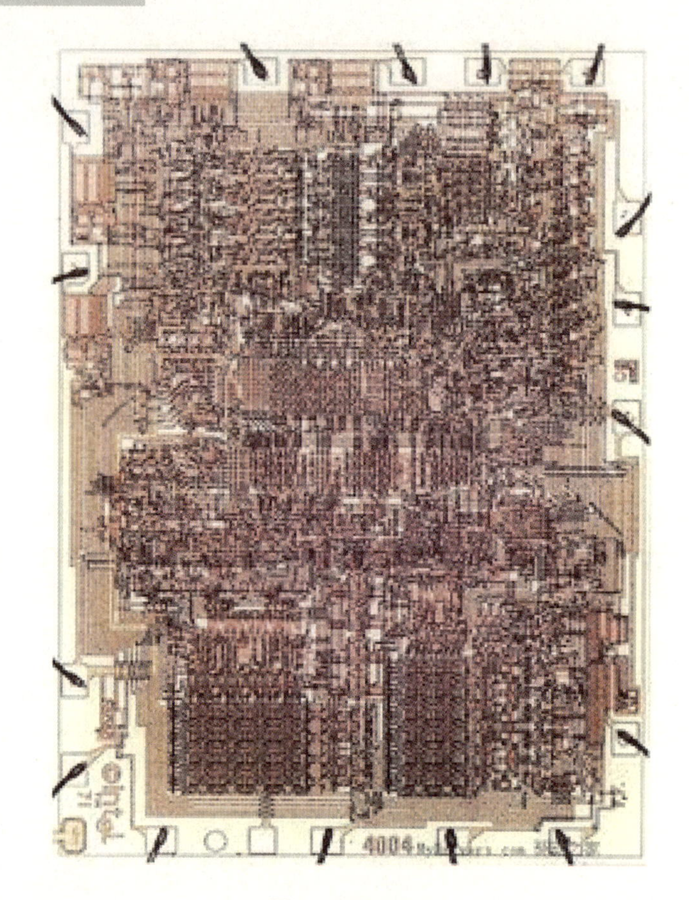

图 2　Intel 4004

数字集成电路的迅速发展带动了 EDA（Electronic Design Automation）的发展，促成集成电路设计方法发生了很大的变化。

CAD（Computer-Aided Design）起源于 20 世纪 70 年代，可以称作第一代 EDA 工具，主要功能是交互图形编辑，设计规则检查，解决晶体管级版图设计、PCB 布局布线、门级电路模拟和测试。

20 世纪 80 年代进入 CAE（Computer-Aided Engineering）阶段，由于集成电路规模的逐步扩大和电子系统的日趋复杂，人们进一步开发设计软件，将各个 CAD 工具集成为系统，从而加强了电路功能设计和结构设计。

20 世纪 90 年代以后微电子技术突飞猛进，一个芯片上可以集成几百万、几千万乃至上亿个晶体管，这给 EDA 技术提出了更高的要求，也促进了 EDA 技术的大发展。各公司相继开发出了大规模的 EDA 软件系统，这时出现了以高级语言描述、系统级仿真和综合技术为特征的 EDA 技术。

随着近年来智能手机、5G、物联网等技术的发展，模拟集成电路，尤其是射频集成电路越来越被大家重视。但是，相比于数字集成电路的迅猛发展，模拟射频集成电路的技术进步较为缓慢，其设计难度也非常高。

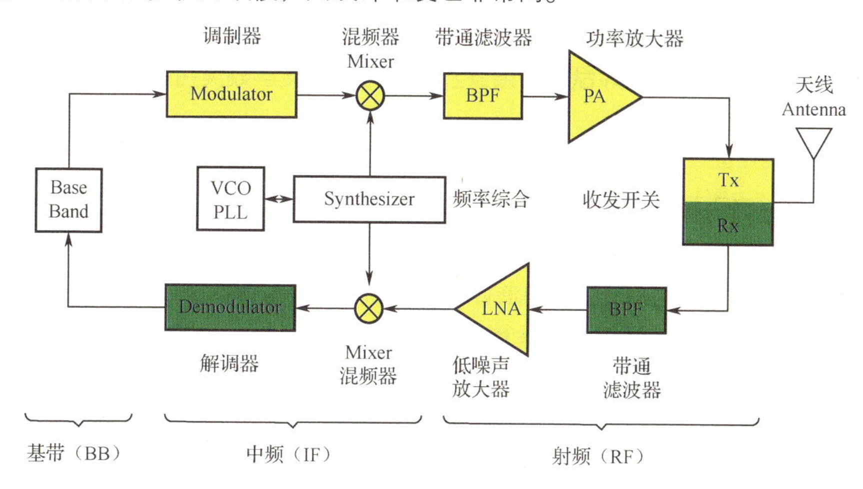

图 3　无线通信系统框架

这主要是因为高频电路中存在大量的寄生效应、串扰、非线性等因素。模拟集成电路从平面图纸变成实际电路的过程中，需要严格依靠设计师的丰富经验，如何布局、如何消除元件之间的各种负面影响，兼容不理想的元件，都需要依靠设计师手工来解决。造成该现状的重要原因之一，就是缺乏很好的 EDA 工具作为支撑。

那么，在没有好的 EDA 工具支持的情况下，设计工程师如何来解决这些问题呢？通常的做法是在设计时将设计余量留大，比如本来可以靠得很近的两条走线拉得比较远，这样能使芯片工作，但会增加芯片的面积；或者使用降频的方式，比如本来在 2GHz 工作的芯片，降到 1GHz 看看是否工作，如果 1GHz 还是不工作，那再降到 500MHz 可能就工作了，这样芯片的实际工作频率只有 500MHz，会损失芯片的性能。

总的来说，随着各种通信制式的迅猛发展，无线设备工作频率不断提升，高频芯片设计的难度也不断增大。

现阶段，一般的电路级仿真已经无法准确表述芯片内部真实的场分布情况，为了得到准确的仿真结果，使用全波 3 维电磁场算法对芯片进行仿真是一种非常有效的手段。但是，目前市面上存在的普通仿真软件无法完成高复杂度版图的仿真任务。常用的模拟仿真工具要求使用者必须具备坚实的电磁场理论基础，否则无法进行准确的建模和设置正确的边界条件，上述技术要求让大部分电路设计师望而却步。另外在高频时或者处理多层电路版图时，常用的模拟仿真工具的计算复杂度变得很高，这导致运算速度非常慢。

在这方面，杭州法动科技的三维全波电磁仿真工具 UltraEM 具有很大的优势，该软件不仅使用了全波电磁场分析来保证计算精度，而且解决了全波分析致命的计算复杂度高的缺陷。另外，UltraEM 结合另外一款系统级自动优化工具 Circuit

Compiler，可以极大地提高射频芯片设计领域的自动化程度，增加流片成功率。

UltraEM：三维全波电磁仿真软件，用于仿真射频芯片中的无源器件，如下图所示的低通滤波器和低噪声放大器。

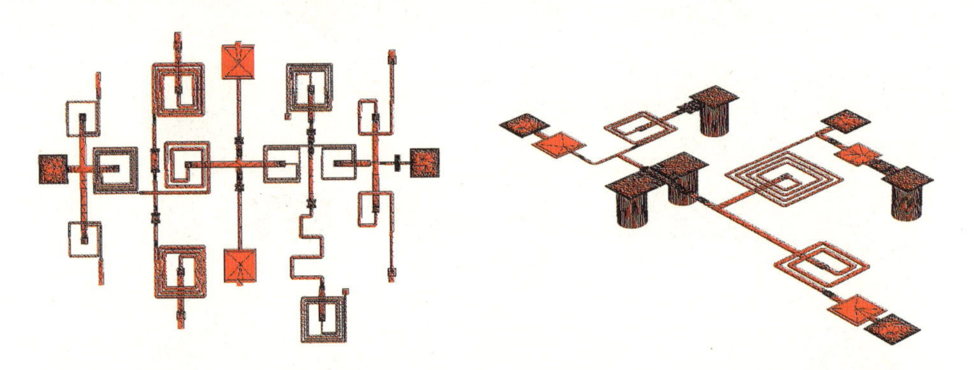

图 4　低通滤波器（Low Pass Filter）　　图 5　低噪声放大器（Low Noise Amplier）

Circuit Compiler：用于系统级的电路自动优化平台，可以支持三种类型的器件模型输入，分别是 S 参数模型、AI 模型、集总元件模型。由这些器件连接成的电路系统，可以进行目标优化，并给出最终优化完的电路。

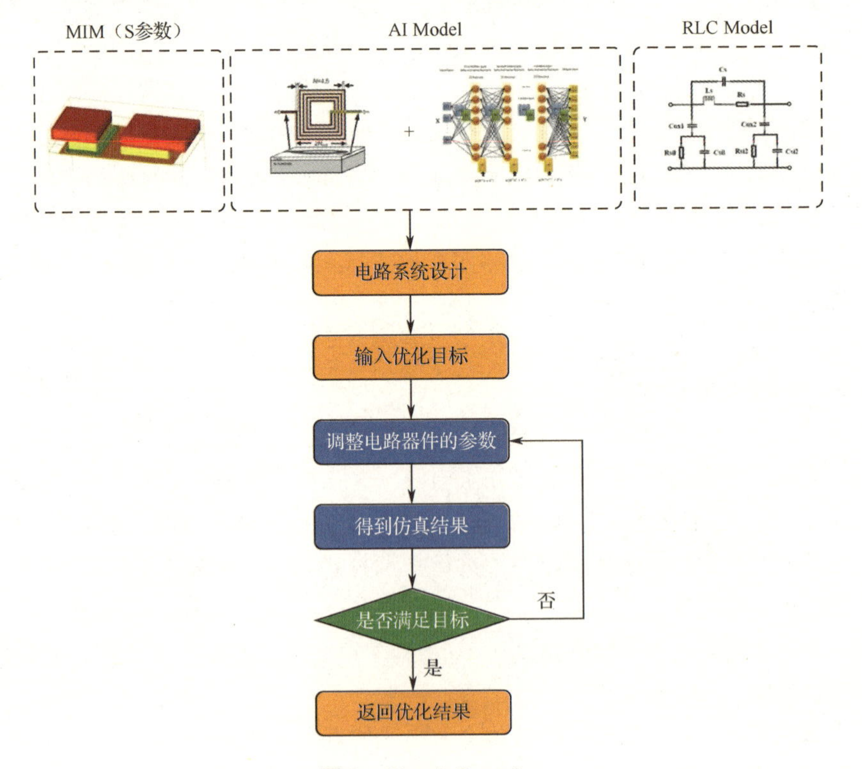

图 6　Circuit Compiler

作者简介：

费瑾文，在法动科技公司时供稿。

第五章

EDA 制造类

高端芯片制造工艺中的EDA工具——计算光刻

施伟杰　韦亚一　周玉梅

1. 引言

2019年底最新版的《瓦森纳协定》（Wassenaar Arrangement）军民两用技术清单中，将原2018年版的“用于开发将掩模图形转移到半导体基底上的光刻、刻蚀或沉积等工艺的物理模拟软件”修改为“特别是用于极紫外光刻（EUV）相关的计算光刻软件”。

物理模拟软件是指对半导体制造过程中的光刻、刻蚀或沉积等物理化学变化进行数学建模和仿真的软件，也被称为“光刻仿真软件”。1975年Dill发表了著名的ABC模型（也被称为Dill模型），用以计算光刻胶曝光时的光化学变化和显影的基本机制，标志着光刻仿真软件的起步。随后美国加州大学伯克利分校的Neureuther研究组开发了一套光刻仿真工具包——SAMPLE。1985年，FINLE Technology公司（后被KLA-Tencor公司收购）的Chris Mack开发了PROLITH光刻仿真工具，它是第一款商用的光刻仿真软件。光刻仿真软件提供精确的光刻工艺理论模型，帮助工程师优化工艺。其模型的光学部分通常采用阿贝公式进行光学矢量的精确计算，采用光刻胶的ABC化学动力学模型对光刻胶曝光、扩散、显影等过程进行精确计算。由于其追求较高的模型精度，通常光刻仿真软件计算速度较慢，仿真的面积也比较小，无法完成全芯片的光刻仿真计算任务。20世纪90年代后期，芯片版图的特征尺寸（Critical Dimension）达到180nm，已经小于光刻曝光的波长（248nm），由光学衍射和工艺变换导致的光学邻近效应（Optical Proximity Effects）日益严重。起初，工程师可以根据硅片上的曝光结果总结出一系列规则，并依规则对掩模上的图形进行修正，即所谓基于规则的光学邻近效应校正（Rule-based Optical Proximity Effect Correction）。这里的规则包括多边形的宽度（width）、多边形之间的距离（space）等。随着芯片特征尺寸按照摩尔定律持续减小至90nm及其以下节点时，上述规则越来越不具有普遍性，不同的环境导致的即便相似的多边形其光学邻近效应的表现可能相差很大，因此人们开始探求基于模型的光学邻近效应校正工具。在 20 世纪末 TMA 公司开发了世界上第一款商用的基于模型的光学邻近效应校正软件。这里的模型也被称为 OPC 模型，虽然也用于对光刻工艺过程的仿真计算，但与前面的光刻仿真软件不同。该模型采用霍普金斯（Hopkins）的部分相干光成像理论，利用光学传递交叉函数（Transmission Cross Coefficients，TCC）进行快速的光学计算，采用经验性公式进行光刻胶曝光、显影乃至刻蚀的近似计算。它的优点是计算速度快，适用于全芯片掩模数据的处理和优化。这种针对掩模数据处理和优化的技术也被称为掩模综合技术（Mask Synthesis technology），直至 2005 年之后才逐渐被称作计算光刻技术。

概而言之，计算光刻是指用数学算法对芯片制造过程（主要是光刻工艺）进行建模、仿真、分析和优化的软件技术，其目的是优化芯片制造工艺，提高光刻分辨率和扩大工艺窗口。具体而言，计算光刻包含光学模型、光刻胶曝光与显影模型标定、基于规则的光学邻近效应校正、基于模型的光学邻近效应校正、辅助曝光图形、光源掩模协同优化、基于反演光刻的掩模优化及版图设计和工艺的协同优化（DTCO）等技术。

2. 光学模型

计算光刻中的光学模型指的是对投影式光刻机光学系统的照明与成像过程进行数学描述。投影式光刻机照明与曝光光学系统可以简化为如下几个部分：光源（Illumination Source）、聚光镜（Condenser Lens）、掩模版、投影光瞳、投影物镜（Project Lens）。光源位于聚光镜的焦平面上，光线透过聚光镜后形成平行光照射在掩模版上，透过掩模版上的图案形成衍射光。一部分衍射光束通过投影物镜系统收集并汇聚成像在硅片表面，进而完成将掩模版上的图案转移到硅片表面的过程，如图 1 所示。

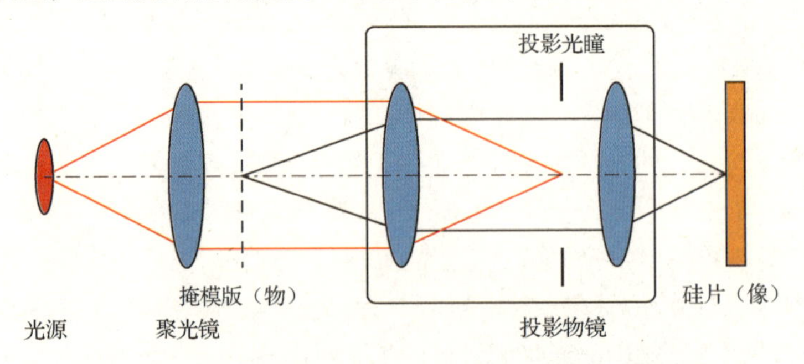

图 1　投影式光刻机照明与曝光光学系统光学原理示意图

硅片表面光强分布函数如下式所示，

$$I(x,y)=\iint\iint M(k_x',k_y')M^*(k_x'',k_y'')TCC(k_x',k_y';k_x'',k_y'')\exp[i(k_x'-k_x'')x+i(k_y'-k_y'')y]\mathrm{d}k_x'\mathrm{d}k_y'\mathrm{d}k_x''\mathrm{d}k_y''$$

式中，$M(k_x',k_y')$ 为掩模透过率函数经傅里叶变换的谱函数；$TCC(k_x',k_y';k_x'',k_y'')$ 为描述投影物镜系统的传递交叉系数函数，其表征如下，

$$TCC(k_x',k_y';k_x'',k_y'')=\iint S(k_x,k_y)P(k_x'+k_x,k_y'+k_y)P^*(k_x''+k_x,k_y''+k_y)\mathrm{d}k_x\mathrm{d}k_y$$

式中，$S(k_x,k_y)$ 为光源分布函数，$P(k_x',k_y')$ 为投影物镜光瞳函数。

由此可见，当给定照明光源和投影物镜光瞳函数，TCC 即为确定函数，可以根据不同掩模函数计算出硅片表面光强分布。因此我们通常也把 TCC 函数的计算过程称为光学建模过程。在实际数值计算过程中，TCC 是四维厄米矩阵，通过奇异值分解（Singular Value Decomposition，SVD），用一系列的奇异值和奇异向量表征表达。在模型仿真过程中，可以根据仿真精度的需求采用排序后的前若干项奇异值和对应的奇异特征向量对 TCC 函数近似计算。图 2 是环形照明光源及其前六项 TCC 奇异特征向量在频域空间的示意图。

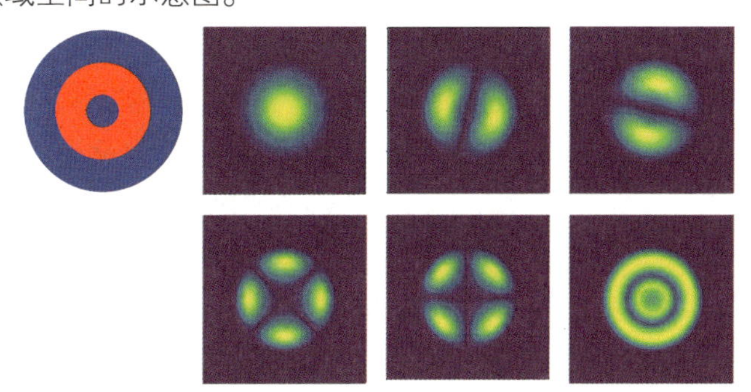

图 2　环形照明光源（左图）及其前六项 TCC 奇异特征向量在频域空间的示意图

通常在商用的计算光刻软件中，用户只需要以参数或文件的形式输入光源和投影物镜光瞳信息，即可自动计算出投影光学系统的 TCC 模型（即光学模型），并通过该光学模型计算给定掩模图形的空间像（Aerial Image），如图 3 所示。

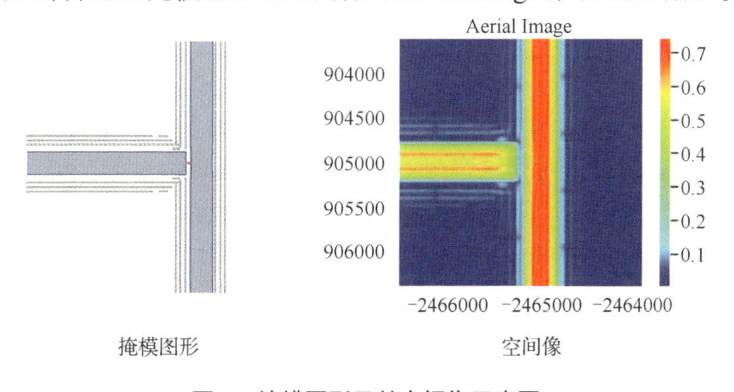

图 3　掩模图形及其空间像示意图

3. 光刻胶曝光与显影模型

光刻胶曝光与显影模型是指对光刻胶曝光过程中的光化学变化以及显影过程的物理化学变化进行定量的数学描述。光刻胶的成分有树脂聚合物、光敏感剂(Photo Active Compound，PAC）或光酸生成剂（Photo-Acid Generator，PAG）、溶剂及一些特殊功能添加剂。以化学放大光刻胶为例，曝光时光酸生成剂发生光化学反应产生光酸。光酸的浓度与局部的曝光剂量（光强和曝光时间和乘积）有关。假设光刻胶中光酸生成剂的浓度是$[PAG]$，随着曝光的进行，光酸生成剂的浓度不断减少，即

$$\frac{\mathrm{d}[PAG]}{\mathrm{d}t}=-C\cdot I\cdot[PAG]$$

式中，C 是常数，I 是光强，t 是曝光时间。由于光酸$[H+]$直接来源于光酸生成剂的分解，因此光酸的浓度可以表示为

$$[H]=[PAG]_0-[PAG]=[PAG]_0(1-e^{-CIt})$$

这里$[PAG]$、$[H]$和I都是空间(x,y,z)和时间(t)的函数。空间像光强分布函数$I(x,y,z)$通过该式被转换为光刻胶中酸浓度分布函数。这种曝光在光刻胶中形成的酸三维分布又被称为潜像（Latent Image）。

曝光后的后烘过程是化学放大胶的必须工艺。在后烘阶段，酸分子在光刻胶中扩散，到达聚合物上保护基团（Protective Group，PG）所在位置，催化分解触发去保护（de-protection）反应并释放另一个酸分子。经去保护反应后的聚合物能溶于显影液。显然酸分子越多的区域聚合物的保护基团被分解得越多。假设$[M]$表示光刻胶中保护基团的浓度，那么

$$\frac{\mathrm{d}[M]}{\mathrm{d}t}=-C[M][H]$$

式中，C 是去保护反应的常数。光刻胶中去保护基团的浓度为

$$[P]=[M]_0-[M]=[M]_0(1-e^{-C[H]t})$$

式中，$[M]_0$ 是曝光之前光刻胶中保护基团的浓度；这里的反应常数 C 代表了在给定酸浓度的情况下，去保护反应发生的概率。由于去保护反应是一个温度激活的反应，C 和温度呈指数关系。

最后是显影过程。光刻胶中某处的显影率 R（定义为光刻胶在显影液中的溶解速率，单位为 μm/min）和该处的保护基团浓度$[M]$有关。Dill 等提出了一个具体关系经验公式如下

$$R(x,y,z)=\begin{cases}0.006\cdot\exp(E_1+E_2m+E_3m^2),m>-0.5\dfrac{E_2}{E_3}\\[2ex]0.006\cdot\exp\left[E_1+\dfrac{E_2}{E_3}(E_2-1)\right],\text{else}\end{cases}$$

式中，m 是光刻胶中保护基团的浓度，即$[M]$；E_1、E_2、E_3是经验参数，由实验数据拟合得到。显影模型的准确度与光刻胶的种类有关。新聚合物和保护基团都会导致旧的显影模型失效。Chirs Mack 提出了一个更细致的显影模型。他认为光刻胶在显影液中的显影过程分三步：第一步，显影液中的有效成分（TMAH 分子）扩散到光刻胶所在位置；第二步，TMAH 分子与光刻胶发生化学反应；第三步，反应的生成物溶解于显影液中，并在显影液中扩散。光刻胶浸入显影液后，其表面的溶解速率 R（单位为 nm/s）可以定量表示为

$$R = R_{\max} \cdot \psi + R_{\min}$$

式中，$R_{\max}$ 是该光刻胶在完全曝光后的显影速率；$R_{\min}$ 是没有曝光的光刻胶显影速率；ψ 是显影液浓度和去保护基团浓度$[P]$的函数。

在计算光刻软件中，为提高光刻胶曝光与显影的计算速度，人们提出了多种经验性光刻胶曝光显影模型。光刻胶的阈值模型（Threshold model）假设光刻胶中光酸的浓度达到一定阈值即被显影，又由于光刻胶光酸的浓度与空间像的光强成正比，因此该模型采用一个阈值对空间像光强图形截断，光强高于此阈值的区域的边缘即形成光刻胶的轮廓（Contour）。虽然该模型没有考虑光刻胶中酸的扩散和显影等物理化学过程，但仍然被广泛用于理解光刻工艺过程。为综合考虑光刻胶光酸扩散和显影的过程，Cobb 提出了可变阈值模型（Variable Threshold Model，VTM）。该模型假设形成光刻胶显影轮廓的阈值是局部区域内空间像最大光强和强度斜率最大值的函数，即

$$\text{Variable Threshold} = (\text{Nominal Threshold}) + \text{B} \times (\text{Aerial Image Slope})$$

式中，B 是回归系数。这样对于不同的版图图形，由于其局部空间像的斜率不同，形成轮廓的阈值也就不同，实验证明该模型对不同周期线空图形曝光结果的预测精度相比阈值模型有较大提高。1999 年 John Randall 等基于可变阈值模型提出了 VTRM 模型，该模型采用曝光剂量（Dose）、图形特征尺寸（Feature Size）、空间像的最大值 / 最小值、空间像的斜率等 20 多个参数计算阈值，通过测试图形在硅片上的实际曝光数据对模型中的参数进行标定。在 VTM 模型基础上，Yuri Granik 等人提出紧凑工艺模型（Compact Process Models，CPM）。该模型从上述 Dill 显影模型出发，表达如下

$$I + a_1 I \otimes G_1 + a_2 H_1 + a_3 H_1 \otimes G_3 = T$$

式中，I 是空间像光强分布；$\otimes$ 表示卷积运算；G_i 代表高斯扩散；a_i 是模型需要标定的系数；T 是阈值；H_1 表示酸碱中和后的酸的分布；$H_1 \otimes G_3$ 表示酸碱中和后酸的扩散。以该式为基础，可以扩展出多个卷积项用以模仿不同浓度的酸的扩展行为。图 4 所示为空间像经过光刻胶曝光显影模型后形成酸的分布以及形成的光刻胶轮廓示意图。

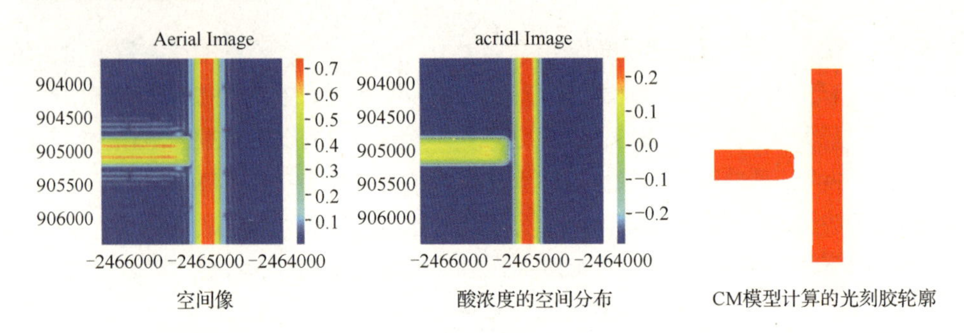

图 4　空间像经过光刻胶曝光显影模型后形成酸的分布以及形成的光刻胶轮廓示意图

4. 模型标定（Model Calibration）

光刻胶曝光显影模型是经验性的模型，模型中有若干参数需要依实际晶圆测量数据进行标定，这个参数标定的过程即是模型标定和建立的过程。即便是以第一性原理的光学模型，由于工艺实现过程中工艺条件的可能偏差，也通常需要实际晶圆数据进行标定，例如硅片曝光距离投影物镜焦面的位置偏差（Defocus，离焦）、硅片测量时的对焦平面（Metrology Plane，测量平面）的位置、甚至数值孔径等光刻机参数由于成像系统机械运动的定位误差而导致设置数值与实际数值之间存在一定的差距。从信息论的角度说，模型的标定就是用晶圆上大量实验数据的统计量消除模型的不确定度。晶圆上的测试图形种类越多，模型的泛化能力越强，测量的数据越多，模型的参数就会拟合得越精确。但太多的测量数据使得晶圆数据收集工作量巨大，甚至无法完成。因此如何设计测试图形就非常关键。

测试图形可以包括两类：一类是基本图形；一类是已知的热点（Hotspots）图形或弱点图形（Weak Points）。这里的热点图形和弱点图形都是基于经验或前期实践中发现的成像不佳的图形。一些典型的基本测试图形示例如表 1 所示。

表 1　一些典型的基本测试图形

图形类型	示意图	图形说明
密集线条（Dense Lines）	P　L	线条宽度与间距之比为 1 : 1。线条的宽度和间距略小于待建模工艺层的最小宽度或间距数值 测量位置：不同密集线条的线宽

续表

图形类型	示意图	图形说明
周期线条（Thru Pitch Lines）	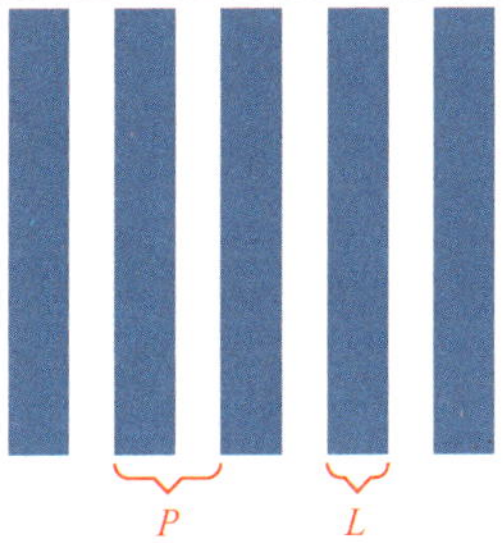 P L	线条宽度固定为该工艺层最小特征尺寸，线条周期从最小（2倍特征尺寸或略小）到1.5μm以上 测量位置：不同周期线条的线宽
孤立线（Isolated Lines）	 L	一系列线宽变化的孤立线条 测量位置：不同孤立线条的线宽
密集线端（Dense Line End）		线条宽度为该工艺层最小特征尺寸，线条周期从最小（2倍特征尺寸或略小）到1.5μm以上；相对两线端点的距离从最小特征尺寸变化到最小特征尺寸的2或3倍 测量位置：两条相对线端的间距
孤立线端（Isolated Line End）		线条宽度从该工艺层最小特征尺寸开始变化，两个相对线端点的距离从最小特征尺寸变化到最小特征尺寸的2或3倍 测量位置：两条相对线端的间距
密集T结构（Dense T Junction）		线条宽度为该工艺层最小特征尺寸，线条周期从最小（两倍特征尺寸或略小）到1.5μm以上；线端到中间线的距离从最小特征尺寸变化到最小特征尺寸的2或3倍 测量位置：中间线条的宽度

续表

图形类型	示意图	图形说明
T 结构（T Junction）		线条宽度从该工艺层最小特征尺寸开始逐步增大，通常不大于 2 倍最小特征尺寸；线端到中间线的距离从最小特征尺寸变化到最小特征尺寸的 2 或 3 倍 测量位置：中间线条的宽度
孤立方孔（Isolated Hole）		方孔的线宽从该工艺层最小特征尺寸开始逐渐增大，通常不大于 2 倍最小特征尺寸 测量位置：方孔中间位置的线宽
规则方孔（Regular Holes）		规则方孔，线宽为该工艺层最小特征尺寸开始增大，不大于 2 倍最小特征尺寸；*X*、*Y* 向周期可以共同或分别变化 测量位置：方孔中间线宽
交错方孔（Stagger Holes）		规则方孔，线宽为该工艺层最小特征尺寸开始增大，不大于 2 倍最小特征尺寸；*X*、*Y* 向周期可以共同或分别变化 测量位置：方孔中间线宽

除上述图形外，还有 H 形、拐角形，双线条、三线条、五线条、七线条、双 T 结构、桥结构等。此外还需根据实际工艺区分是亮场曝光还是暗场曝光，即图形部分是挡光部分还是透光部分。

测试图形设计好之后，被写在一个测试掩模（Test Mask）上，按照该工艺层的工艺条件进行 FEM（Focus Energy Matrix）曝光。FEM 的中心曝光剂量、曝光焦面、曝光剂量和焦面步进的步长都必须精心选择，以符合建模时数据的需要。晶圆上成百上千的图形数据需要收集，这是一项巨大而烦琐的工作。由于数据测量使用的是高分辨率电子显微镜（CD-SEM），在电子束轰击下，光刻胶会收缩，测量得到的线宽与实际值有偏差。大量经验数据表明，一次 CD-SEM 测量会导致光刻胶线宽缩短 4nm

左右。因此必须对晶圆上测量得到的数据做校正。此外由于曝光过程中工艺的随机扰动会产生随机误差，人们通常会将相同的图形放置在测试掩模不同的区域以便在相同工艺条件下对相同图形进行多次测量，通过对多次测量结果进行统计计算确定图形平均测量结果和该测量结果的可信度。将校正后的具有一定可信度的测量数据输入计算光刻软件中，软件会自动调整优化模型中的参数，使得模型计算出的结果与测试数据尽量吻合。具体而言，软件会比较掩模测试图形的仿真的关键尺寸（CD）和CD-SEM上该图形CD的测量数值，根据二者的差值由软件的优化算法对模型参数进行调整，再进行仿真比较，如此迭代优化直到二者足够接近或优化收敛。模型标定好后，还需要选用另外一组晶圆测量数据对模型进行验证，以确保模型的精度和泛化能力。

5. 基于规则（经验）的光学邻近效应校正（Rule-based OPC）

掩模上的图形通过投影曝光系统成像在光刻胶上。由于掩模图形的衍射效应以及投影曝光系统的孔径限制，光刻胶上的图形和掩模上的图形不完全一致。光学邻近效应校正就是使用计算方法对掩模上的图形进行修改，使得投影到光刻胶上的图形尽量与设计版图一致。一般来说，当版图目标图形的线宽小于曝光波长时，必须对掩模上的图形做光学邻近效应校正。例如，使用248nm波长的光刻机曝光，当目标图形线宽小于250nm时，必须使用简单的校正；当线宽小于180nm时，则需要复杂的校正。使用193nm波长光刻机曝光时，当最小线宽小于130nm时，需要光学邻近效应校正。

在对某一图形做校正时，影响这个图形曝光的范围（即在多大的一个范围内的图形在曝光时会对这个图形的成像有影响），可以用光学直径OD（Optical Diameter）来表征，可以认为这个直径以外的区域对本图形成像的影响可以忽略不计。

$$OD \approx 20 \times \frac{\lambda / NA}{1 + \sigma_{\max}}$$

式中，20是估算的因子，λ为曝光波长，NA为投影曝光系统的像方数值孔径，$\sigma_{\max}$为光源形貌中最大相干因子（即光源在光瞳面上的外边界的最大值）。对于NA为1.35，波长为193nm的曝光系统，OD大约为1.5μm。

基于规则的光学邻近效应校正的关键是规则的建立。校正规则规定了如何对各种曝光图形进行校正，即对不同几何形状的曝光图形，其每条边的校正量（偏移量）。规则的形式和内容会极大影响OPC数据处理的效率和校正精度，通常而言，规则定义的越具体，校正的精确度越高。规则来源于经验，或者说是从晶圆或仿真实验中获得的总结，具体如下：针对某一种曝光图形，在晶圆上曝光具有一些列校正量的该图形，并在晶圆上测量或用仿真软件模拟曝光搜索针对该图形最佳的校正量，从而结合该图形的几何特征和最佳校正量建立一条规则。对于一维图形，校正的规则比较简单，通常是增加或减少设计的线宽。图 5 是一个如何校正一维图形的规则，它规定了在一定线宽和线间距时的校正值。例如，线宽在 150～180nm、间距在 185～210nm 的一维图形，线宽需要增加 11nm。需要注意地是这里线宽的增加是在单边增加的，而该边对应边的校正值需要根据对应边的线间距查表确定。

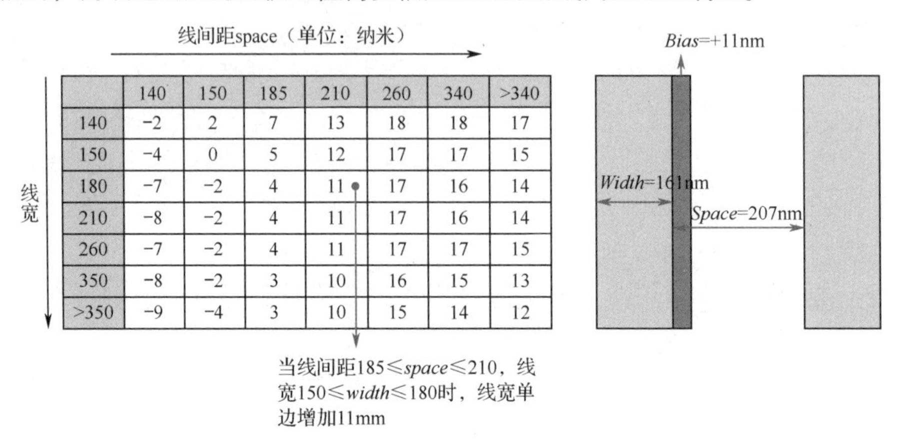

线宽 \ 线间距space（单位：纳米）	140	150	185	210	260	340	>340
140	−2	2	7	13	18	18	17
150	−4	0	5	12	17	17	15
180	−7	−2	4	11	17	16	14
210	−8	−2	4	11	17	16	14
260	−7	−2	4	11	17	17	15
350	−8	−2	3	10	16	15	13
>350	−9	−4	3	10	15	14	12

图 5　一维图形线宽校正规则表（单位：nm）

二维图形种类多样，例如拐角（Corner）、线条的端点（Line End）和接触孔图形（Contact），因此其校正规则比较复杂。图 6 所示为拐角处的校正规则。拐角又可分为外拐角（Outside Corner）和内拐角（Inside Corner），相应的就有外拐角规则和内拐角规则。外拐角规则是以角的两边分别平行向外寻找线间距，如果在 170nm 范围内有其他图形，则该边向多边形外侧移动 5nm；如果在 170nm 之外并在 230nm 之内有其他图形，则该边向外移动 10nm；如果在 230nm 之内没有其他图形，则该边向外移动 15nm。内拐角处的修正规则与外拐角类似，也是以角的两边分别向外寻找间距或者向内寻找线宽以确定校正数值。图 6 中所示内拐角的规则是线宽校正表，即内拐角处线段校正数值以线宽为依据，当线宽小于 170nm 时，该线段向外偏移 10nm；当线宽大于 170nm、小于 230nm 时，线段向外偏移 20nm；当线宽大于 230nm 时，线段偏移 30nm。通常我们定义向多边形外部偏移为正偏移；向多边形内部的偏移为负偏移。

图 7 是光学邻近效应校正前后的图形及其对应的曝光结果。在线条的端点添加了一个加宽的方块（Hammer Head）或者延长端点可以有效地减少曝光后端点的收缩。在线条的内拐角处削去一部分（anti-serif），而在外拐角处添加一部分（serif），可以使曝光后的拐角尽量接近设计要求。校正规则是从大量实验数据中归纳出来的，随着计算技术的发展，校正规则也可以用计算仿真的办法来产生。不管校正规则是如何产生的，它们都需要经过实验验证。而且校正规则都是在一定光刻工艺条件下产生的，如果工艺参数变化了，这些校正规则就必须重新修订。基于规则的光学邻近效应校正广泛应用于 250nm 和 180nm 技术节点。随着图形特征尺寸的变小，更多的图形结构需要校正，校正规则也变得非常多而且复杂。到了 130nm 节点，校

正规则的确定已经非常困难了，校正的精度也差强人意。目前一个通行的做法是把一些简单的校正规则写到设计手册（Design Manual）中，这样设计出的版图已经包含了一部分OPC，既节省了OPC的运行时间也提高了校正的可靠性。

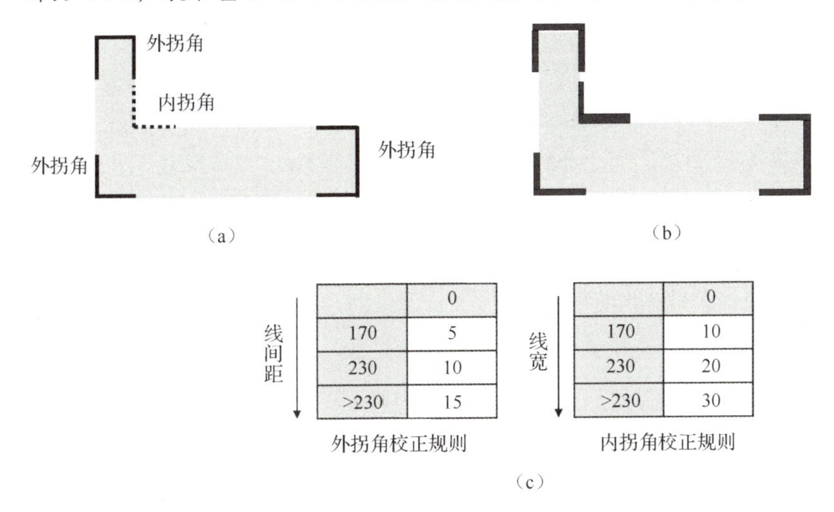

外拐角校正规则（线间距）：

	0
170	5
230	10
>230	15

内拐角校正规则（线宽）：

	0
170	10
230	20
>230	30

图6　拐角处的校正规则示意图（单位：nm）

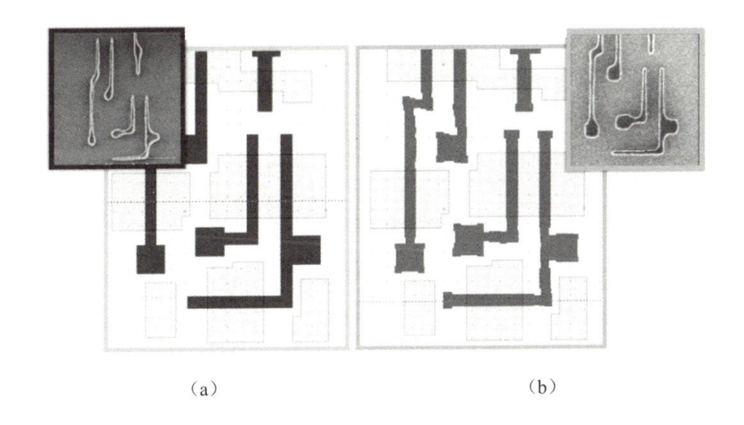

图7　原始设计及其直接曝光后的图形（a）和经过OPC处理后的图形及其曝光结果（b）

6. 基于模型的光学邻近效应校正（Model-based OPC）

基于模型的光学邻近效应校正从90nm技术节点开始被广泛使用。它使用光学模型和光刻胶光化学反应模型来仿真计算曝光后的图形。基于模型的光学邻近效应校正软件首先把设计图形的边缘识别出来，让每一个边缘可以自由移动。软件仿真出曝光后光刻胶的轮廓边缘并和设计图形做对比，它们之间的差别称为边缘位置误差（Edge Placement Error，EPE）。边缘位置误差是用来衡量校正质量的指标，边缘位置误差小就意味着曝光后图形和设计图形越接近。软件在运行时不断优化边（Edge）或线段（Segmentation）的位置，并计算出对应的光刻胶轮廓的边缘位置误差。通过反复迭代计算直到计算出的边缘位置误差大到可以接受的数值，整个过程如图 8 所示。放置断点是将原来版图中的长边打断成可以移动的线段，每个线段的偏移量即是优化的变量。评价点或称为监测点是用于计算每次模型仿真出光刻胶轮廓边缘位置误差的计算点和检查点。通常设置断点后线段的最小长度要满足瑞利判据确定的最小分辨率，对于 NA1.35、曝光波长 193nm 的浸没光刻工艺，线段长度不宜小于 30nm；评价点之间的距离则没有要求。对于要求比较高的区域可以放置较多的评价点以保证关键图形的优化结果，对于要求较低的区域可以放置较少的评价点以提高计算速度。先进的 OPC 软件可以允许用户根据几何形状随意定义断点和评价点的位置。

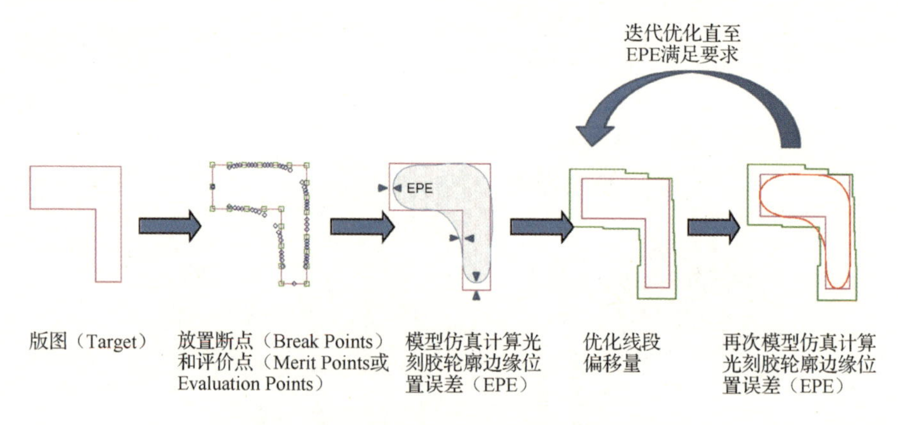

图 8　基于模型的光学邻近效应校正过程

在实际优化计算过程中，根据优化方法的不同可以分为局部优化和全局优化。局部优化算法中，每个线段的偏移量计算是独立的，且仅与与其对应的一个或几个评价点相关，每个线段的评价函数是独立的，反映这几个评价点处 EPE 的加权求和；全局优化算法认为线段的移动会影响全部评价点的 EPE，而 OPC 所需要的结果是整个图形的 EPE 达到极小。为此，优化的评价函数是综合评估整个图形的 EPE，即

$$\text{cost } function = \sum_i \omega_i \left| EPE_i \right|^2$$

式中，EPE_i 是每个评价点上的 EPE，ω_i 即对评价点的权重，$\sum_i \omega_i \left| EPE_i \right|^2$ 即为全部评价点处 EPE 的加权求和。为计算方便和考虑评价函数的连续性和可导性，通常采用 EPE 的偶次幂来代替绝对值。此外，采用 EPE 的偶次幂的好处还在于提高 EPE 较大的位置的成本函数，加强优化算法对 EPE 较大的区域进行优化。

在基于模型的光学邻近效应校正过程中，还需要考虑掩模可制造性即满足掩模可制造规则（Mask Rule Check，MRC）。常见的掩模可制造规则包括优化后掩模图

形的最小宽度，图形间的最小间距，以及掩模图形角对角的最小距离等。先进的 OPC 软件会在优化过程中对 MRC 进行检测和控制以保证优化后掩模的可制造性。

基于模型的光学邻近效应校正的工作流程如图 9 所示。首先是设计测试图形（Test Patterns），并制作测试掩模（Test Mask）。用测试掩模曝光，收集晶圆上光刻胶图形的线宽数据，建立光学模型和光刻胶模型。使用建立的模型对设计图形做优化校正，并对校正后的图形做验证（OPC Verification）。如果在验证中发现不能接受的问题（Catastrophic Problems），模型需要重新修改。将一些校正不够理想的地方记录下来，提供给工艺工程师，以后在晶圆上监控。最后经 OPC 处理后的版图发送给掩模厂，制备掩模版。

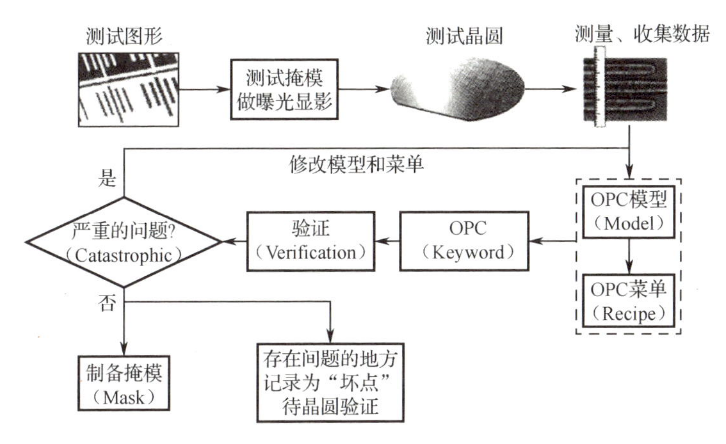

图 9　基于模型的光学邻近效应校正的工作流程

7. 曝光辅助图形

一个版图中通常既有密集分布的图形（如等间距 1∶1 的线条）也有稀疏的图形（如孤立线条）。特别是逻辑器件的设计，包含更多种类的图形。从光学理论可知，密集图形要求曝光光源具有较大的部分相干因子（sigma）；稀疏图形则要求光源具有较小的部分相干因子。因此为了同时兼顾密集图形和稀疏图形的曝光，曝光光源就需要具有从小部分相干因子到大部分相干因子这样较宽的光源形状。但这样的光源小部分相干因子部分对密集线条来说是背景光，其曝光对比度是降低的，同样大部分相干因子部分对稀疏图形的曝光对比度也有降低，因此如果在同一掩模上既有密集图形又有稀疏图形，它们的共同工艺窗口就较小。曝光辅助图形又被称为亚分辨率辅助图形（Sub-Resolution Assistant Feature，SRAF）。其原理是在稀疏图形周围特定距离内添加小于分辨率尺寸的辅助图形，进而将稀疏图形变成与密集图形相似，可以在大 sigma 光源下获得较好的成像，同时由于新添加的辅助图形的尺寸小于光刻分辨率，在晶圆上不会被曝光出来。通过辅助图形对稀疏图形频谱的补偿使得稀疏图形和密集图形的频谱都尽量与光源形状相互匹配，进而增加共同光刻工艺窗口（Common Process Window）。

与光学邻近效应校正类似，曝光辅助图形的添加也可分为基于规则和基于模型两种方法。在 90nm 技术节点时，通过建立一些辅助图形插入的规则类实现。规则确定了辅助线条的宽度，插入第一根辅助图形的周期或间距条件、插入第二根辅助图形的周期或间距条件、线端是否需要特殊处理等，如图 10 所示。辅助图形的尺寸和放置位置是通过晶圆实验或仿真来确定的。使用一块特殊设计的测试掩模，该掩模上有各种尺寸的辅助图形。曝光后，对这些图形进行测量，确定最佳的放置位置和宽度。辅助图形添加的规则是和光刻工艺条件密不可分的。如果工艺参数改变了，这些规则就要重新产生并验证。

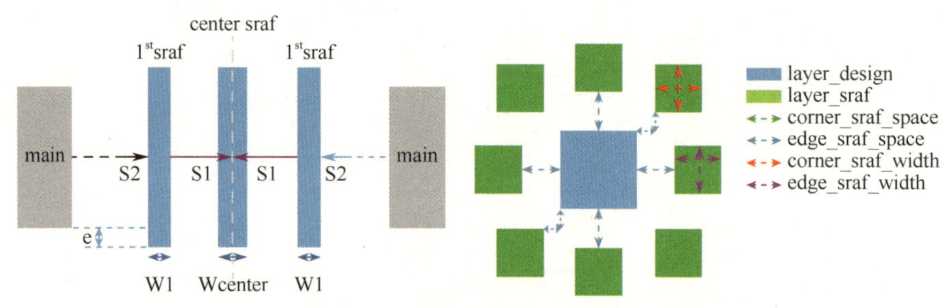

（左图中标记为 main 的是主图形，蓝色为辅助图形；右图中蓝色为主图形，绿色为辅助图形）

图 10 一维和二维图形添加曝光辅助图形的规则示意图

辅助图形的宽度必须选择恰当，一方面它必须小于分辨率极限，即保证曝光后在光刻胶上不形成曝光图形；另一方面，它必须能最大地增强光刻工艺窗口。一般来说，较宽的辅助图形有利于增大光刻工艺窗口。因此 OPC 工程师必须要在这两者之间做取舍。

基于模型的辅助图形已经在逻辑器件的光刻中采用，计算光刻软件根据 SRAF 的尺寸及插入的位置计算出主图形的成像对比度；然后不断调整这些参数，直到获得最大的对比度。

无论是基于规则还是基于模型的方法放置曝光辅助图形，都需要满足掩模制造规则，即 MRC，包括辅助图形之间也必须满足相关掩模制造的最小间距、最小宽度等规则。

曝光辅助图形的添加通常在做光学邻近效应校正之前或前期完成。最后形成带有曝光辅助图形和完成 OPC 的掩模数据送到掩模厂进行掩模制造。

8. 小结

计算光刻软件是芯片特别是高端芯片制造过程中不可或缺的自动化软件，本文介绍了计算光刻软件中的光学模型建模、光刻胶曝光显影模型建模、光学邻近效应校正和曝光辅助图形等基本计算光刻技术。随着摩尔定律的推进，芯片特征尺寸不断变小，计算光刻技术也随之发展出了光源掩模联合优化、三维掩模模型、反演光刻掩模优化、逆显影光刻胶曝光显影模型（NTD）、极紫外计算光刻等一系列新技术。随着计算方法的改进，基于人工智能的掩模优化和建模、基于 GPU 的计算光刻新技术也逐渐成为未来计算光刻的发展新趋势。

作者简介：

施伟杰，吉林通化人，2005 年毕业于中国科学院上海光学精密机械研究所，获博士学位。曾就职于上海微电子装备有限公司负责成像质量检测、整机系统设计等工作；2007—2015 年就职于 ASML-Brion 产品工程部任部门经理，负责分辨率增强技术产品开发工作，先后参与 Tachyon 系列计算光刻产品应用开发。现任东方晶源微电子技术（北京）有限公司副总经理。拥有多项中国、美国发明专利，发表学术论文 30 余篇，深圳市高层次人才。

韦亚一，中国科学院微电子研究所研究员，博士生导师，中国科学院大学微电子学院教授。1998 年毕业于德国 Stuttgart 大学和马普固体研究所，获博士学位。长期从事半导体光刻领域设备、材料、制程和软件研发，发表了超过 80 篇的专业文献、两本专著，并持有多项国内外专利，国家级高层次人才。2013 年在中国科学院微电子研究所创建了计算光刻研究方向，从事 20nm 以下技术节点的光源-掩模协同优化（SMO）和光学邻近效应校正（OPC）研究，研发成果被应用于国内 FinFET 和 3D NAND 的量产工艺中。

周玉梅，中国科学院微电子研究所研究员、博士生导师，中国科学院大学微电子学院教授。曾任中国科学院微电子研究所副所长、中国科学院大学微电子学院副院长。一直从事集成电路设计技术、器件技术研究，完成多项国家重大科技专项课题研究，担任《微纳电子与智能制造》副主编。长期以来关注集成电路行业发展，热心集成电路人才培养事业。1998 年获国务院政府特殊津贴，两次被中国科学院授予“巾帼建功”先进个人称号，是第十一届、第十二届、第十三届全国政协委员。

人工智能赋能半导体制造业——从 OPC 说开去

韩　明

1. 引言

过去十年人工智能的发展日新月异，从 2012 年 ImageNet 图像识别挑战赛上，CNN 算法大放异彩开始，人工智能的研究在图像识别、语音识别、自然语言处理等领域取得巨大进步。这些进步推动了安防监控、自动驾驶等场景落地，进而延伸到工业互联网、智能制造等领域。这一切得益于三点：芯片算力的不断提升，可供训练的大数据爆发增长和日益复杂的神经网络算法。根据咨询公司 Tractica 的市场报告，全球 AI 软件市场从 2018 年的 95 亿美元，到 2025 年将增长到 1186 亿美元，成长性惊人。

在半导体制造业中，人工智能尤其是机器学习有全面的应用场景，如装备监控、流程优化、工艺控制、器件建模、光罩数据校正、版图验证等。接下来，本文重点讨论人工智能在光刻技术与光学临近校正（Optical Proximity Correction）的应用。

2. 光刻技术简介

过去六十年，摩尔定律带来集成电路器件持续微缩，这需要在晶圆片上制作出更小尺寸的图形，为晶圆图案化（Wafer Patterning）带来极大的挑战，而其中光刻技术是晶圆图案化的主要手段。光刻的原理大致是这样的，光刻机的光源发出紫外光，透过光罩（光罩包含芯片版图的镂空图形，制作在石英基板上，会挡住穿过石英的光线）照射在晶圆片上，由于晶圆片表面涂覆了光敏感性的光刻胶，被照射到的光刻胶会发生化学反应，就此实现了从光罩图形到晶圆片的图形的转移。光刻机的分辨率是由以下公式决定的。

$$W_{\min} = K_1 \cdot \frac{\lambda}{NA}$$

式中，$W_{\min}$ 为分辨率，λ 代表光源波长，K_1 是数值小于 1 的工艺参数，NA 是数值孔径，代表一个光学系统能够收集的光的角度范围。不难发现，光的波长越小，数值孔径越大，分辨率越高。

如表 1 所示，早期的 180nm 工艺使用 248nm 波长的光源，到 90 和 65nm 工艺使用 193nm 的光源，但是单靠 193nm 光源，其分辨率没有办法支持更先进的工艺了。这时业界引入了浸润式光刻（Immersion Lithography）技术，通过在光刻胶上方铺上一层薄薄的水作为介质，光在水中折射，使得 NA 增加到原来的 1.43 倍，即等效波长缩短到了 134nm。就这样 40nm 工艺也被攻克了。接下来一种叫多重图案化（Multiple Patterning）的技术帮助光刻技术发展到 22nm 以下工艺。这个技术实际上是一种光罩图形拆解技术，通过将原来密度较大的图形拆解成两个或多个密度较低的图形，增加光刻蚀刻步骤，从而实现了更小尺寸的效果。有了 Immersion Lithography 和 Multiple Patterning 两大法宝，光刻技术来到了 7nm 这个关键的节点。这时业界研究很久的极紫外（EUV）技术准备商用了，EUV 的波长为 13.5nm，比浸润式光刻技术的等效波长 134nm 缩小了 10 倍，理论上分辨率更好。但是 EUV 的光极其容易被周围材料吸收，对整个光刻系统的设计提出了更高要求。不仅光刻机的光源、镜头需要重新设计，光刻胶成分和对光罩的保护也要重新考虑，以应对 EUV 极短的波长带来的挑战。举个形象的例子，光刻机的精度相当于从地球发射一束光到月球，需要精准地照在月球表面一枚一元硬币上面。目前国际领先的光刻机公司 ASML 已经开发出了 NA=0.33 和 0.55 的 EUV 光刻机，未来还将推出 NA 大于 1 的 EUV 光刻机，推动摩尔定律继续向前发展。

表 1　主流逻辑工艺演进的光刻技术路线

工艺节点（单位：nm）	光刻技术	光源	光源等效波长 λ（单位：nm）	数值孔径（NA）
180	干法	KrF	248	0.8
90	干法	KrF	193	0.85
65	干法	ArF	193	0.93
40	浸润式	ArF	134	1.35
22	浸润式+多重图案化	ArF	134	1.35
14	浸润式+多重图案化	ArF	134	1.35
7 以下	EUV+多重图案化	EUV	13.5	0.33/0.55

3. 点工具 OPC 简介

刚才主要介绍的是光刻技术的发展，其实早在 180nm 技术节点上，随着光学图像失真的日益严重，光刻机的光学图像分辨率就已经跟不上工艺的发展了。为了补偿光学图像失真，业界引入了光学邻近校正（OPC）技术，为了补偿光学畸变效应而主动改变光罩图形数据，使得摩尔定律继续向前推进。如图 1 左下图所示，没有经过 OPC 的光罩版图，在经过光刻机曝光后的硅片图形（灰色阴影部分）严重偏离了原来的设计（红色虚线表示）。而经过 OPC 校正过的光罩版图，图形边缘变成了不规则的形状（图 1 右上），目的恰恰是为了使得硅片上的图形最接近原始的设计图形。

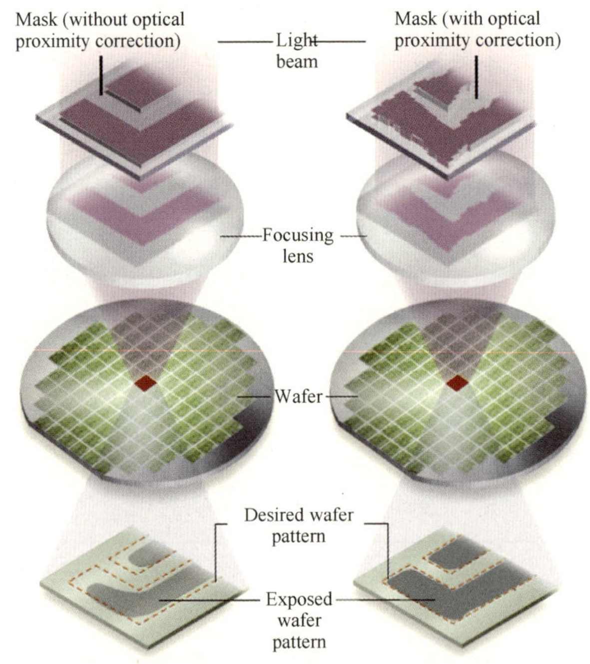

图 1　没有使用 OPC（左侧）和使用 OPC（右侧）的硅片图形对比

实现 OPC 的方法主要有基于规则的 OPC（Rule-Based OPC）和基于模型的 OPC（Model-Based OPC）两种。早期的基于规则的 OPC，由于其简单和计算快速的特点被广泛使用。然而这种方法需要人为制定 OPC 规则，随着光学畸变加剧，这些规则变得极为庞杂而难以延续。这时基于模型的 OPC 应运而生。这种方法通过光学仿真建立精确的计算模型，然后调整图形的边沿不断仿真迭代，直到逼近理想的图形。基于模型的 OPC 使得 OPC 流程变得更加复杂，对计算资源的需求呈指数级别增长。而且随着器件尺寸向 10nm 以下发展，各种不常见的物理现象层出不穷。例如从光罩表面散射的电磁波需要更严格地建模，通常我们称之为“Mask 3D 效应”，以表示 Mask 表面立体结构对光衍射的影响。OPC 工程师不仅要考虑光学畸变，还要考虑光刻胶工艺的影响，例如烘烤和显影。这时的 OPC 已经不再是单纯的数据处理，而是综合考虑物理、化学、光学、高性能计算的跨学科应用，使得实现 OPC 的 EDA 工具也非常复杂。举个例子，一款 7nm 芯片需要高达 100 层的光罩，每层光罩数据都需要使用 EDA 工具进行 OPC 的过程。整个过程对硬件算力要求很高，EDA 工具需要运行在几千核的服务器 CPU 上，运行时间以天计算。另外，EDA 工具使用复杂，要求综合考虑多种因素，需要至少几十人的工程团队支持。可见 OPC 作为跨学科的高性能运算应用，对人力和算力资源都有极高的要求。

4. 人工智能在 OPC 的应用

传统的基于模型的 OPC 需要精准的光刻建模，一般包含光学建模和光刻胶建模两个部分。通过光刻胶模型可以把光学图像转换为光刻胶图形，而光刻胶模型直接决定了模型的精准度。为了解决模型精准度的问题，早在 21 世纪初神经网络算法就被引入了。例如图 2 所示的两层神经网络[1]，将光学图像作为输入，继而输出一维的光刻胶图像。这里使用恒定阈值光刻胶（CTR）模型来计算出关键尺寸（CD）值。CTR 模型使用恒定的阈值从光刻胶图像中提取图形轮廓，光刻胶 CD 值可以从光刻胶图像和阈值计算出来。图 3 显示了一维光刻胶图像以及阈值（红线）。对于正向极性的光刻胶，在显影过程中，密度超过阈值的光刻胶将被洗掉。不过由于当时的神经网络规模都很小，而本例只有两层，其功能受到很大限制。这也反映了 21 世纪初人工智能的发展状况。

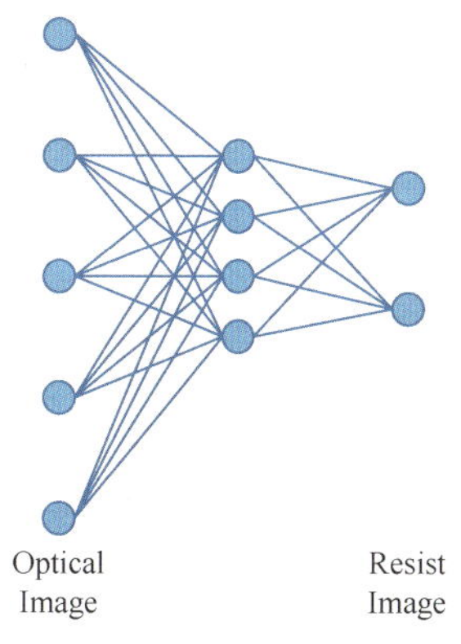

图 2　两层的神经网络

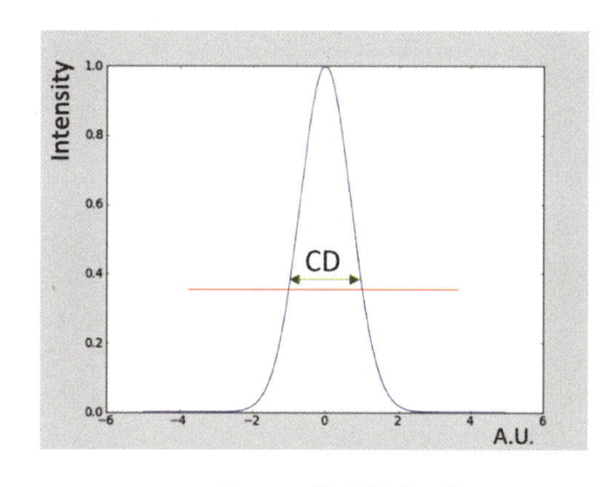

图 3　一维光刻胶图像

过去十年来，计算机技术的进步使得深度学习大放异彩。卷积神经网络（CNN）已广泛用于图像处理上，OPC 的研究人员也将该技术应用于光刻建模[2]。

例如可以使用 2D 光学图像作为 CNN 模型的输入，来生成变化阈值光刻胶（VTR）模型的阈值。所谓变化阈值，就是将不同阈值用于在不同位置计算 CD 值。使用 CNN 将传统的光刻模型误差减少了 70%。不过，虽然使用 CNN 在光刻模型精度方面有了显著改进，但它需要很大的数据量用于训练，而且训练时间长且成本高昂。

为了减少训练新技术节点模型所需的数据量，迁移学习也被引入了[3]，即利用旧技术节点的模型进行新节点的光刻胶建模。在使用新数据训练旧模型时，前 k 个卷积层是固定的，其余层针对新技术节点进行微调。除了使用迁移学习的方法外，还采用 K-Medoids 聚类进行数据选择，以选择每个数据组的典型数据，而不是使用所有数据来训练新模型，以节省训练时间。通过迁移学习和数据聚类技术，实验表明，在模型精度不变的情况下，新数据量的要求减少了 3～10 倍。

上述机器学习的方法主要用于提高光刻建模的准确性。然而使用这些方法去计算光刻胶图像的算力成本仍然很高。参考文献[4]提出了一种利用生成对抗网络（GAN）进行光刻建模的方法，以加速光刻胶图像的计算。如图 4 所示，在训练生成器（Generator）时，判别器（Discriminator）是固定的，反之亦然。生成器以光罩版图和随机矢量 z 作为输入，生成器训练的成本函数加上了生成图像与光刻胶图像的差异。判别器则以光罩版图和两个图像（生成图像或光刻胶图像）之一作为输入。这种叫 conditional GAN（cGAN）的架构，训练完成的生成器，用以生成光刻胶图形，训练完成的判别器，用来判定该图像是真正的光刻胶图像还是生成的，这种生成器后来在 LithoGAN 架构中与 CNN 结合使用，该 CNN 网络经过训练，可以得到接触孔中心的精确值。LithoGAN 架构实现了光刻胶模型的快速仿真。

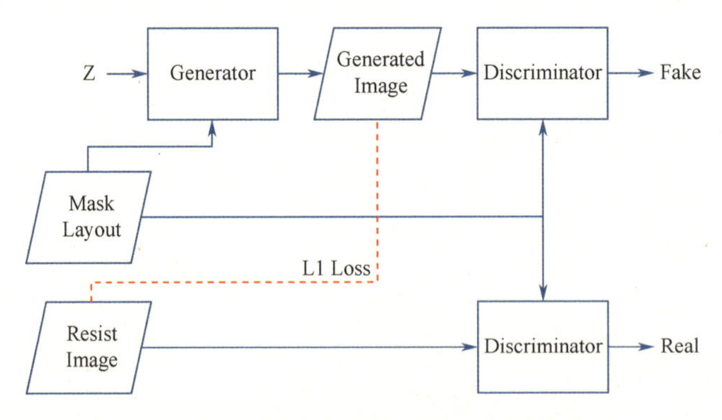

图 4 LithoGAN 架构使用了 GAN 进行训练

如前所述，光刻模型的准确性决定了光罩数据修正和验证的准确性。OPC 广泛用于光罩数据修正，以补偿光学图像失真。OPC 是通过精确调整版图的边沿凹凸来执行的。更进一步的修正，采用一种叫反向光刻技术（ILT）的新型技术，是通过像素级别来实现修正的。由于 ILT 具有更高的自由度和更强的图形修正能力，在近些年受到普遍关注。但是，ILT 比 OPC 速度慢一到两个数量级。因为非常需要缩短 ILT 的计算时间，将机器学习应用于 ILT 更加紧迫。此外，ILT 是基于像素（而不是基于边沿的）校正的，这种模式很像图像识别，更接近于机器学习的范式。

最近一种叫 GAN-OPC 的架构被提出[5]（图 5），使用 GAN 来生成光罩版图，其类似于 ILT 之后的版图。生成器网络使用 ILT 目标版图（设计版图）作为输入，在训练时，生成的版图会与 ILT 修正后的版图做比较，并将差别加入成本函数之中。训练判别器时，输入层中有两种版图，一种是 ILT 目标版图；另一种是以下版图之一：生成的版图或者 ILT 修正后的版图。网络训练完成后，生成器用于生成 ILT 的初始光罩版图。这样，ILT 的迭代次数大大减少，可以减少一半 ILT 的计算时间。

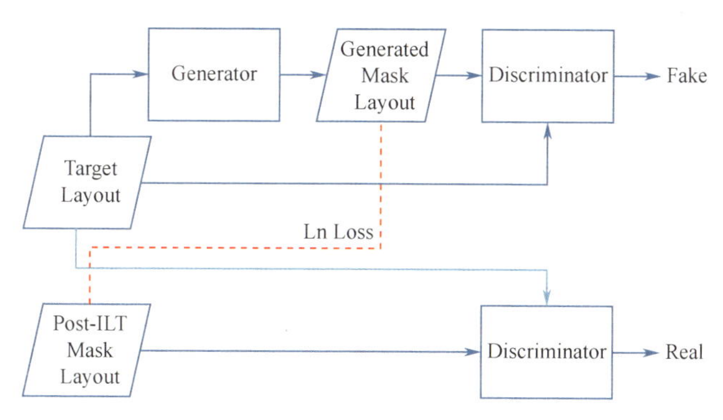

图 5　GAN-OPC 架构

综合近年来的人工智能在 OPC 上的进展就会发现：一方面，集成电路制造随着摩尔定律演进，OPC 也向数据密集型和计算密集型方向发展，光刻建模的问题越来越复杂，可以说是牵一发而动全身；另一方面，人工智能最新的研究成果不断在 OPC 领域得到应用，从两层神经网络，到迁移学习乃至 GAN，OPC 领域已经成为人工智能应用的试验田。现在的情况是机遇与挑战并存，然而毋庸置疑的是，OPC 已经来到了人工智能应用的奇点，在性能和速度上取得突破式进展，现在看起来只是时间问题。

5. 关于人工智能和专家知识的一点思考

半导体制造业是高端制造业的明珠，早在 30 年前就已经实现流水线自动化，有成熟的自动化生产方式。但这仍是人为设计的、通过计算机精确控制的自洽式的系统，在海量数据智能分析、跨学科智能建模等多个方面，还有很大的创新空间。

值得欣喜地是，由于半导体制造的高度自动化，奠定了人工智能在此领域发展的基础，人工智能在半导体制造上有天然的落地场景。

另一方面，现在人工智能领域有一种偏见，比如看到了谷歌的 AlphaGo Zero 不需要人类专家知识就能下围棋，就错误地认为专家知识无用甚至摒弃，相信 AI 至上，这种无视客观发展规律的想法是不切实际的。目前的人工智能还达不到一个两岁小孩的智力，尤其对物理世界的理解严重不足。人工智能在现实世界的落地需要站在巨人的肩膀上，而不是从零开始。

过去的半个世纪，半导体的分工协作推动了摩尔定律不断延续，使得半导体方面的专家知识不断膨胀，但是无形当中，也将专家知识进行了切割而碎片化，无法高效地传播和形成系统化的知识图谱。在人工智能发展的下一个阶段，如何将专家知识赋能 AI“大脑”，将是我们面临的一大难题。这需要同时具有专家知识和人工智能实践经验的先行者，去探索一条新的道路。在这方面巨头们具有先发优势，但是初创公司没有任何包袱，在当前产业协同创新的大环境下，同样有机会。没有产业协同创新，半导体业的创新就会走进死胡同。中国半导体制造业目前正处在加紧追赶世界先进水平的征途之中，更迫切需要产业协同创新，糅合专家知识赋能智能制造，落实人工智能落地，实现跨越式发展。前方道阻且长，唯有“只争朝夕，不负韶华”，才能走得更远。

参考文献

[1] F. X. Zach, “Neural-network-based approach to resist modeling and OPC,” SPIE Proc. v.5377, doi: 10.1117/12.535931, May 2004.

[2] Y. Watanabe, T. Kimura, T. Matsunawa, and S. Nojima, “Accurate lithography simulation model based on convolutional neural networks,” SPIE Proc. v.10147, doi: 10.1117/12.2257871, Mar 2017.

[3] Y. Lin, M. Li, Y. Watanabe, T. Kimura, T. Matsunawa, S. Nojima, and D. Z. Pan, “Data efficient lithography modeling with transfer learning and active data selection,” IEEE Trans. on Computer-Aided Design of Integrated Circuits and Systems (TCAD), p.1-1, 2018.

[4] W. Ye, M. B. Alawieh, Y. Lin, and D. Z. Pan, “LithoGAN: End-to-end lithography modeling with generative adversarial networks,” DAC Proc., 2019.

[5] H. Yang, S. Li, Y. Ma, B. Yu, and E. F. Young, “GAN-OPC: mask optimization with lithography-guided generative adversarial nets,” DAC Proc., ACM p.131, 2018Mar 2017.

作者简介：

韩明，全芯智造业务拓展总监，负责市场拓展和营销工作。本科毕业于西安交通大学微电子系，拥有上海交通大学 EMBA 学位。在半导体业有超过 20 年工作经验，曾在 Foundry 中芯国际、EDA 公司 Synopsys 和设计服务公司世芯电子任职，在 EDA 和制造领域有丰富的市场经验。

公司介绍：

全芯智造成立于 2019 年 9 月，由国际领先的 EDA 公司 Synopsys、国内知名创投武岳峰资本与中电华大、中科院微电子所等联合注资成立。公司注册资本 1 亿元人民币，总部位于合肥，在上海和北京设有分支机构。

全芯智造汇集了一批 EDA、晶圆制造和人工智能等领域的领军人才，平均从业年限超过 20 年，具备覆盖产业链的专家知识和丰富的智能制造落地经验。

全芯智造致力于通过人工智能等新兴技术改造半导体制造业，实现由专家知识到人工智能的进化。从 OPC 和器件仿真等 EDA 点工具出发，未来将打造大数据+人工智能驱动的半导体智能制造平台。此举将填补中国半导体制造业缺乏核心支撑软件和智能“大脑”的空白，完善全产业链，有力地提升中国半导体制造的产业竞争力和国际地位。

全芯智造将以开放共赢的初心，与合作伙伴们一起合力共建产业链生态，加速产业协同创新，为实现半导体业智能制造的共同目标而努力。

从 DTCO、Shift Left 到 SLM，方法学如何促进芯片产业链合作

新思科技

此前苹果公司第一批采用自研芯片 M1（Apple Silicon）的电脑开售，在市场上引起极大关注。M1 芯片如此成功的重要原因之一，在于苹果公司早在构建产品之初就通过软硬件结合的工作方式，共同开发出完全适用于 M1 的硬件产品和软件生态。这种软硬件结合的芯片设计方法，让 M1 芯片使用台积电 5nm 工艺集成了 160 亿个晶体管、配备 8 核中央处理器、8 核图形处理器及 16 核架构的神经网络引擎，能够以更佳的性能服务于终端应用。

芯片设计的方法学并非仅仅作用于芯片设计工艺，也会延伸至其他相关领域；而其他行业中发展成熟起来的方法学，也在芯片行业中得到很好的借鉴和应用，引领半导体行业不断创新和进步。

1. DTCO 方法学：先进工艺节点下的设计利器

芯片是硬件产业，也是软件产业，同时涉及上游的高精度设计、中游的工艺制造及下游的应用场景。工艺节点从微米级别向纳米级别不断前进，工艺复杂度的提升使得工厂无法按照传统提供连续工艺参数空间，特别是 FinFET 工艺，针对器件的特征尺寸做了严格的限制。在工艺开发初期，如何选定这些特征尺寸，除了依据制造工艺本身的能力限制以外，需要将设计需求的输入纳入考虑范围。反观设计端，在进行下一代产品规划时，摩尔定律曲线早就不再完美匹配实际工艺能力，使得设计端必须和工艺研发紧密配合，协同优化，共同寻找新一代工艺及设计目标。

这种设计和工艺共同协作的过程，我们称之为 Design Technology Co-Optimization（DTCO，设计工艺协同开发）。新思科技（Synopsys）是最早宣布开发并落地 DTCO 方法学的 EDA 公司，为弥补设计和工艺开发之间的鸿沟提供先进的 DTCO 工具、方法和流程，促进和加快现有技术的迭代升级，以满足物联网、

智能驾驶、机器人技术等新产品和应用市场的严格要求。

由于新思科技拥有业界唯一完整覆盖设计和制造流程的工具集，因此新思科技的 DTCO 解决方案涵盖了从材料探索到模块级物理实现的整个过程，在晶圆生产之前的早期探路阶段就能够有效评估并缩小范围选择出新的晶体管架构、材料和其他工艺技术创新，确保单元库、IP、后端设计与工艺产线的特性能够紧密吻合，从而以较低的成本实现更快的工艺开发（图 1）。

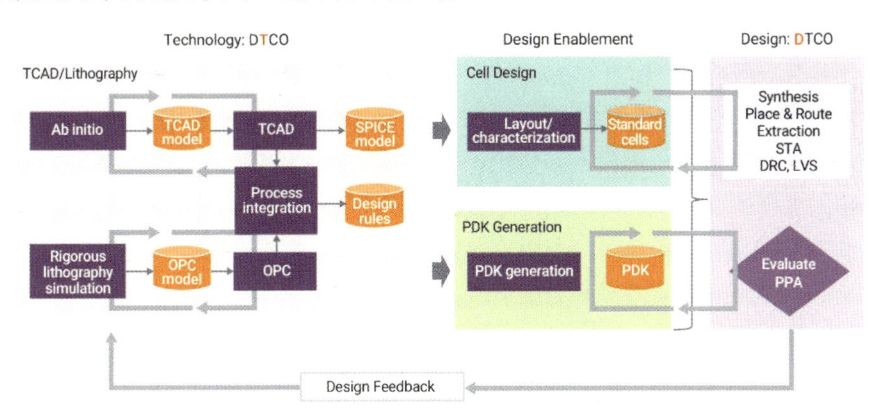

图 1　新思科技 DTCO 流程示意图

工艺节点的不断演进给半导体行业带来诸多挑战，最大的挑战在于需要考虑所有可能的选择时如何及时收敛到最佳的晶体管架构。以 IBM 为例，新思科技的 DTCO 解决方案根据从典型构件（如 CPU 内核）中提取的指标有效地选择最佳的晶体管架构和工艺选项，从布线能力、功耗、时序和面积等方面对晶体管和单元级设计进行优化，从而以更低的成本实现更快的工艺开发。

在此次合作中，新思科技的完整工具集让 DTCO 得以发挥最大作用：采用新思科技 Proteus 掩模合成和 Sentaurus 光刻技术开发新的图形技术，通过 QuantumATK 对新材料进行建模，使用 Sentaurus TCAD 和 Process Explorer 评估并优化新的器件结构、工艺和工艺集成方案，并通过 Mystic 提取紧凑的模型，结合这些流程产生的设计规则生成用于电路仿真的 PDK 和进行标准单元库设计，最终使用基于 IC Compiler II、StarRC、PrimeTime 和 IC Validator 的融合技术物理实现整个流程执行 PPA 评估。通过模拟–优化工艺或版图–仿真迭代，实现工艺和设计的协同优化，缩短产品开发周期。

2. Shift Left 方法学：并行开发势在必行

在后摩尔定律时代，以 AI、智能驾驶、5G 为代表的创新应用领域对芯片的需求不断攀升，集成了微处理器、模拟 IP 核、数字 IP 核和存储器（或片外存储控制接口）等多种 IP 核的 SoC（系统级芯片，System on Chip）成为主流，随之而来的挑战是验证复杂度呈现指数级的增长。新思科技提出开发左移（Shift Left）的开发理念，为芯片设计开发提供了完整而强大的工具链、齐备而成熟稳定的 IP，通过 IP 复用、验证左移的方式，把验证及软件开发工作时间提前（即时间坐标轴上左移），帮助企业从最初产品定义期开始验证项目流程管理的顺畅性、合理性，让整体步骤前移，从而加速设计进程、缩短设计时间，并提高设计成功率。

新思科技推出的基于虚拟原型技术的虚拟开发平台（VDK）可实现芯片、电路及元器件等电子控制单元（ECU）的虚拟仿真，将物理开发升级到仿真环境的智能开发，这样能够将软件开发和测试开发左移到系统设计之前，实现软硬件并行开发。同时，新思科技正在积极投入架构设计阶段进行 PPA 评估的极致左移流程和工具，将以往只能在实现阶段进行的设计物理参数优化工作，左移到架构设计阶段，实现软硬件协同优化（图 2）。

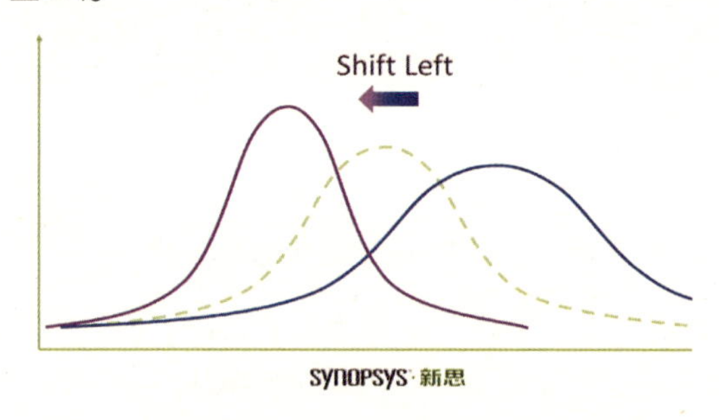

图 2 新思科技基于虚拟原型技术的虚拟开发平台

根据项目复杂度不同，新思科技的左移方法学，可以把开发进度提前 3～9 个月不等，在大型 SoC 开发中节省 3～9 个月可能决定着一款产品在市场上是否能抢到时间窗口。以新思科技的 HAPS-80 为例，作为加快软件开发和系统验证的最佳解决方案，其成功协助平头哥在两周内完成玄铁 910 处理器 SoC 原型设计，并交付给软件团队，为玄铁 910 处理器的早日面市提供了极大保障。

软件定义芯片的观念不断深入人心，变革正在发生。新思科技的左移方法学已经从芯片设计领域推广到更多的终端应用开发，如智能汽车行业。自动驾驶是汽车行业的未来发展方向，需要采用大量的电子软硬件。在左移方法学的指导下，新思科技针对智能汽车领域提出 Triple Shift Left 理论，凭借一系列汽车级 IP 核、设计和验证解决方案及软件，能够提前 12～18 个月发现开发问题，协助解决汽车行业中的功能安全、安全性与可靠性挑战，重新定义智能汽车的研发流程，大幅提升研发效率，进一步使汽车产业加速迈向智能化时代。

3. SLM 方法学：重塑产业价值链的价值

如今，芯片设计更加复杂，芯片性能的可靠性也不断提升，半导体行业现在终于有机会与当今许多其他业务领域一样，能够利用其产品和技术的经验数据，来提高整个电子系统价值链的效率与价值。以往，在半导体的产业链上，包括芯片设计、调试、测试、量产、回片等，在每个阶段都有相对应的参数和数据管理手段，这导致了拥有庞大数据量的半导体行业，无法把经验数据在全产业链上做整合和反馈，数据的价值无法应用于管理硅生命周期。也因此，半导体行业的全生命周期管理方法学一直缺位。

但随着芯片和系统的复杂性日益增加，性能和可靠性要求不断升级，推动着硅后分析、维护和优化方面的需求不断上升，这意味着需要一种新的方法来解决硅基系统的开发、运行和维护问题。

新思科技近期正式推出业界首个以数据分析驱动的硅生命周期管理（SLM）平台（图 3），通过分析片上监控器和传感器数据，形成闭环，从而实现对 SoC 从设计阶段到最终用户部署的全生命周期优化。SLM 平台与新思科技市场领先的 Fusion Design（融合设计）工具紧密结合，将在整个芯片生命周期提供关键性能、可靠性和安全性方面的深入分析。这将为 SoC 团队及其客户带来全新高度的视角，提升其在设备和系统生命周期的每个阶段实现优化操作的能力。

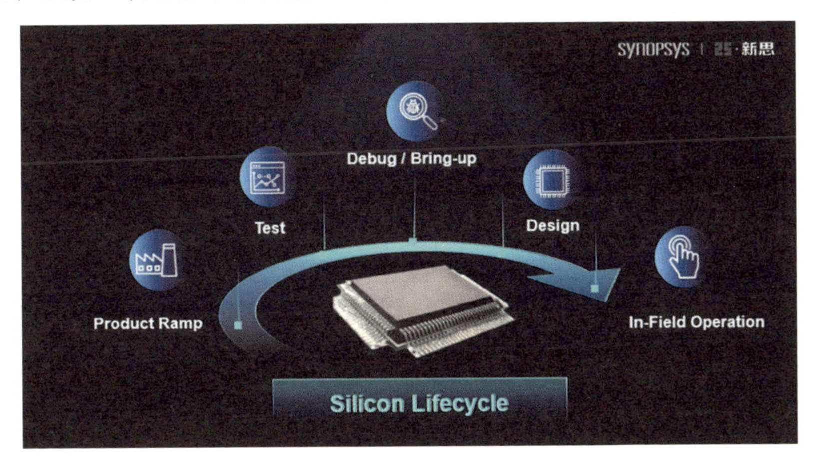

图 3　新思科技以数据分析驱动的硅生命周期管理（SLM）平台

SLM 解决方案基于两个基本原则：第一个原则是尽可能多地收集与每个芯片相关的有用数据，并在其整个生命周期中对这些数据进行分析，以获得用于改进芯片和系统相关活动的可操作见解。第一个原则的实现方式是基于已经从测试和产品工程中获得的数据，通过嵌入在每个芯片中的监控器和传感器深入了解芯片的运行，并在广泛的环境和条件下测量目标活动。第二个原则是应用目标分析引擎对可用的芯片数据进行处理，以实现半导体生命周期各个阶段的优化，包括从设计实施到制造、生产测试、调试和现场最终运行等全部流程，从而确保始终获得最佳结果。

这种以数据分析驱动的 SLM 方法论和平台，可以为客户提供巨大的潜在回报。尤其是数据中心和网络等关键应用领域，在性能和功率方面的改进将带来数十亿美元的潜在收益和成本节省。

无论是提倡设计工艺协同开发的 DTCO、推崇并行开发的 Shift Left、还是贯穿硅生命周期的数据分析驱动的 SLM 平台，新思科技所开发并推行的方法学一次次协助行业顺利通过先进工艺演进带来的转折并进入下一个发展快车道，在提升芯片设计性能和效率、不断引领芯片设计开发挑战摩尔定律极限的同时，还有效地串联起了芯片行业的上下游，并用软件统一了产业链不同分工企业之间的对话语言，从而打造了良性的产业合作生态圈。

公司介绍：

新思科技（Synopsys，Inc.；纳斯达克股票市场代码：SNPS）致力于创新改变世界，在芯片到软件的众多领域，新思科技始终引领技术趋势，与全球科技公司紧密合作，共同开发人们所依赖的电子产品和软件应用。新思科技是全球排名第一的芯片自动化设计解决方案提供商，全球排名第一的芯片接口 IP 供应商，同时也是信息安全与软件质量的全球领导者。作为半导体、人工智能、汽车电子及软件安全等产业的核心技术驱动者，新思科技的技术一直深刻影响着当前全球五大新兴科技创新应用：智能汽车、物联网、人工智能、云计算和信息安全。

新思科技成立于 1986 年，总部位于美国硅谷，目前拥有 16000 多名员工，分布在全球近 135 个分支机构。2021 财年营业额逾 41 亿美元，拥有 3400 多项已批准专利。

自 1995 年在中国成立新思科技以来，新思科技已在北京、上海、深圳、厦门、武汉、西安、南京、香港等城市设立机构，员工人数超过 1600 人，建立了完善的技术研发和支持服务体系，秉持“加速创新、推动产业、成就客户”的理念，与产业共同发展，成为中国半导体产业快速发展的优秀伙伴和坚实支撑。新思科技携手合作伙伴共创未来，让明天更有新思！

浅谈 DTCO 的意义和如何用 DTCO 助力中国半导体腾飞

李严峰

1. 前言

DTCO 很热，但却并不是个新概念。DTCO 是 Design Technology Co-Optimization 的缩写。在 IDM 时代，DTCO 可以说是标准方法学，当前 DTCO 落地最好、最有效的也是在三星等领先的 IDM 中。高端设计公司，如高通、ARM，DTCO 方法学已经有多年的应用，其核心目标是通过工艺目标和芯片设计目标协同优化降低工艺开发投入，加速量产，实现芯片产品更快的 TTM，优化 PPA 和提高良率。从制造的角度，DTCO 的目标是帮助 Fab 减少工艺开发迭代（成本），实现更快的 TTM；从设计的角度，deploy DTCO 方法学可以帮助设计公司提高芯片产品 PPA，加快 TTM，提高竞争门槛，通常只有大型和高端设计公司才具备 DTCO 的主动需求和能力。在设计端，DTCO 也经常与 COT（Customer Owned Tooling）相关，核心都是设计公司深入参与到工艺开发和封装等其他供应链环节中。中国设计公司众多，市场空间巨大，但我们同时也常听到具备 COT 能力的设计公司不多；中国规划的新的半导体 Fab 也非常多，这貌似也给 DTCO 提供了巨大的施展空间。到底 DTCO 在中国是概念还是可以真实产生价值的方法学或 EDA 工具链？本文的目标是结合中国市场，谈谈 DTCO 的意义、挑战和我们本土企业如何能付诸行动，同时产业如何真实地从 DTCO 中受益。

2. DTCO 的意义和挑战

1）DTCO 是朝阳需求但投入成本是障碍

Design（设计）和 Technology（此处为工艺）在早期的 IDM 时代就是在一起的，

所以协同优化是存在多年的。但由于半导体产业以成本和规模为核心驱动，除了 Memory、CPU 等领域，大部分芯片设计的规模已经不足以支撑专属制造，也就催生了设计和制造分开和以台积电为代表的代工产业，而且过去 30 年，Fabless 与 Foundry 的模式也十分成功。但随着工艺复杂度持续演进，工艺波动、可靠性等带来的不确定性（variabilities）及设计复杂度的不断提升（如大型的 SoC，大规模数字、射频及混合信号芯片）极大地压缩了设计 margin，单纯依赖 Foundry 提供的设计平台和设计输入很难真正从工艺演进中受益，这也是为什么领先的设计公司率先应用 DTCO（图 1）。值得注意的是，领先的设计公司的产品也通常具备足够规模能够平衡 DTCO 的投入成本，中国设计企业缺乏 COT/DTCO 能力的核心还是缺乏规模，从 EDA 的角度看，能真实帮助中国企业建立 DTCO/COT 能力需要能降低 DTCO 的投入成本，让 COT 由设计公司自己大量投入资源建立到由商业 EDA 公司提供。

- “DTCO” compensate the margin loss of continuous scaling
  - Variabilities, Reliability, increasing Design Complexity

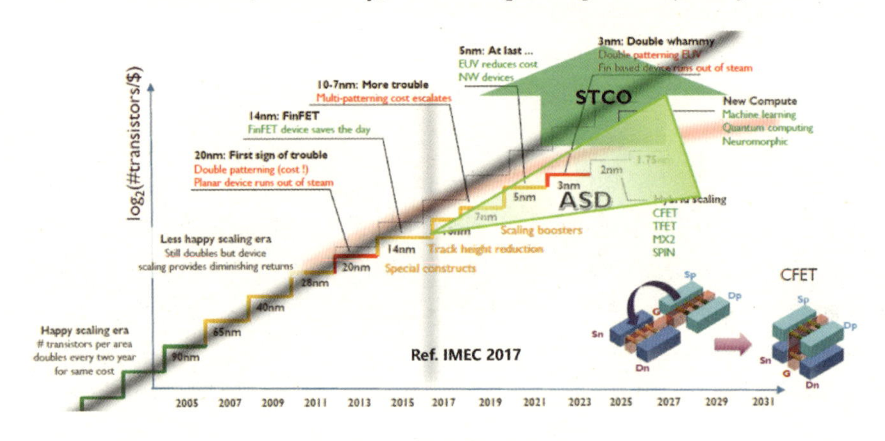

图 1　工艺演进带来的挑战

2）沟通障碍

我们再来看看 DTCO 的两个关键字母 CO，C 代表的是 Co（协同），这个在当前 Fabless 时代我个人认为只是表达了一个美好的愿景，因为协同需要双向沟通，即使是最领先的设计公司也无法从 Foundry 获得真实的工艺信息，所以其 TCAD 仿真只是具有参考性；同样 Foundry 也无法获得真实的设计需求，因为 Foundry 不是产品的 owner；回到 IDM 老路是一个解决方案，当前不现实。另外一条路是基于双方可以提供的信息做解决方案，比如设计公司可以针对设计优化需求来要求 Foundry 工艺提供的器件 SPEC，Foundry 能真实提供给设计公司的还是传统的设计平台（模型、PDK、IP 等）。

O 代表的是 Optimization（优化），优化的基础一定要有快速的迭代，DTCO 方案真实落地的核心瓶颈也就在如何加速迭代上。

3）DTCO 科研和 DTCO 相关 EDA 工具现有挑战

DTCO 当前是个热门科研“buzz”，但翻阅相关论文大多围绕 Compact Modeling 或 TCAD，因为 SPICE model 确实是链接工艺与设计的桥梁之一，TCAD 也是设计公司为数不多的可以联系工艺的工具。但如之前所述，设计公司或科研单位的 TCAD 很难有真实工艺基础，另外实际的器件建模比科研解决的具体物理问题建模也要复杂得多。一套完整的器件模型的建立通常要花费数周甚至数月来完成（图 2）。

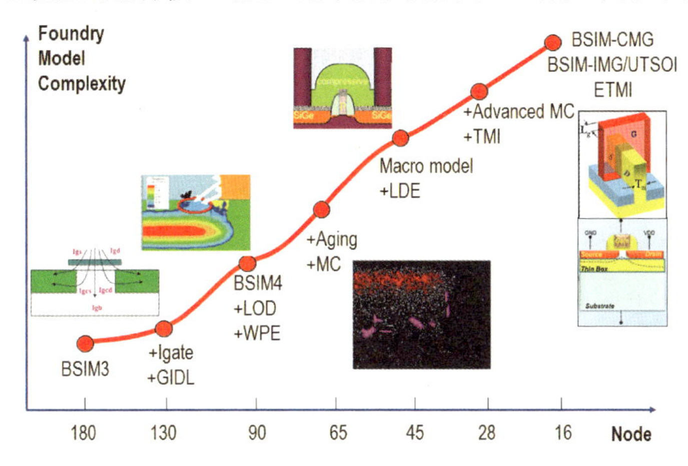

图 2　完整的 Foundry model 提取时间通常花费数月

我们再来看看 EDA 公司的现有方案，Synopsys 是最早宣布 DTCO EDA 方案的公司，其相对完整的工具集也确实实现了大规模的流程覆盖，如图 3 所示。

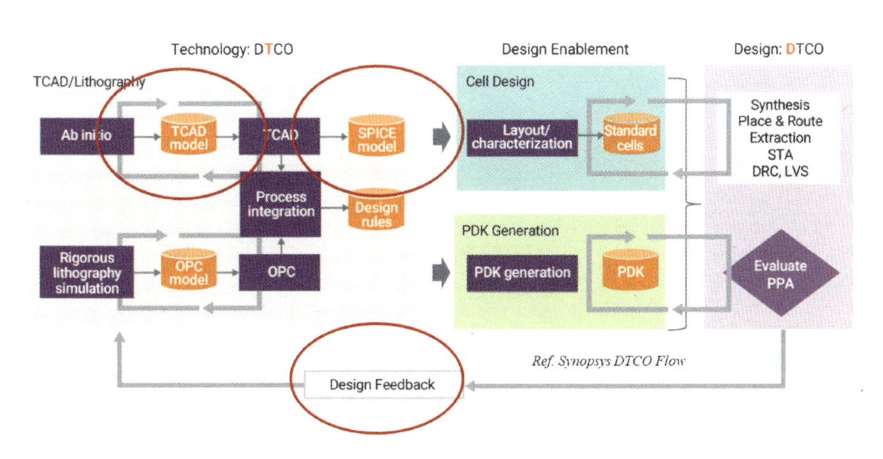

图 3　Synopsys DTCO Flow（from Synopsys website）

我相信 Synopsys 作为领先的 EDA 公司的产品实力和技术前瞻能力，下面只是从用户和市场的角度结合之前所述的挑战做一些评价：

① 到底相互反馈的信息是什么？Foundry 能给的无非还是 model、PDK 等，如图 3 所示，TCAD 输出还是要转成 SPICE model。Design Feedback 到底是什么？

② SPICE model 生成就要超过一个月，如何增加迭代实现优化目标？

③ Ownership 问题，这个 flow 覆盖了很多部门，在不同部门间能产生真正的协调性是不是一定要用来自一家 EDA 公司的完整方案？是解决 DTCO 流程中的 enabler 重要还是追求完整性重要？

4）器件模型提取是 DTCO 流程落地的核心瓶颈之一

如图 3 所示，如果 SPICE Model 生成时间超过一个月，那 Optimization 就失去了基础，商业 EDA 公司都具有非常强的并行基因，无论是 TCAD、SPICE 仿真、寄生提取、后道仿真等我们都会通过简化 Model 或并行去获得提速，但我们始终绕不开的就是模型提取这一步，特别是具备能准确描述工艺器件 SPEC 的工业级器件模型提取。从一个世界领先的存储 IDM 的 Device、Fab、Design 和 PE/QA 团队的协同流程（未获得客户授权之前无法提供）上也 highlight 了 SPICE Model 这个核心瓶颈。

同时假设这个问题可以解决，从产品落地的角度，Foundry 可以把更多的工艺 SPEC 反馈成仿真输入，设计公司可以通过海量仿真去优化设计同时反馈 Foundry 对工艺 SPEC 的准确需求。近年来的相关性网络和回归技术日趋完善，系统 / 芯片 / 器件 / 工艺之间的相关性网络建立的成本越来越可行，可以大幅减少设计成本（图 4）。

Correlating Circuit/System with Device SPEC is possible

Instant Model generation Enables correlation of device/circuit/system specs

Benefit both foundry and design

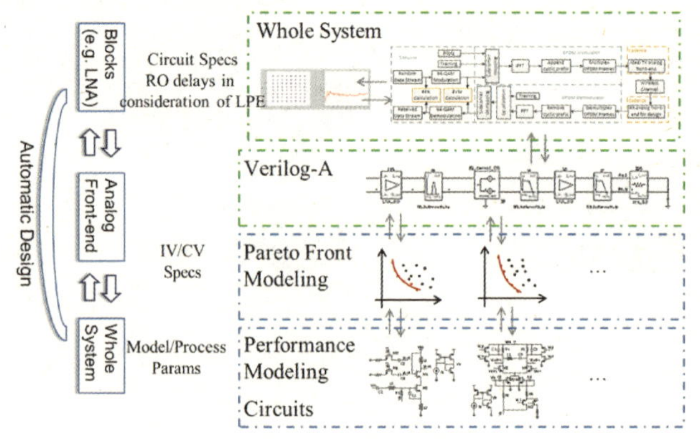

图 4　器件 SPEC 与电路 / 系统 SPEC 的 Correlation 成为可能

3. 在中国落地 DTCO 助力中国半导体

中国的设计公司大多依赖 EDA 和工艺制程去获得产品竞争力，除个别高端设计公司外，完全不能受益于相关方法带来的性能和良率提升，所以如果能在 EDA 层面实现真实有效的 DTCO 方法落地，解决 DTCO 的瓶颈问题，降低 DTCO 方法落地的投入成本，在中国市场产生的价值是巨大的，最终真实解决中国集成电路产业两头在外的问题：

① 可以帮助中国 Fab/IDM 加快先进工艺开发，缩短 TTM；

② 让中国设计公司的高端成熟产品在本土 Foundry 更快地 porting 和量产；

③ 大幅缩短工艺 / 设计优化成本和迭代周期；

④ 提升良率和可靠性。

同时中国的制造和设计市场增长非常清楚，除了高端设计和制造需求持续旺盛，存储器 IDM、特色工艺（如功率半导体）、CIS 等 Fab 或 IDM 将会在未来几年保持高速增长，这些都为 DTCO 落地提供了巨大的市场空间（越收缩应用 Scope，越有利于 DTCO 落地）。中国本土 EDA 公司也具备 DTCO 所需的全部关键配方（图 5），本土 EDA 公司在数据测试和器件建模（关键 DTCO 瓶颈）和电路仿真方面也建立了国际领先的竞争力。

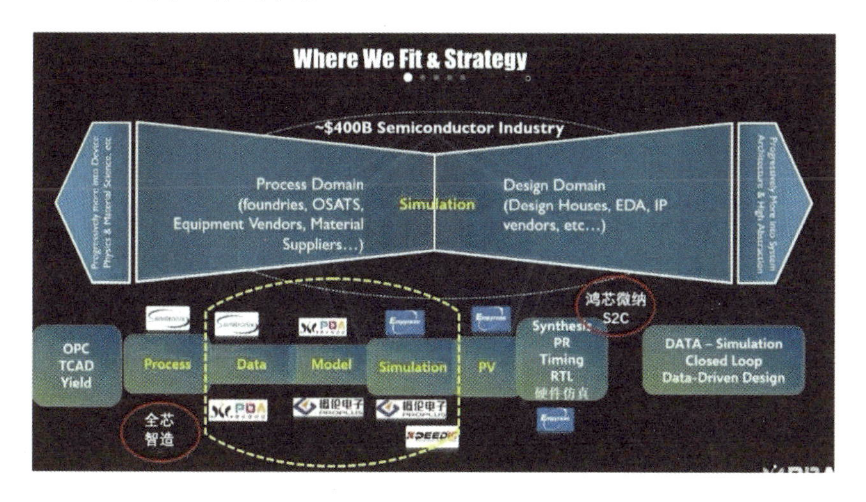

图 5 本土 EDA 公司行业定位

4. 争当 DTCO 的 Enabler

跟提供 DTCO 全流程相比，解决流程中的瓶颈和关键问题更具有实际的产品落地意义和让客户真实受益。之前提到的器件模型是 DTCO 付诸实践的共同瓶颈，作为在器件模型领域耕耘数十年同时作为行业领导者的概伦电子推出了 AI 驱动的自动模型提取平台 SDEP（Spec Driven Extraction Platform）（图 6、图 7、图 8），把模型提取时间压缩了数十倍，同时通过整合博达微，建立了从测试、建模到仿真，特别是针对存储器仿真的完整 EDA 生态。通过整合博达微在算法加速通用测试的能力（模型提取的依据就是测试数据）和进一步加强 AI 算法在模型提取的应用，可以进一步压缩模型提取时间，最终实现从 SPEC 到 model 的瞬时自动 synthesis，让模型不再成为 DTCO 的瓶颈。

AI驱动的自动模型提取平台 - SDEP

Spec Driven Extraction Platform

- SPEC驱动的模型自动生成平台
- 覆盖全部先进工艺效应，包括可靠性，版图效应等等
- 在世界领先的IDM已经证明可以把完整模型库提取时间从6周压缩到几个小时

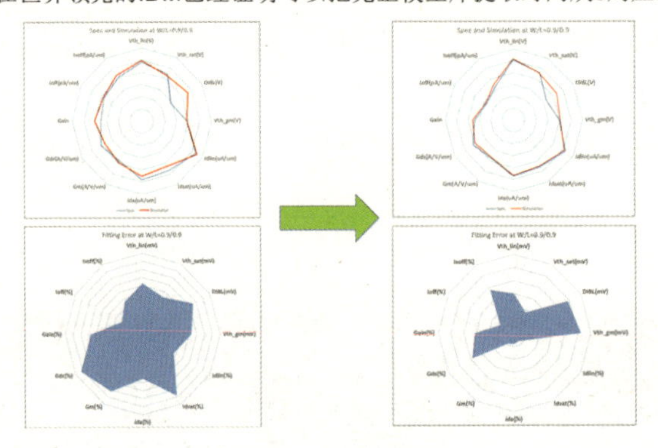

图 6　SDEP 综述

Algorithm Highlight

The methodology mainly consists two stages.

- Stage I: Build a neural network to find the relationship between input and output from training data.
- Stage II: Evaluate the target using the pretrained network by optimization.

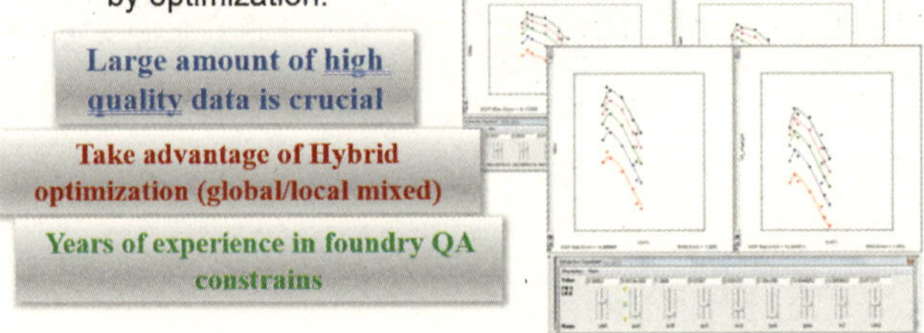

图 7　SDEP 算法简介

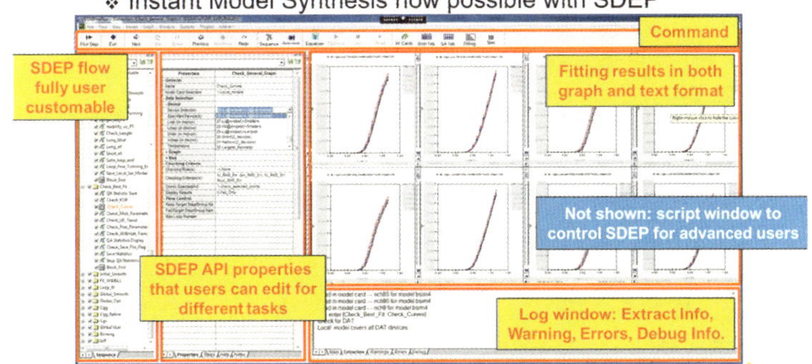

图 8　SDEP 简介

在市场层面，SDEP 也有清晰的市场定位，IDM、Foundry 和设计公司都是潜在客户，覆盖多个部门包含 Device、Fab、design enablement、Foundry interface 等。同时加速模型提取不仅仅是解决 DTCO 流程的瓶颈，这也会增加工艺端 TCAD 的使用量，因为可以做更多的工艺仿真迭代。同理在设计端，会需要更多的电路仿真器，解决客户问题的同时创造更多的 EDA 工具 license 采购空间。我始终认 DTCO 落地首先要能解决客户问题，另外一定要靠创造好的和新的市场回报才能持续。

5. 本土企业携手成为 DTCO 的领路者

2019 年，EDA 的重要性被推到空前高度，各方报道也一直在讲本土 EDA 公司的差距和水平之低，其实中国 EDA 的差距还是市场造成的，本土 EDA 从业者素质不差，EDA 的重要性被认识有助于我们打开市场。事实证明近年来本土 EDA 公司发展迅猛，在测试、建模和仿真领域也摆脱了跟随的老路，利用人工智能加速测试、工业级大规模器件模型库自动提取和借助异构计算加速电路仿真都是中国公司的首创，而且都取得了不错的市场成绩，同时这三个板块也是 DTCO 流程中重要的组成部分，而且上下联动互为竞争力。

同时我们也需要认识到 DTCO flow 中还有很多看起来是点但需要解决的问题，比如寄生、IR drop 等。以 TCAD 为例，能够考虑寄生的 TCAD 无疑是 DTCO 流程中的刚需，这些问题需要业界携手发挥各家所长，共同协作和正确地利用资本来解决。当前和未来几年的中国市场需求为我们提供了非常好的市场机遇，也为 DTCO 落地提供了土壤，特别是存储器行业提供了非常好的落地点，相比大规模 SoC，存储在后端的变化相对收缩很多，补全流程和实现实际价值的周期也快很多。

立足市场，从解决实际问题和创造价值开始，协助，共赢，我相信，中国公司有望引领 DTCO 在 EDA 层面的产品落地，用中国原创技术和商业模式在全球市场上获得成功，不仅为中国集成电路解决两头在外的问题，也为世界半导体技术的持续发展贡献力量。

6. 写在最后

2019 年对中国半导体业是不平凡的一年，但对大多数行业不是个好年，在我们期待 2020 年会变好的时候新冠疫情暴发又让我们沮丧，武汉也是半导体重镇，有我们重要的客户长江存储、新芯和同行新思的中国研发中心，为所有坚守岗位和以大局为重的从业者点赞，为大家祈祷健康。令我更加钦佩地是逆流奔赴一线的医务人员，我们不具备医疗技能，想帮忙有心无力，期待疫情早日控制，大家平安归来。最后引用我司同事“名言”：“轮到我上场的时候，一定不给祖国掉链子。”我也相信各行各业的从业者都有为国分忧的机会，加油！

作者简介：

李严峰，博达微科技创始人兼 CEO，博达微科技于 2019 年底被概伦电子收购，现任上海概伦电子股份有限公司执行副总裁、首席产品官，同时继续担任博达微科技 CEO。毕业于清华大学电子工程系和美国范德堡大学电机工程和计算机专业。从业 EDA 20 年，连续成功创业者，曾任本土 EDA 创业公司艾克赛利（Accelicon）研发副总裁及总经理，Accelicon 于 2012 年被安捷伦收购，并在 Cadence 和 PDF Solutions 任研发职位。李严峰是 EDA 及半导体行业专家，在业界率先应用学习算法驱动半导体测试和建模；领导开发多款世界领先的 EDA 工具和测试仪器，服务全球超过 100 多家半导体客户；发表过十数篇国际会议和期刊论文，包含 DATE2018 最佳论文；拥有软件著作权和发明专利 22 项，具有丰富的 EDA 工具开发、测试和仿真算法研究经验及国际高科技企业管理经验。

集成电路成品率测试芯片的自动化设计

杨慎知　史　峥

集成电路产品的设计生产须经由相当复杂的一个产业链。集成电路设计阶段的验证，重点在于确保该设计实现在各个抽象层次上的正确性，如逻辑功能、时钟时序和几何规则等。本文介绍的集成电路成品率测试芯片的自动化设计，应用于先进集成电路制造工艺的验证和控制中；借助成品率测试芯片，也可以实现集成电路产品所需的成品率控制。

1. 集成电路成品率测试芯片

读者朋友在本书中应该已了解到集成电路芯片、集成电路的设计和制造流程等基本知识。集成电路从系统级设计开始到物理设计完成后，版图设计数据就从设计厂商交到制造厂商。经过版图数据处理，掩模厂会相应制造出一套（几十张）掩模。

在硅晶圆制造过程中，每一张掩模上的二维图形经过一次一次光刻，被逐层转移到最初空白的晶圆表面，累叠成三维的晶体管、连线等结构。由于光刻机一次曝光视野场的范围有限，需要多次步进移动晶圆曝光。在所有层制造处理完成后，可以看到晶圆表面有大批重复排列的图形区域，每一块区域都和原始设计版图一致对应，用钻石锯刀从晶圆上将之纵横切割下来后就成为单个的集成电路芯片；根据不同芯片的尺寸大小，一片 300mm 直径的晶圆可以切下数百上千甚至上万的芯片（图 1）。切下来的芯片是不是每颗都能够正常工作？能够正常工作的芯片的百分比被称为“成品率”，也可称为“良率”。成品率是集成电路芯片产品成熟与否的最重要指标。在同一种集成电路工艺下，不同的芯片设计、不同的产品批次甚至晶圆上不同的位置，芯片都可能会有不同的成品率值，这些林林总总的成品率概括起来，就是该种集成电路工艺的成品率总体表现。

对于集成电路设计公司和晶圆厂来说，成品率是公司的重要商业机密，读者朋友很难了解到。这里可以给大家提供一个虚拟示例：某人工智能处理芯片，采用 14nm 工艺，第一次生产 5 片晶圆后，经测试成品率仅有 10%，经过成品率测试分析以后，设计方修改两层掩模的设计，制造方调整一层掩模的光学校正参数，再生产 10 片晶圆后，成品率达到 70%，这时候芯片产品就可以进入小批量试产，安排高价试销了。经进一步的成品率测试分析，设计方调整部分标准单元，制造方微调 PDK 中的设计规则和模型参数，再制版生产 10 片晶圆后，成品率提升到 90%，然后就可以进入大批量的量产准备了。在量产过程中还会持续不断进行成品率测试、分析和提升，最后有望将之提升到 95%以上，产品成本也随之不断降低（图 2）。

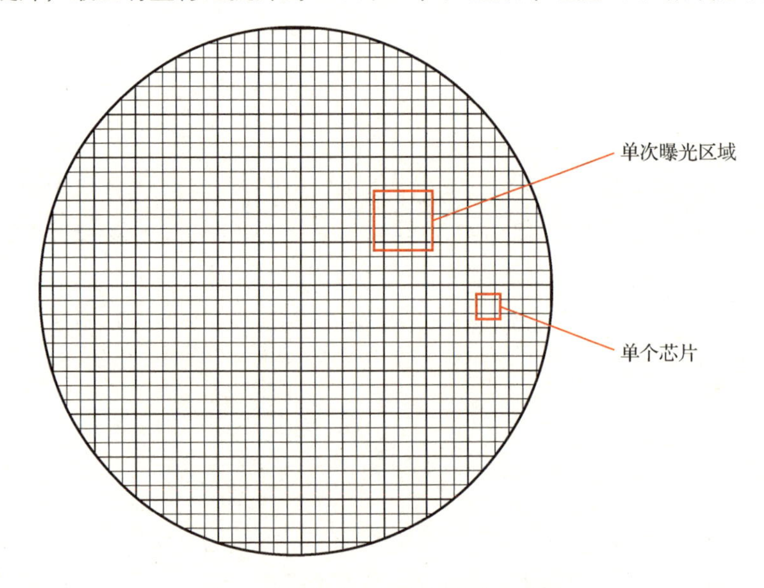

图 1 制造完成后的整张晶圆（示意）

那么在上述成品率测试、分析和提升过程中，数据从哪里获得呢？在先进的纳米级集成电路工艺下，这些数据需要依靠专门的成品率测试芯片来提供。这就好比是读者朋友们做健康体检，体检报告上既有身高、体重、血压等一目了然的数据，也有通过抽血分析获得的循环系统、呼吸系统、免疫系统等复杂数据报告，更有 B 超、CT、心电图等的图像数据和结论等。如果我们将成品率比喻成集成电路产品和工艺的健康程度，集成电路成品率测试芯片的作用就是医院检测实验室中的各种试剂和仪器。

图 3 是杭州广立微电子完成的一款集成电路成品率测试芯片版图。在测试芯片上，摆满了各种各样的测试结构，每一块小区域的测试结构大致可以帮助完成一种“体检指标”的测试，例如测试某一层的器件和电路参数（如电阻率、阈值电压）、检测工艺缺陷（如微细图形粘连概率）、确定版图设计规则、评估可靠性及制造设备性能等。

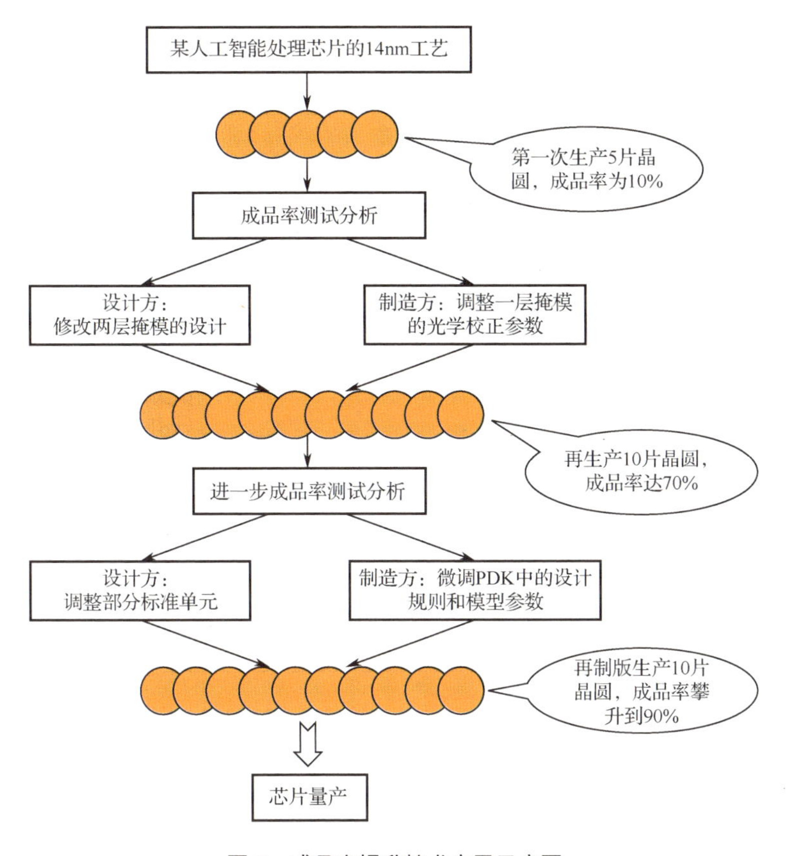

图 2　成品率提升技术应用示意图

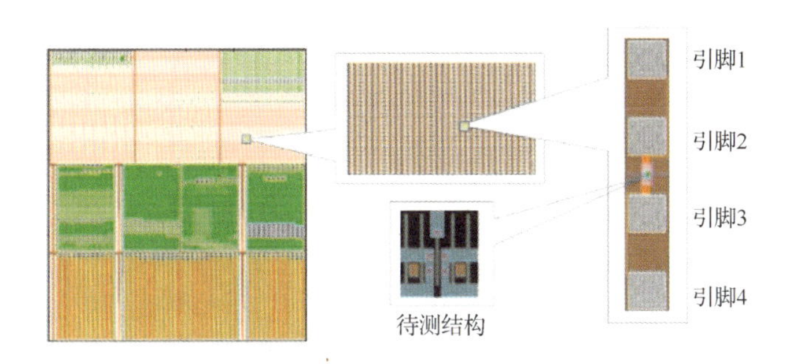

图 3　测试芯片版图局部逐步放大示例

在医院的疑难病诊断中，医生除常见的检测手段外，还会根据病人特点定制各种各样的专业试剂盒。在集成电路设计和制造中，我们也会根据具体集成电路产品的特点设计出独特的测试结构，专门用来进行具有针对性的成品率测试和诊断。

① 在工艺研发阶段，如图 4（a）所示，整个晶圆面积都用来摆放测试芯片，评估工艺步骤中必须控制的关键参数，抓获主要工艺缺陷，使成品率快速提高，进入试产阶段。

② 进入试产阶段后，如图 4（b）所示，测试芯片会包含更多的测试结构用于监控和诊断整个工艺过程，并用于建立工艺 / 器件模型；测试芯片与产品靠近、并列或嵌入产品版图中，还可以同步跟踪产品具体问题。

③ 在量产阶段，如图 4（c）所示，通常在划片槽中摆放具有产品代表性的测试结构加强生产质量控制；传统上，划片槽区域在晶圆切割后就毁坏了，现在正好全部利用起来。

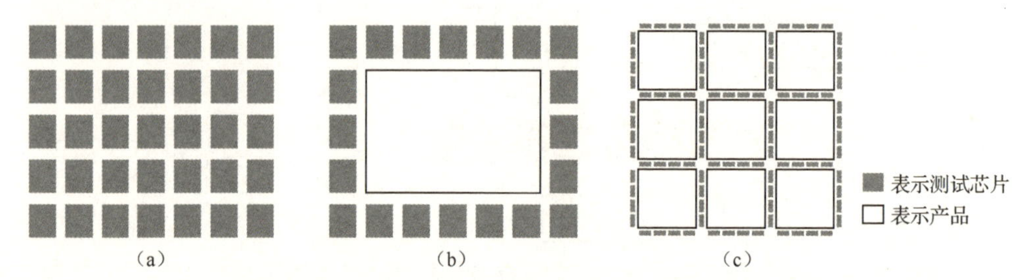

图 4 集成电路测试芯片从工艺研发到产品量产过程中三阶段（工艺研发阶段、试产阶段、量产阶段）的典型应用

工艺技术进入 28nm 以下后，复杂的制造步骤和巨幅版图使芯片成品率更难以控制，因此对成品率测试芯片的要求飞速提高，测试芯片中测试结构的数目几乎按指数级增长。如何在有限的晶圆面积上摆放大量测试结构并快速完成测量，已成为集成电路工艺和设计领域的最重要瓶颈之一。

2. 可寻址测试芯片

从图 3 可以看到，测试芯片表面安放着一排排的测试引脚（pad），测试芯片通过引脚实现与外部测试机的电学连接。传统上，要测一个电阻值，需要 2 只引脚；要测一个晶体管特性，需要 4 只引脚。如果想回答两个简单的成品率测试问题：①100 万只 FinFET 阈值电压统计分布的标准偏差是多少？②分两次成型的两段平行金属线在相距 10nm 时，每 1 亿对中有几对会粘连？解答这两个问题各需要 400 万只和 2 亿只引脚！而一片晶圆表面即使全部布满测试引脚的话，其数目也仅能达到 1000 万只。

图 5 中，右侧是数十只测试引脚，分别为左侧测试阵列引入地址线和测试信号线。其中地址线用来选择某个测试结构单元，信号线将该单元的引线端通过一些选择开关连接到右侧的测试引脚上。回到前面提到的两个成品率测试问题。理想情况下，20 条地址线可以选中 2^{20}=1024K 只 FinFET 之一，加上 4 条信号线，一共 24 只引脚可以解答问题一。问题二也可采用 24 只引脚，分别连接 22 条地址线加上 2 条信号线；这 22 条地址线用来选择 2^{22}=4096K 个测试单元，而每个单元都含有以串联

方式连接的 24 对平行金属线（假设单粘连发生在合理范围内）。

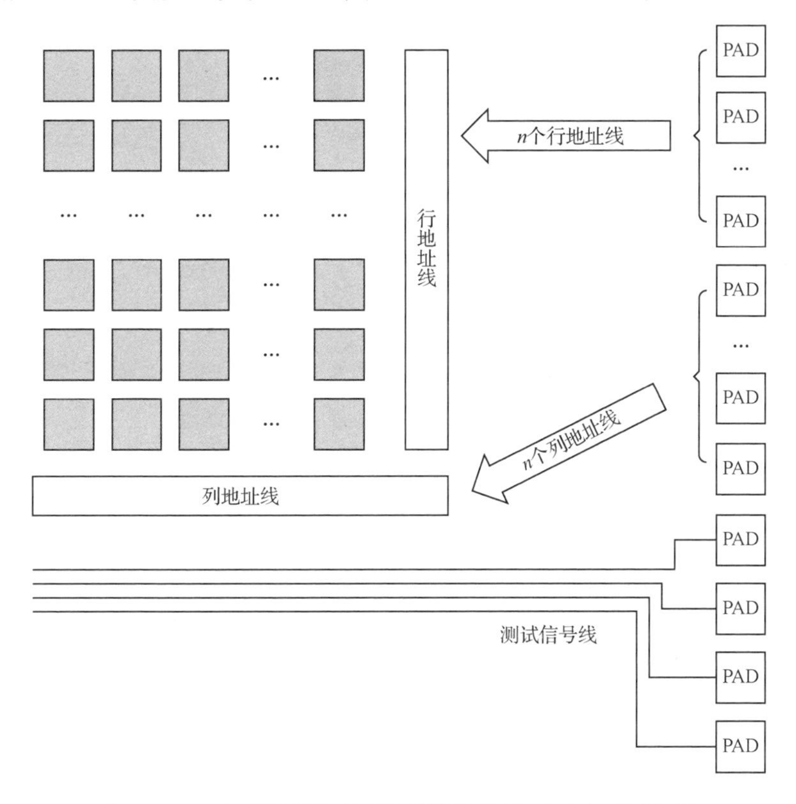

图 5　针对上述问题的“可寻址测试芯片”解决方案示意图

上述可寻址测试芯片的原理看似简单，在设计实现中却是困难重重。首先，测试单元的结构不像单一的 RAM 位单元，而是多种多样的，有不少还是经过可变参数定制的 PCell 批量实例。其次，测量精度要求高，而信号值可能很弱。第三，开关电路和寻址电路的引入，又引入了不小的开关电阻与引线电阻。另外，有的测试结构需要精确的电偏置，有的测试结构漏电等二阶量显著，有的测试任务又要求采用环形振荡器等有源结构。因此，需要采用各种电路设计技术，以实现系统性的误差消除。由于大型可寻址测试芯片往往用在最先进的产品工艺中，掩模和晶圆价格昂贵，在保证测试功能和精度外，在设计实现时还需要重点考虑面积、可靠性、冗余度等要素。

根据上述设计目标和设计约束，可寻址测试芯片的设计也和其他先进集成电路的设计相似，需要依靠完整科学的设计方法学，形成一套自动化的 EDA 设计流程，其主要功能包括测试结构设计、阵列设计、单元布局、信号布线、电路仿真和物理验证等。

3. 测试芯片的自动化设计

图 6 中，SmtCell 是参数化单元创建工具，可以创建多种类型的参数化单元。

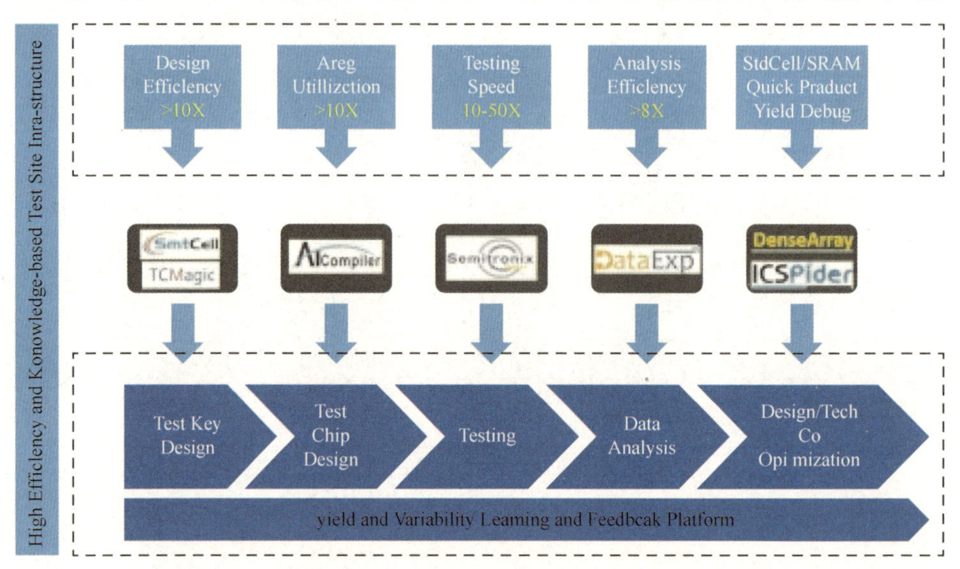

图 6　广立微电子的大型成品率测试芯片 EDA 工具和流程图

TCMagic 是测试芯片的整合设计平台，能够导入 SmtCell 中完成设计的测试结构，为设计划片槽和 MPW 测试芯片提供完整的解决方案。

ATCompiler 是可寻址测试芯片设计平台，提供了一个完整的大型可寻址及划片槽内可寻址测试芯片的设计解决方案。

Semitronix Tester 是用于快速工艺监控的专用测试机系列，在与可寻址测试芯片结合使用时，能够大幅减少电学测量时间。使用多通道并行测试机，实际测试速度最高可达每小时上亿个测试项。

DataExp 是 WAT（晶圆允收测试）和测试芯片数据分析工具，用于方便地分析测量数据并快速构建多种数据分析图表。

Dense Array 是一种超高密度测试芯片设计与芯片快速测试 IP 技术，允许单个测试芯片容纳上百万个 DUTs，每秒可测试数万个 DUTs，为先进半导体工艺研发和成品率提升提供超高器件密度的芯片构架。

ICSpider 是基于实际产品版图的自动化测试芯片设计工具，可以自动识别和选择 FEOL 器件，并通过自动化绕线实现实际产品版图环境下大批量独立器件的特性测量。

针对芯片产品采用这一整套自动化设计流程，就好比医生使用了一套量身定制的体检方案，能够有效地实现对症检查。在某代工厂的新型 FinFET 工艺开发中，使用该流程后显著加快了工艺开发过程。由于该工艺采用了新器件构架，准确定位分解工艺风险的难度非常高，经厂方和广立微电子共同分析后发现需要包含的测试结构数以万计，无法采用传统的测试芯片方案。

为此采用了全套 EDA 工具流程：先使用 SmtCell 生成存疑单元的测试结构，再通过 ATCompiler 将数万个单元及变种单元的实例整合到待测单元阵列中，然后自动连接上定制设计的寻址测量电路，形成高密度的设计版图，最后嵌入客户的掩模设计中。相关的选址和测试命令也同时自动生成，传送给 Semitronix Tester 设备实现自动测试。测量结果导入 DataExp 后完成数据分析，产生了完整的分析报告。

项目过程中，根据分析报告对每种工艺方案的选择性实验进行打分，评判其优劣得失。厂方也发现测试分析结论与其 SRAM 产品的实测成品率几乎完全吻合。完成以上研究过程后，厂方得以快速调整工艺试验的方向，顺利解决了工艺缺陷、窗口裕量不足和器件特性偏移等多个问题，在数月内便实现了 128 兆位芯片的成品率突破，超出业界预期。

上述整套成品率测试芯片 EDA 工具和流程现已在多家世界领先的集成电路企业中成熟应用，见证了一批批先进集成电路工艺和知名芯片产品的成品率提升过程，是目前世界领先的成品率测试芯片解决方案。

4. 成品率测试大数据的获取、分析和管理

集成电路经过设计、制造、测试的各个步骤，直到被客户使用的过程中，不断产生着海量数据。基于大数据技术有效获取并收集、整理、分析这些数据，不但是新一代集成电路成品率管理系统的目标，也是未来整个集成电路产业完成工业 4.0 升级的关键。以各个阶段集成电路成品率测试芯片的测量数据为核心，成品率大数据系统容纳了包括产品数据、工艺数据、生产过程数据、在线监测数据、使用过程数据等在内的集成电路全生命周期大数据。同时，这些数据也表现出分布离散、维度多且数据量巨大的特点。借助于机器学习等 AI 技术和云计算技术，该系统可以有效地发现制造过程的异常和其他成品率瓶颈问题，并反馈到制造和设计中去。图 7 展示了该系统在集成电路制造过程中多点收集设备数据和测量数据，深度分析成品率缺陷的复杂因果关系，成功定位了缺陷根源并通知生产车间对问题设备（tool）进行干预的一个过程示例。

从图 7 中“机器学习分析&控制系统”下方晶圆小图上也可以看到缺陷小红点在两片晶圆上的位置分布示例；每个小红点代表一个经过电学参数测试所发现的缺陷。集成电路设计企业和晶圆厂均启用成品率大数据系统后，可以实现更高级别的成品率协同管理。以“手机中的某款芯片在使用中约 1%会在软件系统升级后出现过热问题”为例：

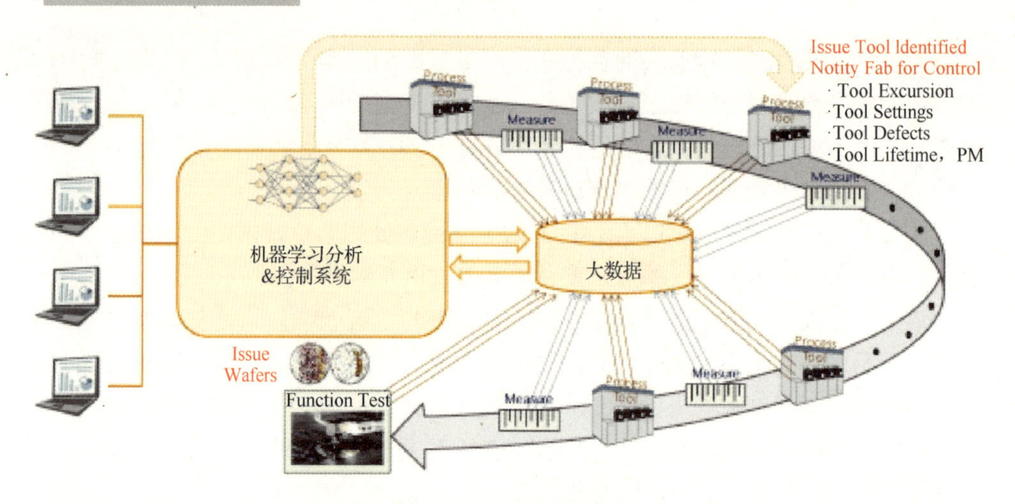

图 7　系统运行过程示例

（1）在取得部分问题样品后，基于封装时配置的芯片追溯标号，设计企业使用大数据系统分析该产品封装前后测试的历史数据，排除问题可能的来源；后续将芯片位置、产品级电学测试数据等信息传递给晶圆厂。晶圆厂得到设计企业的反馈后，也启动大数据系统，分析硅片出厂时测量和各工艺阶段监控的历史大数据；对制造中的数据进行分析后，数据趋势显示所在晶圆某些静态电流指标的测量值略偏大，且芯片位置靠近晶圆边缘，初步怀疑问题由芯片内器件特性造成，进而去追踪造成该批芯片出现问题的原因。

（2）利用 ICSpider 工具设计产品诊断芯片，新的两层掩模能将产品中出现频繁的大批器件从产品版图连接到上层引脚，通过快速晶圆测试机进行实测。测试结果导入数据分析系统与相关器件的仿真结果比较分析，发现部分器件漏电高于模型较明显，其他器件与模型基本吻合，而且漏电路径都是从源端到漏端。将所有器件的设计参数导入 DataExp，进一步发现这些高漏电的器件全部都有最小的栅极–有源区边界距离（minSA）；由此推断该类器件和标准模型存在偏差，使部分电路在频繁开启时功耗异常。

（3）针对这个问题，重新设计了一层掩模，对这类器件进行专门的修正。重新流片后，产品芯片在同样使用条件下功耗明显下降。相关的风险器件因此成为可寻址电路单元被并入划片槽工艺监控设计中，在后续产品的量产中进行实时监控。有关的技术经验也在晶圆厂沉淀下来，带入今后其他产品的生产开发中。

通过以上的示例可以看到，更巨大的数据量、更深度的数据挖掘方法与先进的数据管理引擎，一起造就了更强大的成品率管理 EDA 工具系统，可以由集成电路设计企业和晶圆厂协同使用。该系统的一些子系统，如支持大量数据扩展性的分布式数据平台、支持 fabless 设计公司数据分析的网络系统，已经被合作客户使用。展望不久的将来，产业界领先的集成电路设计和晶圆厂都能将生产过程和产品数据便捷地管理起来并且有效利用，让曾经棘手的成品率问题在大数据和人工智能时代迅速得以解决。

作者简介：

杨慎知博士，本科毕业于清华大学，硕士及博士毕业于美国康奈尔大学，目前任杭州广立微电子股份有限公司 CTO，在集成电路工艺开发、成品率提升与电性检测领域从事研发与实践二十余年，领导多个先进工艺节点的成品率提升，及相关 EDA 工具研发和应用推广。

史峥副教授，本科及硕士毕业于清华大学，博士毕业于浙江大学，目前在浙江大学任教，其研究领域涵盖纳米尺度集成电路设计及 EDA、成品率增强技术和集成电路物理设计方法等。

公司简介：

杭州广立微电子股份有限公司是领先的集成电路 EDA 软件与晶圆级电性测试设备供应商。公司为集成电路产业企业提供一站式成品率提升解决方案，主要产品包括 EDA 设计工具、电路 IP、晶圆级电性测试设备、半导体数据管理分析工具及成品率提升相关技术服务。

| 第六章 |

EDA PCB 类

无源结构建模与仿真的发展趋势

孙 冰 刘 岩

1. 摘要

无源元件是指工作时不需要外部能量源的器件，传输线、键合线等互联结构都可以看成是广义的无源元件。常见的无源元件有：电阻，电容，电感，传输线，键合线，连接器，过孔，管脚，滤波器，线缆等。它们被广泛应用在芯片、封装、系统设计中。在高频时，它的电特性往往受到其结构、应用材料等因素的影响。如何快速有效针对这些无源结构建模、准确提取 S 参数、验证及优化其电气性能决定了芯片、封装、电子系统设计的成败。本文尝试从工业软件发展要求、半导体行业发展趋势、系统设计趋势的角度对无源结构的优化必要性、重要性进行阐述，最后介绍使用芯和半导体高速仿真工具对某高速系统进行无源结构快速验证及优化，提高设计效率，管控板材等环节。

关键词：无源，互联，S 参数，建模

2. 工业软件发展——设计的数字化

工业领域正处于第四次工业革命的开端。自动化之后是生产、研发的数字化，目标是生产率、效率、速度和质量的提高，使公司在通向工业未来的道路上获得更高竞争力。

工业软件如何满足新时代电子信息产业（5G、光通信、人工智能、物联网、云计算等）研发的挑战是其发展的关键，也是支持企业进行产品研发创新和管理的机会。近年来，数字孪生技术（Digital Twin）和基于模型的系统工程（MBSE：Model Based System Engineering）成为热点。从某一角度来看，它们可以理解为是从顶层系统设计到底层基于模型的设计方法。

设计数字化的核心思想是通过使用模型来定义、执行、控制和管理一切企业流

程，通过应用基于科学的仿真和分析工具在产品生命周期的每个环节辅助决策，从而快速减少产品创新、开发、制造和支持的时间和成本。

例如波音公司摒弃二维工程图，建立了三维数字化设计制造一体化集成应用体系，采用 CAD 技术建立型架标准件库和优化型架及参数设计，对工装、工具和产品的装配过程进行了三维仿真等。

支撑该设计方法的工业软件一般需要具有以下特点：系统设计方法，多学科交叉，数学或数字模型准确反映真实设计要素。如图 1 所示，从 MBSE 经典的系统工程 V 模型可以看出，现代电子信息产品（5G、光通信、AI、IOT、云计算等）的研发设计也可以分为系统需求、顶层设计、详细设计、实现、单元测试、分系统验证、系统集成、系统验证和确认逻辑等阶段来完成一个系统。每个阶段依靠不同的工具软件来辅助。比如 Component Design 组件设计阶段，会用到 ECAD、MCAD、时序、热、应力、电磁仿真验证等工具。

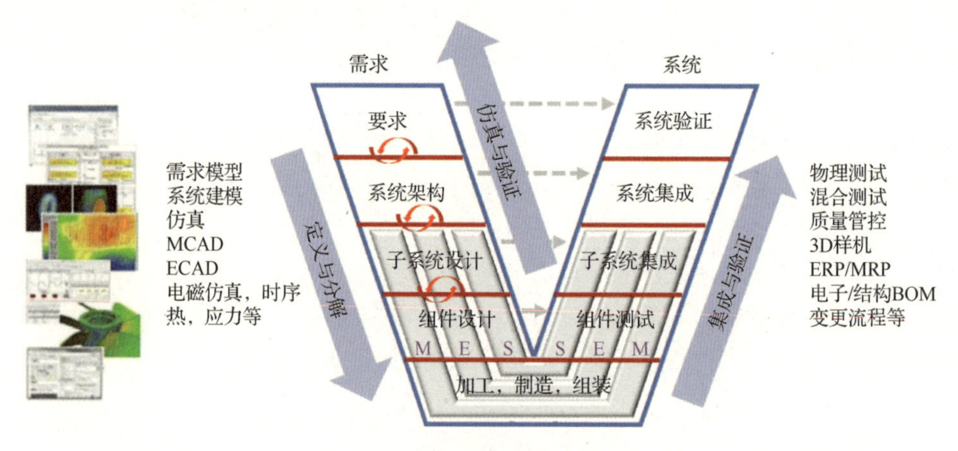

图 1 基于模型的系统工程

理想的场景是电子产品都可以有一个数字化的虚拟产品与之对应，在不同的产品层级有准确的模型描述该产品。例如一辆汽车，一台 5G 终端，一部手机等；从外壳到内部组件、组件的互联（Cable，Connector 等），电子 PCB 系统及其电子器件、封装、芯片、印制板、无源结构等都可以有模型及相关参数描述，准确反映其本身特性以及影响。有了这些模型，就可以通过优化模型来指导设计，把控生产制造的相关环节，以保证产品的质量、先进性等。比如产品的外壳通常用结构的 3D 模型来描述，有源电子器件可以用 Spice 模型或行为级 IBIS 模型表述，印制板具有物理叠层、Dk/Df 各种材质参数等，这些数字模型或参数都影响产品的实现。

而本文关注的无源结构，可以看作是组成芯片、封装、系统的“神经网络”，它的特性关系着芯片、封装、系统的功能。以往的经验法则，如单位长度导线的自感为 25nH/in、0.018in 直径的过孔自感为 12nH/in，或解析近似，即采用方程或近似公式来描述器件模型的方法，在面对复杂的现代电子产品设计挑战时已捉襟见肘，遇到如精度不够高、复杂无源结构无法计算等问题。

而通过专用电磁场仿真软件可以对复杂无源结构建立三维数字模型，提取 S 参数，进而可以获得更高精度的参数，帮助芯片、封装、系统设计的快速验证和迭代优化。无源结构的快速建模分析是设计数字化的一部分；而无源结构建模与仿真软件则是当前和未来工业软件不可缺少的一环，以满足设计数字化的需求。

3. 半导体行业发展——“IP”化

美国国防部高级研究计划局（DARPA）的电子复兴计划（ERI）中，有一个 2017 年 8 月启动的 CHIPS 项目，即通用异构集成和 IP 复用策略。

因为美国国防部面临着一个问题：大多数零件的销售量都不足以证明系统级芯片（SoC）巨大的设计成本的合理性。如果每架喷气式战斗机或每颗卫星都有一个芯片，那只是半导体体量的一小部分。半导体的设计和制造与制药业类似：第一个成品将耗费上亿美元，但长期制造成本却非常便宜。只有在需求量巨大时，设计成本才得以摊分。而国防部的需求正好相反：他们必须降低设计成本；并且在合理范围内，他们不关心制造成本，因为他们只需要数百或数千个零件。因此，电子复兴计划的重点是小芯片，降低设计成本。

CHIPS 项目采用完全不同的方式，旨在创造一种使用 “Chiplets（小芯片）” 设计系统的新方法。如图 2 所示，Chiplets 可以被复用，被集成到低延迟中介层 Interposer 上的裸片可以实现不同功能的系统。

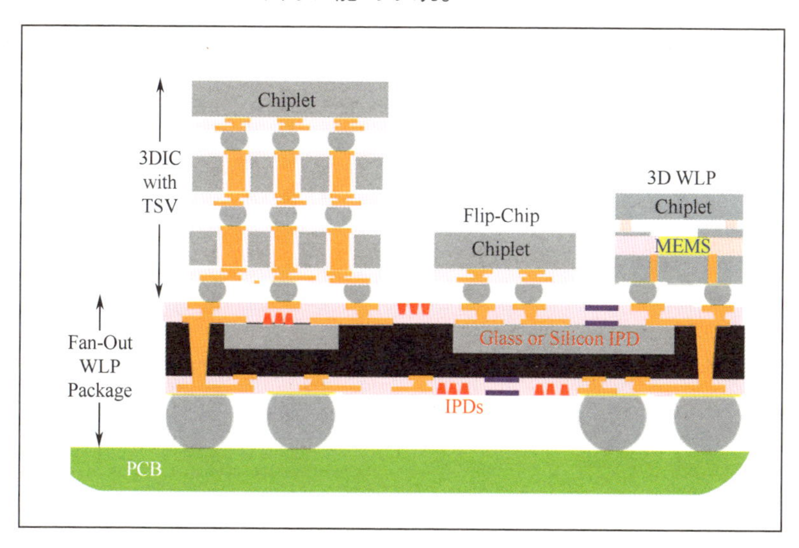

图 2　异构集成和 Chiplets “小芯片” 复用

Chiplets 的到来，其裸片的功能其实已经默认是被验证好的。对于系统设计者来说，Interposer 中的无源结构设计优化可能变成需要关注的重心。如 Interposer 上的 TSV、ubump，Interposer 中的大量细长的传输线等无源结构，由于半导体硅高损耗的特性，会出现损耗、串扰等多方面的信号完整性与电压完整性问题，可能会造成芯片，甚至系统或设备不能正常工作等问题。还有在无线通信、汽车电子、医疗电子、计算机、军用电子等领域广泛运用的 More than Moore-SiP 技术（System in Package）（图 3），把多个半导体芯片、大量无源器件、无源结构封装在同一个封装内，组成一个系统级的封装，而不再用 PCB 作为承载芯片连接之间的载体，可以提高系统性能，解决小型化、模组复用等问题。对于 SiP 的设计，则需要验证与优化芯片与封装之间大量异质异构的无源结构以保证 SiP 的成功设计。常见的无源结构有滤波器（如 LTCC 等）、IPD、金线、封装管脚、焊盘、过孔等。

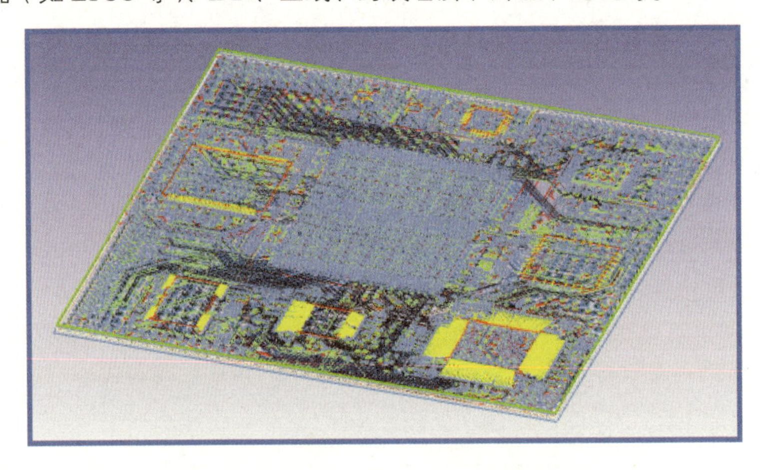

图 3　Xpeedic Hermes 中 SiP 版图设计

可以看出随着半导体的发展，Chiplets、SiP、异质异构封装的发展运用及模块化等，留给设计者大量的高速信号无源“互联”设计验证工作。

4. 芯片-封装-系统联合设计

如果从设计的角度来看，一个系统通常包含 PCB、封装和芯片；通常系统厂商会采用不同芯片设计公司的方案来做系统集成。随着行业的发展、国际形势的变化及市场的驱动，国内越来越多优秀的系统公司开始造“芯”，有些早已采用自己设计的芯片设计封装和系统，并取得非常大的成功。如 OPPO 2020 年官宣造芯，格力 2018 启动芯片计划，小米 2014 年开始芯片之路，2000 年中兴成立了中兴集成电路，1991 年华为就成立了自己的 ASIC（Application-Specific Integrated Circuit）设计中心。随着更多的公司造“芯”，它们更有优势从芯片-封装-系统整体考虑来设计与优化一个系统，提高产品交付率和竞争力。

在它们的产品设计 Signoff 签审时（图 4）通常需要进行：系统电源分配网络分析、系统热分析、封装 / 系统电气 Signoff 签审及系统抖动预测。IC-Pkg-System 联合设计 Signoff 需要从局部到整体考虑 IC、Pkg、System 的无源结构，通过仿真获得其准确的模型，最终完成 Package/PCB 电气性能 Signoff、系统电源分配网络分析和系统抖动的预测等，通过优化无源结构改善系统性能（图 5）。

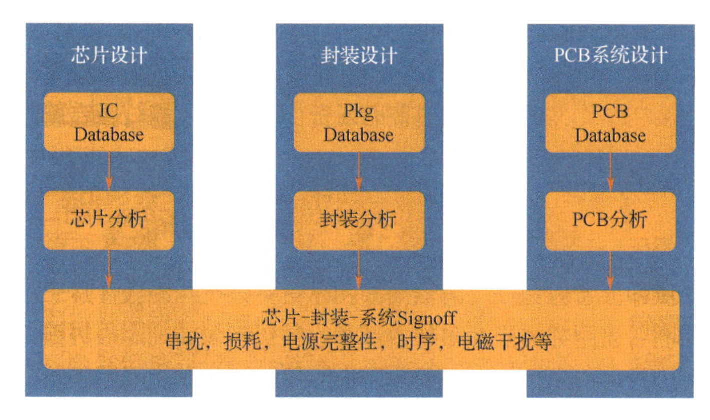

图 4　芯片-封装-系统联合设计 Signoff 签审

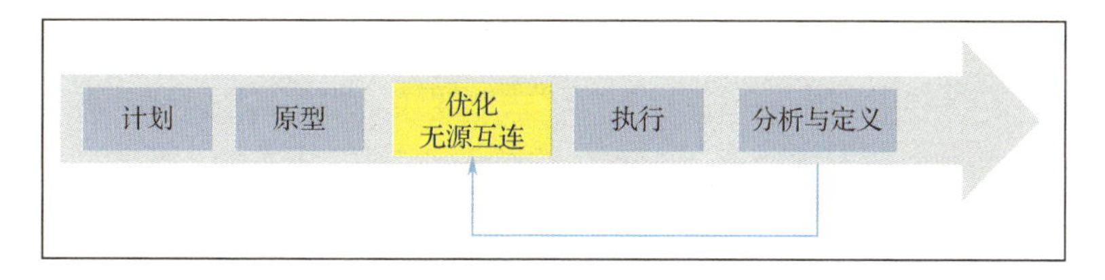

图 5　芯片-封装-系统联合设计布线流程

5. 芯片-封装-系统无源结构优化方法与工具

在信号完整性领域，通常使用 S 参数模型，作为描述线性、无源互联行为的一种通用手段，它是表征无源网络特性的一种模型。一般而言，信号作为激励作用于无源互联时，互联的行为会产生一个响应信号。激励-响应的波形中，隐含着的就是互联的特性。具体来说 S 参数就是建立在入射波、反射波关系基础上的网络参数。它是电信号如何与互联相互作用的一种描述，包括电阻、电容、电路板走线、电路板 plane、背板、连接器、封装、电缆、TSV 过孔、键合线和 ubump 等，每一种 IC/Pkg/System 的互联电气特性都可以用 S 参数加以描述。

通过这些模型可以预估任意信号和互联的作用方式，从而预估输出波形，如眼图。还可以通过后处理工具（如 SnpExpert），获得互联的其他特性，如阻抗曲线、串扰的大小和差分信号的衰减。通过分析 S 参数模型，可以确定无源互联的哪些物理特性（如 3D 结构、介质等）限制了互联的性能，进而提出改进优化的方法。

在设计过程中，可以使用电磁场 EDA 仿真工具建模，设置材料、端口、边界、频率范围等，得到 IC/Pkg/System 各种互联结构的 S 参数模型。常见的电磁场（EM）仿真方法有：有限元（FEM）、矩量法（MoM）、有限差分法（FDM）、边界元法（BEM）等。通常根据元件尺寸和仿真频率的不同，其场分析的算法也需要有不同程度的简化，在确保精度的基础上尽可能节省时间。

越来越复杂的芯片、封装、系统设计，对工具的要求也越来越高。对传统工业软件中的电磁场仿真工具的挑战有：3D 建模创建复杂；仿真优化耗时；互联结构多样；先进封装异质异构；芯片-封装-系统跨尺度联合仿真；国内用户的差异化设计需求。

芯片-封装-系统设计，如高速数字设计、IC 封装设计和射频模拟混合信号设计等，对国内外电磁场仿真工具提出了新的挑战。相对于国外的 EDA 企业，国产 EDA 更容易实现国内用户的差异化需求，也涌现出了如芯和半导体、华大九天等优秀的 EDA 企业。针对现代工业软件无源结构优化遇到的这些仿真挑战，国内几乎没有可以提供 EDA 相应解决方案的公司，而芯和半导体填补了这一空白。芯和半导体的 EDA 解决方案横跨了芯片-封装-系统-云平台（图 6）四个领域，可快速地对芯片-封装-系统不同层级的无源结构，如电阻、电容、电感、传输线、键合线、连接器、过孔、管脚、滤波器、线缆等，进行建模与电磁仿真分析（图 7），最后实现芯片-封装-系统设计的联合仿真（图 8）。

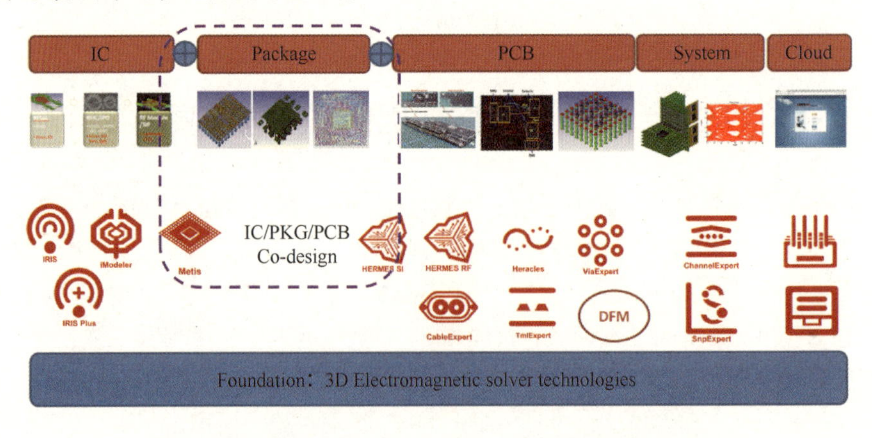

图 6　芯和半导体芯片-封装-系统-云平台 EDA 解决方案

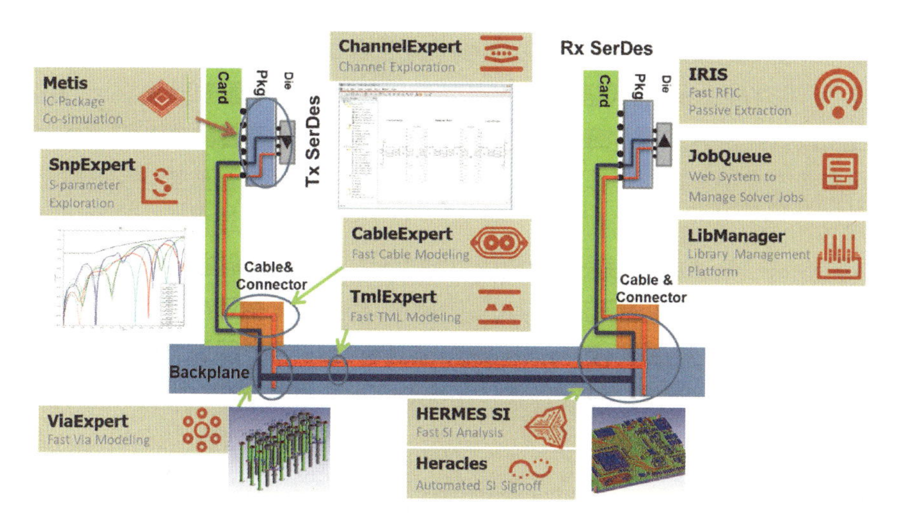

图 7　Xpeedic EDA 仿真工具分布图

图 8　Xpeedic ChannelExpert 芯片-封装-系统联合设计系统

6. 使用 Xpeedic 高速仿真工具优化无源结构

针对已完成布线的 PCB，设计者通常还需经过两大步骤来实现后仿真：①需要对已完成的关键网络进行仿真验证，查看实际布局布线是否满足设计要求；②需要对不满足要求的结构进行优化，然后对改动后的 PCB 再次进行仿真验证，确认改动对高速信号带来的影响。

为此，芯和半导体可提供以下仿真工具来满足用户需求：一是 Hermes SI 工具，它可以快速实现后仿真中对关键网络信号进行仿真验证的工作；二是 ViaExpert 工具，它可以便捷地实现对阻抗不连续处的快速优化，比如过孔、电容焊盘、金手指区域等；三是 TmlExpert 工具，它可以便捷地对传输线进行建模优化，比如带状线、微带线及波导结构等；四是 SnpExpert 工具，它可以便捷地查看 S 参数及 TDR 曲线。

1）设置堆叠及材料信息

方法特征：①依据 PCB 厂提供的叠构及材料信息在芯和半导体高速仿真工具中设置堆叠；②或者在 Cadence Allegro 里将堆叠设置正确后，通过 Hermes 与 ViaExpert 导入 Layout 文件后，直接解析获取堆叠信息。

如图 9 所示，在芯和半导体高速仿真工具中，已支持介质的单频点与多频点频变模型。本文仿真使用的 Djordjecvic-Sarkar 模型，根据板厂提供的@1GHz 的 Dk 与 Df 信息设置仿真参数。Layout 工程师已按照板厂建议的差分线 100Ω 阻抗要求的线宽与间距布线。下面通过导入 Layout 文件进行仿真验证当前设计是否满足阻抗要求，若不满足，则需进一步优化。

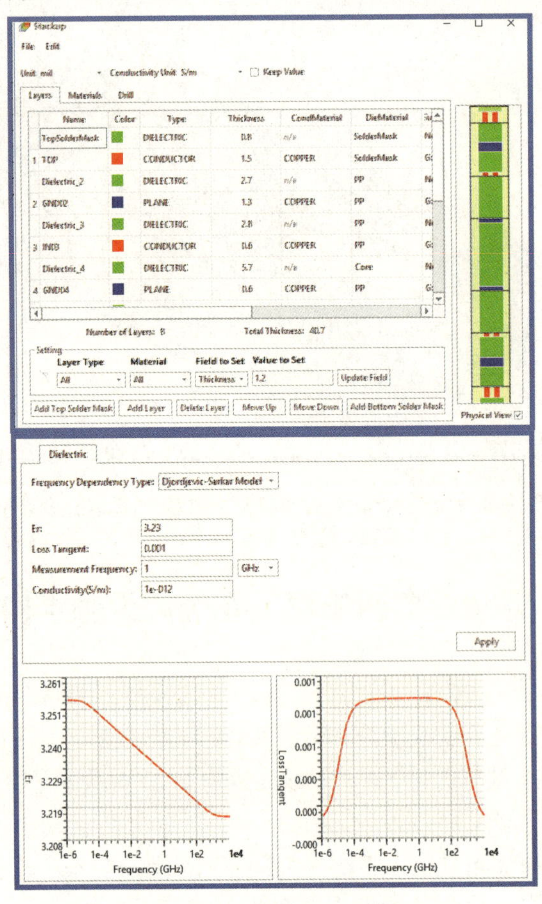

图 9　设置堆叠与材料信息

2）仿真验证关键网络的阻抗

方法特征：①由于当前 Layout 设计中的关键网络布局一致性较好，可以取具有代表性的网络进行仿真验证。考虑到最坏情况下的结果，选择了走线最长、结构较复杂的网络。②由 Hermes SI 提取关键网络的整个通道的 S 参数，扫频到 20GHz，然后通过 SnpExpert 查看此通道的时域反射测量（Time-Domain Reflectometry，TDR）特性。图 10、图 11、图 12 分别显示了不同差分对所对应的 TDR 结果。

图 10 是截取的差分对 1 的模型及 TDR 结果，此模型是内层走线，两端是金手指。

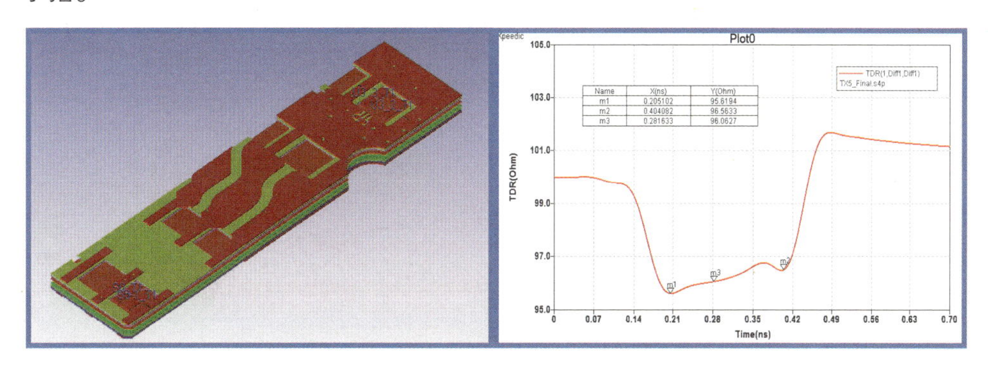

图 10　差分对 1 的模型及 TDR 结果

从 TDR 曲线可以看出，*m1*=95.6Ω 与 *m2*=96.6Ω 是对应左右两端金手指处的阻抗，*m3*=96Ω 是对应内层走线的阻抗。由此可知，此差分对中，金手指及内层走线阻抗在合理范围，暂不优化。

图 11 是截取的差分对 2 的模型及 TDR 结果，此模型是表层走线，两端是金手指。由于表层走线较短，且仅扫频到 20GHz，从 TDR 曲线仅可以看出，最低点是 *m1*=92.9Ω，但无法严格区分出左右金手指与走线的阻抗。考虑到此处金手指模型跟差分对 1 处的是一致的，其阻抗不会掉落那么严重，又通过 ViaExpert 单独仿真金手指处的阻抗，如图 12 所示，*m1*=96.9Ω。因此造成阻抗掉落的原因极大地可能是走线的阻抗与金手指处阻抗不匹配造成的反射，所以需要对表层走线阻抗做进一步检查与优化。

3）优化不连续结构的阻抗

（1）优化表层走线阻抗

根据检查当前 Layout 文件发现，表层走线阻抗与板厂声称的 100Ω 阻抗偏差较大的原因是板厂计算阻抗时使用的是微带线的结构，而当前 Layout 实际走线是 GCPW（Grounded Co-Planar Waveguide），所以需要根据当前表层实际走线重新建模优化。

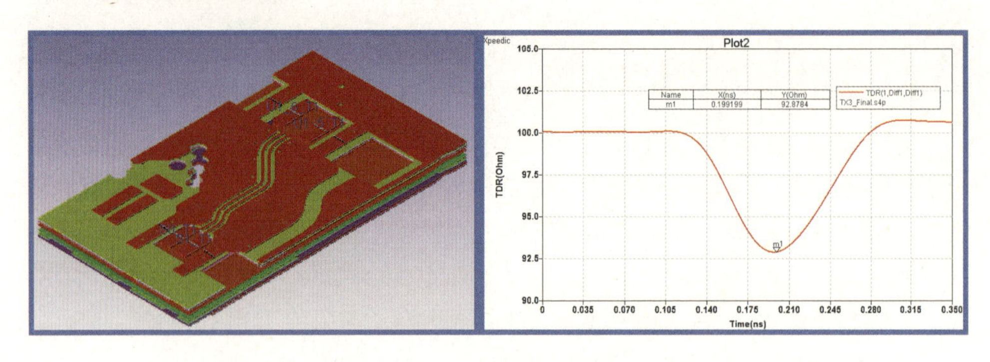

图 11　差分对 2 的模型及 TDR 结果

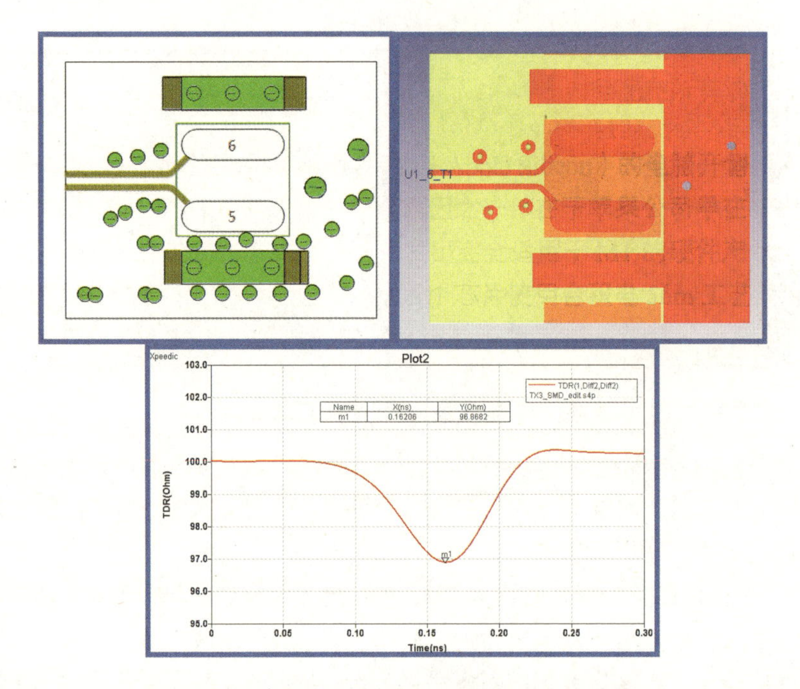

图 12　金手指处 FootPrint、3D 模型及 TDR 结果

方法特征：如图 13 所示，TmlExpert 提供了 GCPW 的模板，根据当前 Layout 的参数，在不改变过孔布局的前提下，微调线宽、间距及信号对地间距进行优化，最终得到满足阻抗要求的设置。

（2）优化电容处的阻抗

由于当前 Layout 布局已定，需采取微调的措施，所以尝试通过挖空相邻层或者扩大挖空区域改变回流路径的方式进行优化。ViaExpert 可以导入 Layout 文件，截取模型后，在 2D 界面添加 Keepout 快速挖空相邻层或改变挖空区域。

方法特征：在 ViaExpert 中，对于电容模型，软件支持在 2D 界面添加集总的 RLC 参数。图 14 是电容处 FootPrint、3D 模型及 TDR 结果对比。TDR 结果对比中，红色是原始挖空区域的结果，绿色是多挖空一层相邻层的结果，由此可看出，通过多挖空一层相邻层就可以改善阻抗，使其达到目标阻抗 100Ω 的要求。

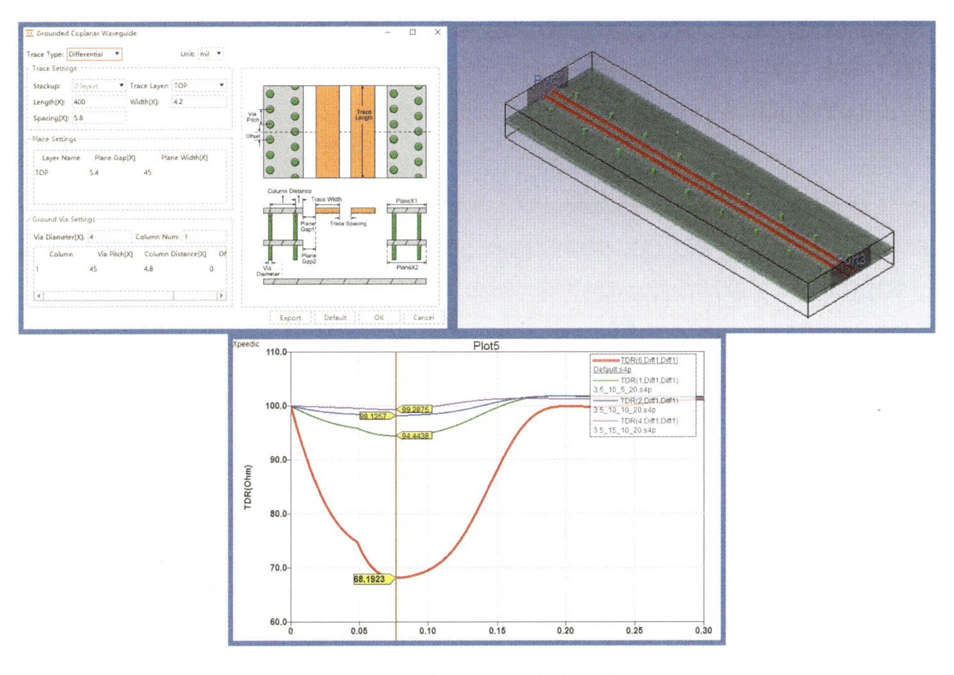

图 13　GCPW 模板、3D 模型及结果对比

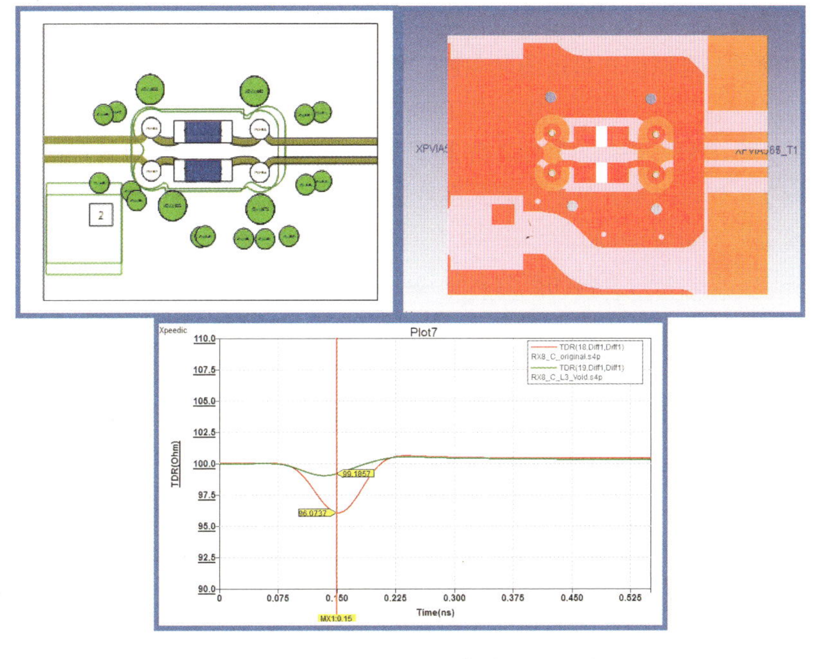

图 14　电容处 FootPrint、3D 模型及 TDR 结果对比

综上所述，本节使用芯和半导体高速仿真工具完成了后仿真中对 PCB 无源链路的 S 参数提取及阻抗验证，并对链路中阻抗不连续处的走线及电容进行了优化。后续需对改动后的 PCB 做进一步的验证，确认改动对阻抗带来的影响。

7. 总结

我国电子设计领域的快速发展，如人工智能、智能驾驶、深度学习、HPC 计算机、5G 等，使得芯片、封装和电路板构成的电子系统朝着更大规模、更小体积及更快的时钟速率这一方向发展。电路的高速化、低电压和高集成化使得信号链路网络、电源分配网络等问题日益突出。无源器件的高频特性影响到高速电子系统设计能否成功。

通过工业设计软件之电磁场仿真工具对这些无源结构建模，准确提取 S 参数，验证及优化其电性，可以促进芯片、封装、电子系统的成功设计。同时我国芯片设计、制造、封装到系统设计已逐渐形成生态链，新一代国产工业软件企业，如芯和半导体，如果可以串联起从芯片设计到系统设计的生态链，和国外 EDA 生态圈的各个伙伴无缝交互、与半导体产业链上下游的企业紧密融合，提供覆盖芯片、封装、系统设计的全面解决方案，将能更好地服务全中国乃至全球的企业。

作者简介：

孙冰，Xpeedic 应用支持／系统集成项目管理专家。曾就职于 Schneider Electric，现就职于芯和（Xpeedic）半导体科技（上海）有限公司。

刘岩，Xpeedic 应用工程师／信号完整性仿真工程师。曾就职于英业达（Inventec），现就职于芯和（Xpeedic）半导体科技（上海）有限公司。

公司介绍：

芯和半导体科技（上海）有限公司是国产 EDA 行业的领军企业，提供覆盖 IC、封装到系统的全产业链仿真 EDA 解决方案，致力于赋能和加速新一代高速高频智能电子产品的设计。

三维全波电磁场仿真软件在无源器件设计中的应用

刘民庆

1. 摘要

随着移动互联设备的迅猛发展，RFIC 无源器件的设计变得炙手可热。然而，各种 RFIC 无源器件的设计过程，却面临着来自半导体工艺和设计工具方面的诸多挑战。设计人员需要一种能够快速、精确地计算无源器件电磁特性的工具，以帮助他们优化器件的性能，评估器件的耦合效应，降低研发的风险。目前集成电路无源器件的 CAD 技术已取得了很大的发展，一些成熟的软件工具已经出现在市场上，这些软件工具主要分成两类：一类根据电路结构，通过软件工具的分析和模拟仿真，得到电路特性；另一类是给定电特性参数，通过软件工具的综合，探寻并确定电路结构。九同方微电子有限公司经过多年的发展，提供世界一流的电磁场模拟仿真工具 eWave 和综合工具 ePcd。ePcd/eWave 运用电磁场的矩量法数值解对集成电路中的无源器件（电容、电感和变压器等）进行精确的综合、分析和仿真计算。

2. 简介

集成电路的无源器件设计，需要对频率增加导致的各种寄生参量的影响加以精确分析。这些元件的集总特性总是在一定条件下呈现，不是一个或几个简单的元件数值能够表达的。实际上，任何一种电路元件在高频下都存在分布电感、分布电容、高频损耗等，元件的特性由这些因素共同作用决定，无源器件的集总设计结果精度差、适应范围小，在实际应用中有很多局限。随着计算机和电磁场数值计算方法的发展，用数值分析集成电路无源器件已经能够获得符合工程精度要求的解答，这种方法越来越引起重视并得到广泛应用。

矩量法是最常用的提取无源器件各种电参数的数值计算方法之一。混合势积分方程（1）是计算金属表面电流分布的常用标准方法，G_A 和 G_V 分别是矢量和标量格林函数。

$$E^i = \frac{J(r)}{\sigma} - \frac{jw\mu_0}{4\pi}\int_v G_A(r)\cdot J(r)dv - \frac{1}{4\pi\varepsilon_0}\nabla\int_v G_V(r)\nabla\cdot J(r)dv \qquad (1)$$

电磁场仿真软件 eWave 使用三维全波格林函数有效地解决了多层有损介质所产生的各种影响，通过对金属体和表面的剖分，矩量法把上面的积分方程离散化为一个矩阵方程，矩程方程的解即是金属表面的电流分布，通过电流分布能够求得器件的各种电参数。eWave 能够有效计算电流的边界效应、趋肤效应及相邻效应。

ePcd 是新一代 RFIC 无源器件的设计和建模平台，适用于设计和仿真 RFIC 无源器件。它提供了简明易用的无源器件设计界面，可帮助用户对片上螺旋电感、变压器和差分电感、巴伦电感、MIM 电容、MOM 电容等进行优化设计。ePcd 独有的准静态仿真和 3D 电磁场全波仿真求解技术，为 RFIC 电感提供了前所未有的仿真精度和速度，能够显著缩短产品设计周期和上市时间。ePcd 无缝集成于 Cadence 工具中，客户无需离开自己最为熟悉的设计环境，即可完成 RFIC 无源器件的综合优化设计。

3. ePcd 功能介绍

1）片上无源器件的快速综合

通过准静态仿真和电磁场仿真器，结合共轭梯度搜索、深度搜索等多种局部优化算法和全局遗传优化算法，快速实现 RFIC 无源器件的物理模型的生成。

2）快速 PDK 单元生成

ePcd 可集成到 Cadence Virtuoso 设计环境中，自动生成一个完整的 PDK 元器件模型，包括：原理图 Schematic、电路符号 Symbol、版图 Layou、等效模型 Spectre & Hspice。

ePcd 内置参数化 RFIC 无源器件库，可用于快速仿真和优化。目前支持的元器件模型包含：螺旋绕线电感、差分电感、巴伦电感、蝶型电感、变压器、MIM 电容、MOM 电容等无源器件。

3）ePcd 工作精度

ePcd 的准静态仿真引擎及 3D 全波仿真引擎为客户提供了精确的综合精度。

ePcd 的片上电感建模得到了晶圆厂的背书。根据 Foundry 流片实测的结果，ePCD 的片上电感仿真结果与实测结果相比，L 的误差低于 5%，Q 的误差低于 10%。

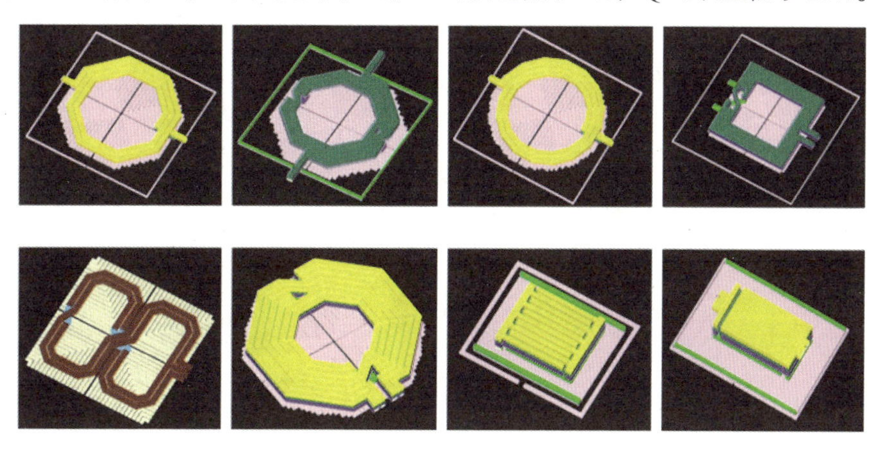

图 1

4）ePcd 工作速度

ePcd 在综合过程中采用了包括全局和局部的搜索算法在内的多种优化方法。通过算法的优化，使得 ePcd 可以为用户提供最优的综合结果。此外，ePCD 的并行算法，使其综合效率与可使用的 CPU 数目成正比，大大加速了无源器件的优化设计过程。

4. eWave 功能介绍

eWave 是九同方微电子有限公司独立开发的基于矩量法（MOM）三维全波电磁仿真工具，是国际上高频电子设计自动化领域的技术和创新的领导者。eWave 无缝集成到 Cadence Virtuoso，客户无需离开自己最为熟悉的设计环境，就能够重复进行可一次性通过验证的电子设计。eWave 支持结合电路和系统协同仿真或者协同优化进行电磁仿真，以便计算出平面结构器件（例如电感或巴伦）的复杂电磁效应；而以 S 参数的形式查看结果可以迅速洞察设计问题所在。eWave 不仅能够保持电磁场仿真的精度，而且通过独特的格林函数库预建立技术，也可以实现以电路仿真的速度进行电磁场仿真和优化。

eWave 支持多核并行计算，它特别适用于复杂多层结构版图仿真。与其他独立平面电磁仿真器不同，eWave 集成于业界功能最强大的 RFIC 无源器件设计系统平台，可以通过通用型的设计输入，友好的优化、仿真用户界面，提供最高效、最快速的三维平面电磁仿真能力，并始终支持您以高效率交付最佳设计。主要优势：一是结合了 3D 全波电磁求解器，用于射频无源器件设计、高速互连仿真和电磁寄生建模；二是高效的网格剖分、自适应频率采样和并行多线程计算，NlogN 加速算法，有效缩短仿真时间；三是能够仿真复杂的电磁效应，包括趋肤效应、衬底效应、厚金属边缘耦合效应和辐射效应等。

1）多端口、全版图仿真

eWave 为 RFIC 设计者提供了最精确的版图仿真手段，支持任意版图形状及端口数，性能超群，能有效仿真寄生效应、串扰、耦合、损耗等，很好满足设计需求。

2）片上无源器件库的设计（IPD）

针对用户的产品工艺流程，结合九同方满足工业标准的设计流程，设计、优化满足客户设计要求的 IPD 库，包括螺旋绕线电感、差分电感、变压器、巴伦、MIM 电容、MOM 电容等。可以通过通用型的设计输入，友好的优化、仿真用户界面，提供最高效、最快速的三维平面电磁仿真能力，并始终支持高效率交付最佳设计。

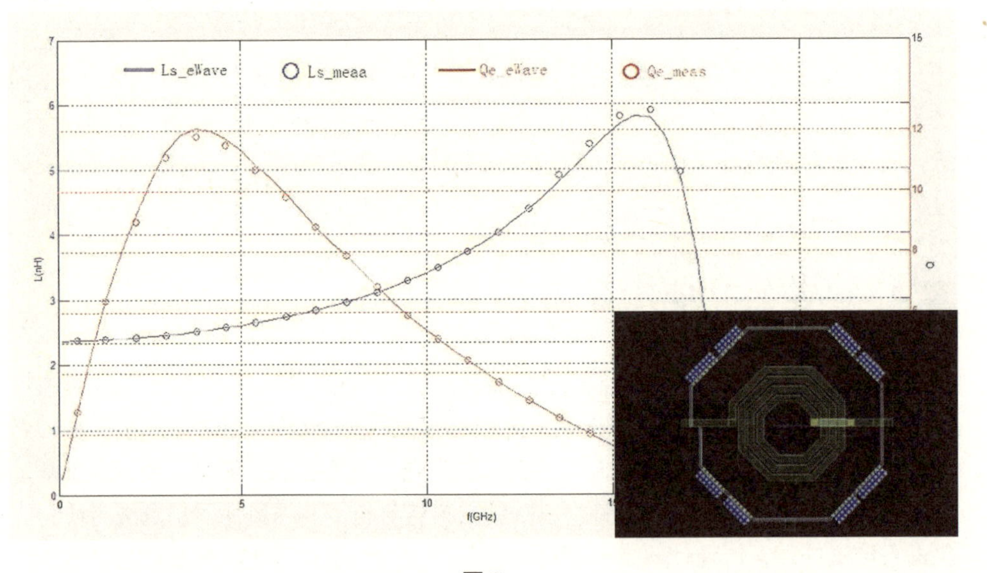

图 2

3）快速的 3D 全波电磁场仿真

结合了最新的 NlogN 算法和多线程求解技术，借助 BDD 算法、迭代矩阵求解算法及自适应网格和过孔压缩技术，eWave 的仿真速度和算法复杂度关系由传统工具的 N2 减少到接近于 NlogN，极大地提高了仿真性能，使得用户可以对更大规模的电路进行有效仿真，缩短 IC 设计周期和降低开发风险。

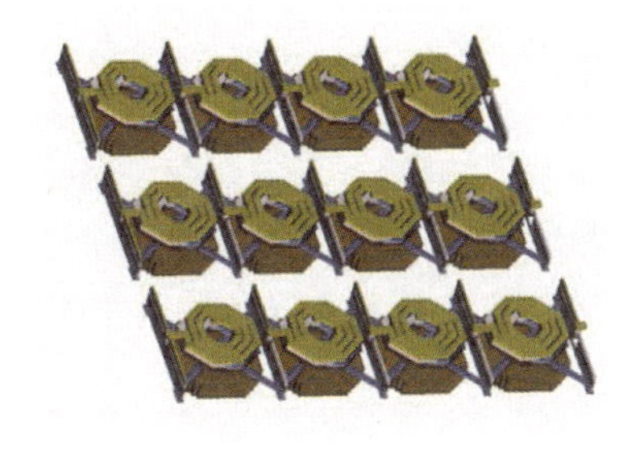

图 3　45nm 多电感结构（12 电感）

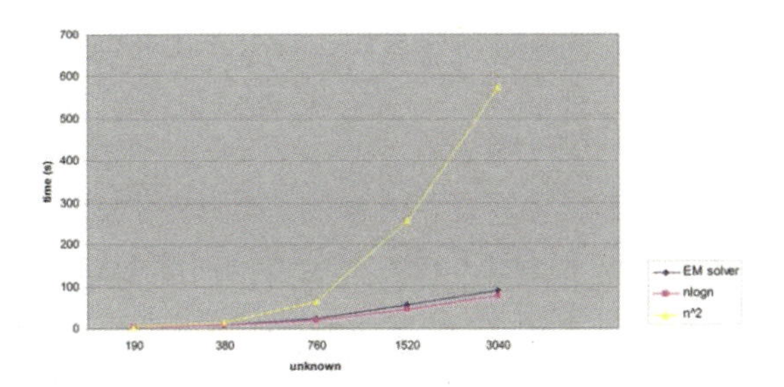

图 4　12 个电感的仿真结果：未知量与仿真时间

4）良好的设计接口

无需更改设计环境，eWave 能够无缝集成到 Cadence Virtuoso，直接在 Virtuoso 版图编辑的工具栏中，调用 eWave 电磁场仿真工具。

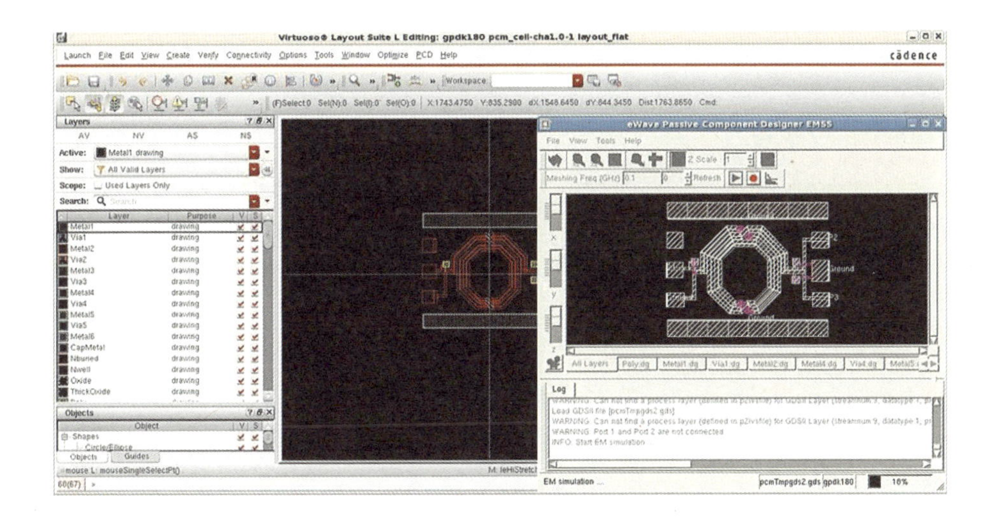

图 5

eWave 最大支持 1000GHz 的仿真频率；有效仿真金属填充及电磁屏蔽环设置；易于描述端口和地平面；支持导入和导出 GDSII 格式。

作者简介：

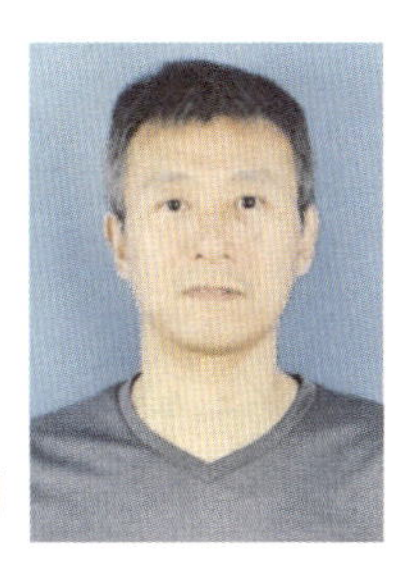

刘民庆，电子工程和计算机工程复合专业背景，2002 年取得加州大学圣克鲁兹分校博士学位，本科和硕士阶段分别就读于浙江大学和清华大学。1993—1997 年于电子部南京第五十五研究所任科研组长，曾就职于美国 Cadence 公司从事 EDA 研发工作逾 10 年，是资深 EDA 专家。2012 年起任职湖北九同方微电子有限公司

CTO，是公司电磁场仿真软件核心算法的创始人。

公司介绍：

湖北九同方微电子有限公司创立于 2011 年，是自主 EDA 软件研发和相关技术服务提供商，携手行业龙头用户的实例化场景打造“高精度和高性能”的 EDA 产品。

第七章

人工智能与云计算

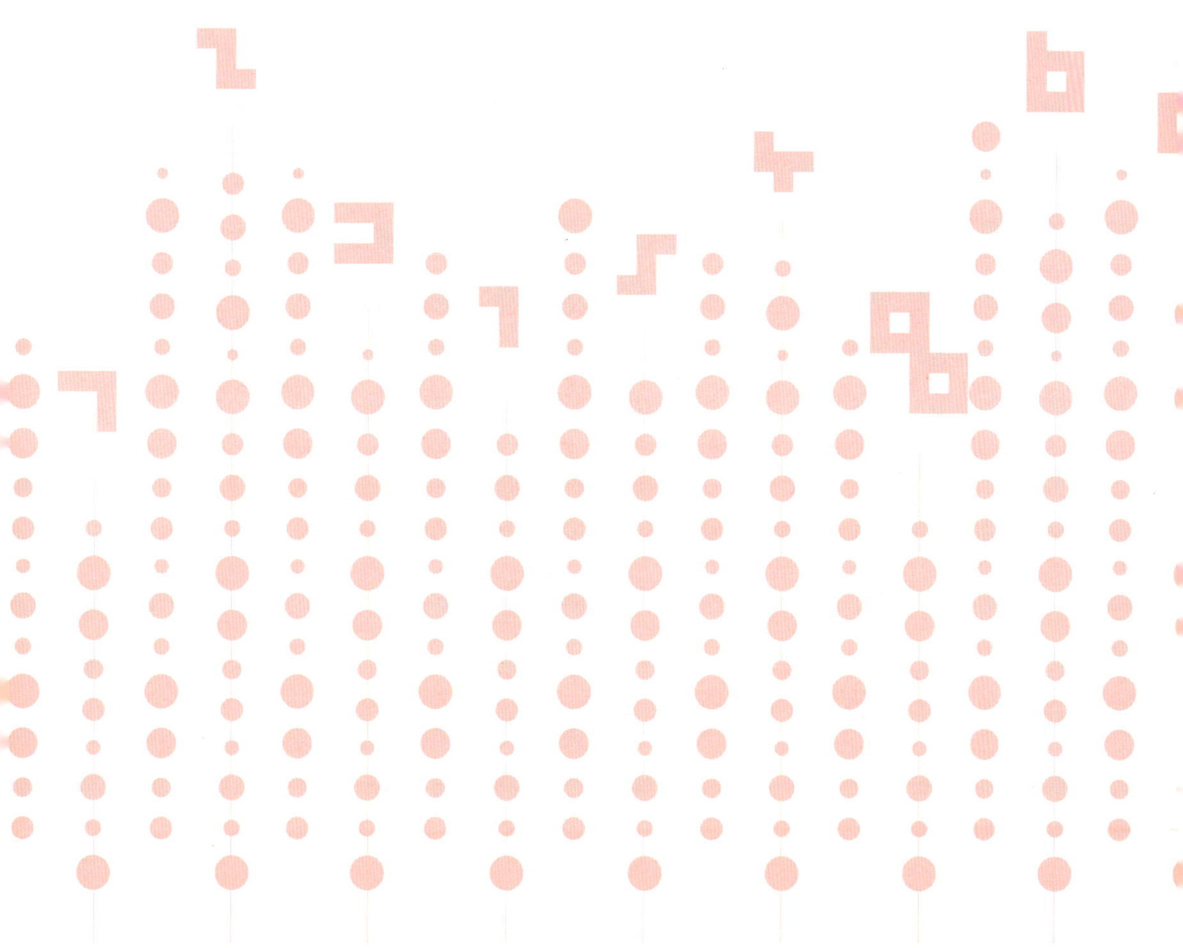

浅析 EDA 与人工智能

熊晓明

1. 简介

EDA（电子设计自动化）是广泛应用于整个集成电路（IC）产业链的软件系统，涉及材料、物理、电子、计算机等领域的多专业融合。由于摩尔定律的发展限制，单位面积上晶体管的集成度越来越高，电路之间的交互、工艺复杂度、热物理效应等在不断变化，芯片设计流程也将随之变化（图 1），传统 EDA 工具已经无法满足工程师们的需求，EDA 工具也势必朝着智能化方向发展。近年来，人工智能（AI）的部署在诸多应用中发挥着重要的作用，在 EDA 领域也是如此。

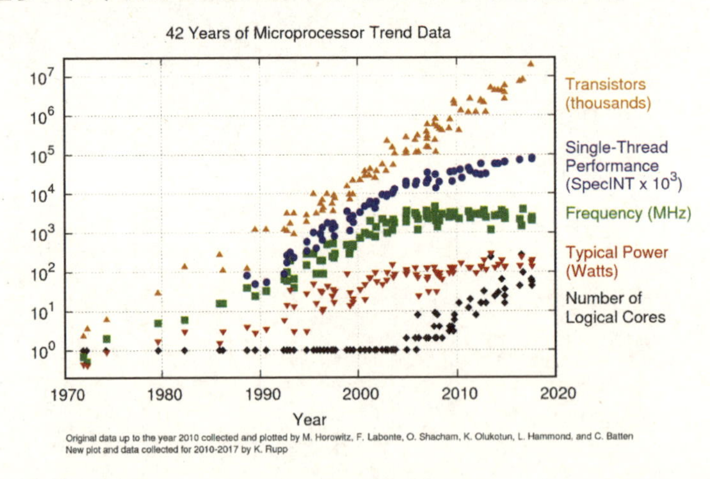

图 1　微处理器发展趋势

2. 发展和研究现状

市场研究机构 ABI Research 发布最新报告，云端 AI 芯片市场将从 2019 年的

42 亿美元增长至 2024 年的 100 亿美元的规模；边缘 AI 芯片也将以 31%的年平均增长率持续扩张。而 EDA 作为 AI 芯片中必不可少的角色，也迎来了新的机遇和挑战。就目前国内外的研究现状来看，台积电已经开始在布局和布线阶段使用机器学习的方法进行路径分组以改善时序，并采用 Synopsys ML 预测潜在的 DRC 热点。在采用更智能的解决方案来平衡高密度和高精度工艺技术的复杂性方面，台积电正走在正确的轨道上。美国国防部主导的 15 亿美元的“电子复兴计划”，第一个支持的项目就是 EDA 项目，重点突破优化算法、7nm 以下芯片设计支持、布线和设备自动化等关键技术难题。Synopsys 于 2018 年 9 月初宣布，推出一种基于 AI 的最新形式验证应用，即回归模式加速器，可将设计和验证周期中的性能验证速度提高 10 倍，以验证复杂的片上系统（SoC）设计。Cadence 已经为其 EDA 工具提供了超过 110 万种机器学习模型用于加速计算，其下一阶段的产品开发就是将人工智能应用到布局与布线工具上，通过机器学习的方法推荐加速优化方案。为了帮助企业提供更完备的 AI 技术，Mentor 正在开发工具帮助公司更快地设计 AI 加速器。利用机器学习算法来改进集成电路设计工具，以便更快地为客户提供更优的结果。在先进工艺节点上，采用现有算法的全局布线（Global Routing）工具已经达到极限，NVIDIA 则用机器学习来提供芯片设计的全面覆盖。到 2020 年，AI 芯片和系统的设计需求一定会持续增长，EDA 若要实现全自动化，芯片设计周期若要缩短至 24 小时，AI 技术将必不可少，它可以大大提高设计效率和自动化程度。EDA 的 AI 化可能促使 IC 行业发生巨大变革。由此可见，人工智能将对 EDA 技术产生巨大的影响，EDA 结合人工智能进行技术升级实现 100%自动化将势在必行（图 2）。

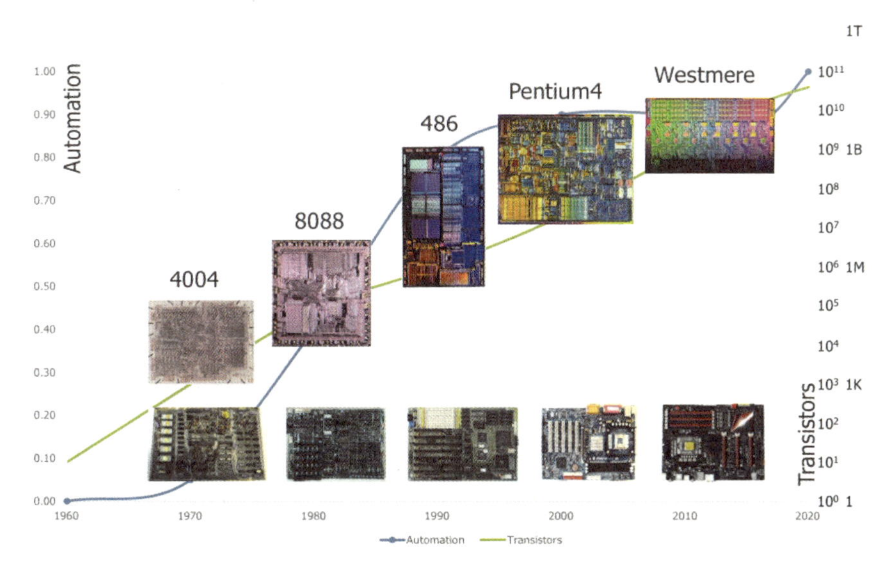

图 2　EDA 需要实现 100%的自动化

3. 应用场景

目前 EDA 技术已经在多种产业广泛应用，无论是人工智能、云计算、自动驾驶技术、智慧医疗，还是 5G 技术，包括设计性能测试、特性分析、产品模拟等，皆可在 EDA 环境下进行开发与验证，同时 EDA 领域均有对应其应用特点的芯片设计解决方案，最主要的目的则是通过 EDA 工具更快地实现创新，而 AI 技术在不同的应用领域也同样发挥着重要的作用。综合来看，AI 技术在 EDA 工具中的应用主要体现在以下几个方面：数据快速提取模型、布局中的热点检测、布局与布线、高层次综合工具、电路仿真模型、功能与时序验证、PCB 设计工具等。此外，软硬件协同设计的重要性在 AI SoC 设计中越来越高，而且需要协同设计的不只有软件与硬件，还有存储器与处理器；这类因 AI 衍生的协同设计需求，也需要新一代的 EDA 工具来支撑（图 3）。

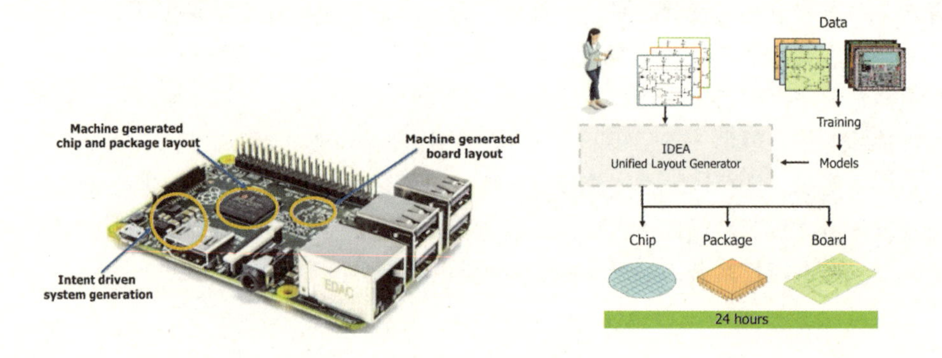

图 3　EDA 结合 AI 技术的应用

4. EDA 结合人工智能的优势

EDA 工具中引入 AI 技术可以提高设计效率，缩短芯片设计周期，实现自适应学习。知识和经验在减少时间方面起着非常重要的作用，这就是机器学习可以应用的地方，以提高有经验的工程师的生产力。例如，在 7nm 的关键层，客户使用多达 8000 个 CPU 运行 12～24 小时来执行一次运算。通过使用机器学习，我们可以将 CPU 数量降低 3 倍，并限制时间的增长，这对于将来生成每个高级节点是必要的。另外，所有设计师面临的最大挑战之一是功能扩展。在实际的设计过程中，如果在后期添加新功能，通常会导致很多设计工作丢失，并且几乎可以肯定，他们将无法从初始设计中受益。引入机器学习的变化在于，由于投入优化每个模块的所有设计工作都具有残值，通过训练可提供更快、更准确的预测模型。与传统的自动布局布线流程相比，使用训练后的机器学习时序预测模型进行的一些典型的 7nm 设计性能改进，所有关键设计指标均显示出机器学习的优势。如果没有某种直接从整个设计过程中受益的方法，即使不进行功能扩展，迭代设计的时间和成本也会使项目快速脱轨。但是随着 AI 的发展，每个设计决策都具有更大的价值。

机器学习应用于 EDA 工具可以分为内外两种方式。内部的机器学习方法用于减少到达设计结束的时间，改善一部分流程的结果。而外部的机器学习方法使用专家系统来关闭迭代设计的循环，加速整个设计流程。这两种类型的 AI 技术都适用于 EDA，在未来的 IC 设计中都将变得越来越重要。在机器学习中，推理是非常强大的，因为它允许模型不必使用数据集中的每一个点就可以得到结果。通过机器学习能够在相对较短的时间内进行模型训练，以提供更好的结果。因此，当遇到该设计或与之非常相似的设计时，它将能够以更高的准确性进行预测，使得布线前阶段的结果更准确，也为布线后阶段更快地提供更好的结果。此外，每个设计都将生成布线前和布线后的数据，更重要的是，数据还将包含该设计的变化过程，显示工程师为实现时序目标所做的工作。

在某些情况下，甚至可以通过 AI，将晶片生产力提高 10 倍。在未来五年，将会出现更多的通过机器学习增强的 EDA 工具来产生的创新。以 AI 来提升 EDA 的设计能力不再是问题，只是两种技术之间的运作，在未来还有一段很长的路要走。

5. 融合技术存在的不足

从 20 世纪 80 年代开始，EDA 经过近四十年的发展，市场上已经形成了众多的 EDA 工具，但参差不齐的设计平台也导致行业一致性的缺失，阻碍了设计结果的数据交换与共享。目前 AI 与 EDA 技术的融合存在的不足之处主要表现在以下几个方面。

AI 技术是 EDA 工具开发的一种新方法，需要对数据集进行训练。如果数据量不足或不完整，训练将产生不准确的模型。没有良好的训练数据，就不可能建立良好的神经网络模型。如果用无用数据训练一个模型，就会得到一个无用模型。首先，在将数据用于训练之前，必须对其进行预处理。其次，机器学习方法具有快速解决高维问题的独特能力。纯 EDA 问题通常具有高维性。多年来，EDA 开发人员已经完善了将问题分割为低维解决方案的技术。AI 技术可以处理数千维的问题，但太高的维度容易产生混乱或不准确的结果。

选择何种 AI 开发工具是决定将人工智能和机器学习集成到 EDA 工具中的难易程度的一个重要因素。AI 研究人员已经研发了许多用于开发人工智能和机器学习软件的框架、库和语言，例如 TensorFlow、Caffe 和 MXNet 等框架和库在开发深度学习模型方面最受欢迎。但是，这些工具尚未在 EDA 开发社区中流行。另外，EDA 社区中选择的开发语言普遍是 C 和 C++，而 Tcl 用于原型设计和创建用户界面。目前软件设计已经转向了更新的开发语言，例如 Python、Java、R 等。

EDA 在整个软件市场中只占很小的份额。相对而言，很少有软件开发人员熟悉编写 EDA 工具。最好选择能够提供与 EDA 所选开发工具兼容的界面的 AI 和深度学习开发工具。一些 AI 框架具有较低级别的 C 和 C ++接口层，为经验丰富的 EDA 开发人员提供了熟悉的入口点。

6. 未来的发展方向

EDA 属于典型的投资周期长、见效慢的基础性产业，是我国集成电路产业亟待解决的“卡脖子”问题。我国 EDA 长期依赖美国进口，三大巨头 Synopsys、Cadence、Mentor Graphics 高度垄断。目前我国 EDA 水平虽然仍较低，也要积极尝试人工智能在 EDA 工具上的创新发展。

从现阶段来看，从 AI 向云端运算的扩展，或许是 EDA 领域值得探索的一个方向。例如 Synopsys 近期的整体战略，就是利用机器学习来加速分析。而 Cadence Design Systems 也已经将机器学习应用于函数库。早期阶段通过机器学习进行热点分析从而加速芯片整体设计流程，但由于温度和过程效应的影响越来越大，函数库和标准单元的模拟需要考虑比以往更多的影响因素。而且，由于引入 AI 技术对计算的要求不断提高，对于不断消耗的机器运作周期，AI 技术的新兴应用对处理能力提出了进阶需求，这将推动运算架构发生天翻地覆的变化，并急剧改变着 SoC 设计模式。从 AI 向云端运算扩展，EDA+云计算将成为新的突破口。

另一方面，构建启发式的学习也是未来 AI 在 EDA 工具上值得研究的新方向。2017 年底，西门子的 Mentor 事业部收购了 Solido Design Automation，它推出了一个函数库工具，作为机器学习长期开发计划的一部分。Mentor 认为，所有参数的模拟结果会占用大量的机器资源。而采用启发式算法可以带来更快的结果。Cadence 将机器学习应用于晶片设计中，通过学习的启发式方法，根据函数库的一小部分区块，来识别和预测设计流程中的关键部分。EDA 和其他机器学习应用的关键区别在于数据的性质。就 EDA 来说，并不会尝试采取大量历史数据并从中学习经验。通常 EDA 设计会在运行中收集数据，使其在自适应的机器学习循环上运行。训练数据的生成器通常是模拟器，然而，模拟设计通常不是 EDA 中唯一适合机器学习的领域。就这点来看，Synopsys 一直在密切关注使用机器学习以构建启发式的学习方法，这将可以帮助加快验证的运行效率。

7. 总结

在芯片开发过程中，机器学习可以发挥作用的环节非常多，从产生设计细则到执行设计模拟，乃至大数据分析等，都有机器学习可以发挥的地方。机器学习本质上适用于 EDA 设计流程。其部分价值在于无须显式编程即可运行的能力。对于 EDA 而言，其价值要高得多。在单个设计模块上训练的模型几乎可以立即用于提高布线前数据的布线后精度，性能也会有显著改善。IC 设计一直是计算和数据密集型行为，而且由于采用机器学习方法，可以通过更快地提供更好的结果并最终减少芯片设计周期来加快设计过程的方式将数据反馈到设计流程中。

不过，虽然用机器学习或 AI 技术来设计芯片将是未来的发展趋势，而且有越来越多芯片设计开发的环节开始使用相关技术手段，但 AI 技术只是众多方法中的一种，并不能解决所有存在的问题。因此，人在芯片设计的整个过程中，还是会扮演非常重要的角色，只是专注的工作有所差异。机器学习终究是一项工具，使用者必须先理清什么问题最适合用 AI 技术来解决，才能逐步展开后续的研究。EDA 的昨天是计算机辅助设计点工具，今天是从平台到整套工具助力设计流程的自动化，而明天是跨越电子领域的 EDA-SDA 系统设计自动化（图 4）。

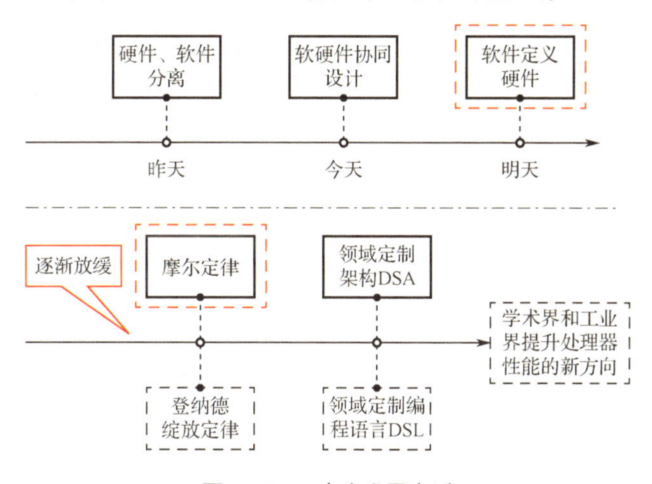

图 4　EDA 未来发展变迁

也许在未来，机器学习能力不再是 EDA 额外添加的技术手段，而是从核心架构上机器学习就与 EDA 工具相辅相成、融为一体，形成新一代的智能 EDA 工具。改进传统的 EDA 流程，融合机器学习技术，使得 EDA 工具的结果更加可预测是一条未来需要不断被研究、探索、实践和证明的道路。

作者简介：

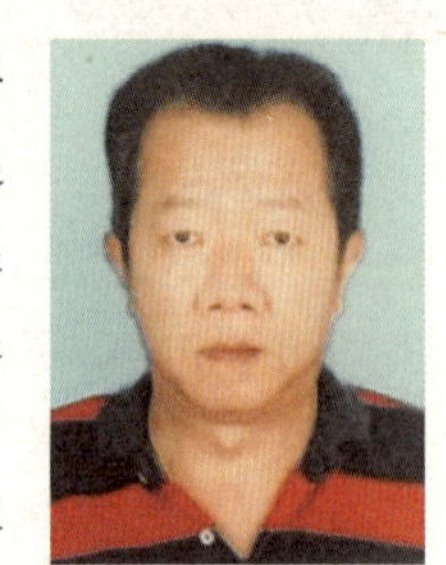

熊晓明，教授，1988 年毕业于加州大学伯克利分校，获得博士学位。毕业后在美国半导体和 EDA 公司工作 25 年。2013 年起担任广东工业大学“百人计划”特聘教授，现任广东工业大学集成电路学院院长、集成电路设计联合学院首席教授，广州国家集成电路设计产业化基地首席科学家，广东省半导体及集成电路产业发展专家咨询委员会委员，广东省重点领域研发计划“芯片设计与制造”战略专项总体专家组技术专家。主要研究方向为集成电路与片上系统软硬件协同设计、计算机辅助设计、电子设计自动化、人工智能及其应用、信息安全技术与应用、图论、计算几何学等。

EDA 云平台及实证

张先军

HSPICE 仿真上云，花费时间从 30 天到 17 小时，效率提升 42 倍

1971 年，集成电路通用模拟程序 SPICE（Simulation Program with Integrates Circuit Emphasis）诞生了，它帮助人们更好地检测电路的连接和功能的完整性，并用于预测电路的行为。

HSPICE 是适应产业环境及电路设计技术发展的升级，以“SPICE2”为基础加以改进而成的商业软件产品，属于 Synopsys 公司。

当前面临的问题是使 EDA 工具运行得更快和适应更大规模的电路集成。

为此，首先是改进算法，EDA 引入 AI 和深度学习（DL），寻求在数学上的突破。

图 1　实证背景信息

其次是摩尔定律，随着加工尺寸物理极限的到来，未来可进步的空间变小。

再次是计算架构升级，从单核到多核，从单线程到多线程。

最后，是云端高性能计算（Cloud HPC）。

我们用一个实证来阐述 EDA 云平台和仿真实例。

1. 用户需求

作为一家纯 IC 设计公司，由于公司常年要面对大量的 EDA 计算任务，因此在本地部署了由十多台机器组成的计算集群，但目前面临的最大问题依然是算力不足。特别是面对每年十次左右的算力高峰期，基本上没有太好的办法。

2. 对云的认知

相关负责人表示：算力不足是目前 IC 设计行业普遍面临的问题。对于 EDA 上云，尽管早有耳闻，但对云模式和架构也并不了解，在数据安全性方面也存在一定的顾虑。

企业负责人愿意进行尝试，上云若能加快运算速度，将提升项目的整体进度。

3. 实证目标

（1）HSPICE 任务能否在云端运行？

（2）云端资源是否能适配 HSPICE 任务需求？

（3）fastone 算力运营平台能否有效解决设计任务？以及给设计业带来哪些好处？

4. 实证参数

以云平台 fastone 企业版为例，设立技术架构图。用户登录 VDI，使用 fastone 算力运营平台根据实际计算需求自动创建、关闭集群，完成计算任务。

License 配置：可在本地提供 EDA License Server 设置。

调度器：Slurm

硬件参数：在云端用户可选择的机型有几百种，其配置和价格差异很大。在实证中仅需要挑选出既能满足 HSPICE 仿真需求，又具备性价比的机型，还应充分利用用户的本地硬件资源，具体配置如下。

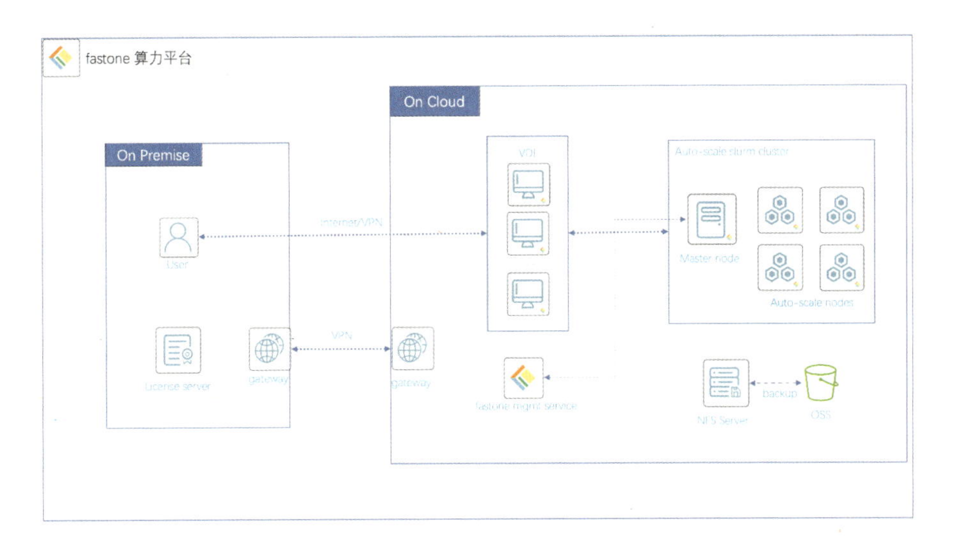

图 2　fastone 算力运营平台

本地企业配置：

Xeon® Gold 6244 CPU @ 3.60GHz，512GB Memory

fastone 推荐的云端硬件配置：

96 vCPU，3.6GHz，2nd Gen Intel Xeon Platinum 8275CL，192 GB Memory

本地	云
Xeon(R) Gold 6244 CPU	2nd Gen Intel Xeon Platinum 8275CL
3.60CHz	3.6GHz
512GB Memory	192GB Memory

图 3　fastone 本地和云端的硬件配置对比

推荐理由：

（1）该应用对 CPU 主频要求较高，但对内存要求并不高；

（2）该实例为计算优化型云端实例，即具备高性价比的高主频机器。

企业的本地硬件在 HSPICE 以外，由于要兼顾各种设计需求，在当前项目配置上不可避免会造成一定的资源浪费。

5. 实证应用

本实证应用：HSPICE

但 EDA 云平台适用场景还包括：仿真模拟电路、混合信号电路、精确数字电路、建立 SoC 的时序及功耗单元库、分析系统级的信号完整性等应用适配。

（1）fastone 算力运营平台可根据特定用户需求自定义 EDA Flow，规范化 EDA 作业流程，加速 EDA 多任务的调度，例如数据集类型、调度类型、计算资源类型、脚本、输出的日志等。

（2）EDA 工具可以在 fastone 算力运营平台以 Web UI/CLI 等交互方式运行，用户可以在 fastone 算力运营平台上完成 EDA 工具的启动和停止、EDA 作业的调度、EDA 集群的自动构建和停止、EDA 作业资源的分配、EDA 作业的输出、EDA GUI 的 Display、EDA 任务管理等。

（3）针对不同的 EDA 工具类型及用户需求，fastone 提供 EDA 作业的最佳实践方式及应用场景，例如计算、网络、存储、VDI、EDA 用户及工具管理、作业调度、EDA 交互方式等要求。

除本实证中的 HSPICE 外，绝大多数的主流 EDA 工具均可在 fastone 算力运营平台上运行 EDA 作业，包括 Cadence、Synopsys、Mentor 等 EDA 工具厂商。目前，fastone 算力运营平台支持如下图所示的 EDA 应用。

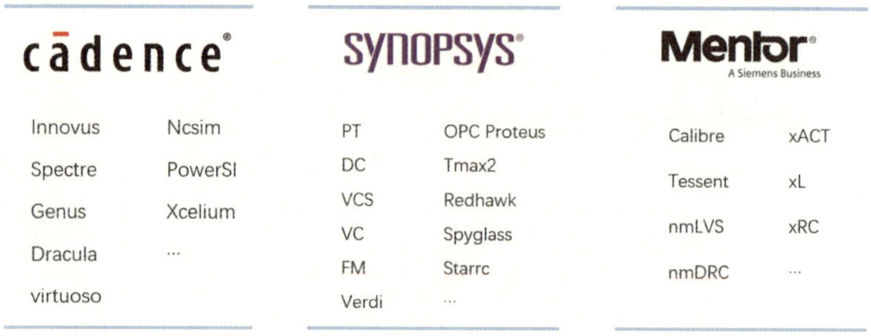

图 4　fastone 算力运营平台支持的 EDA 应用

此外，fastone 算力运营平台还提供 EDA 行业 License 监控，用户在使用作业调度时，可明确 EDA License 的使用量，例如，当前 EDA License 的总额是多少，用户使用了多少 EDA License，还剩多少 EDA License，帮助用户轻松、及时掌握 License 的使用状态。

6. 实证平台

fastone 深入半导体行业仿真与验证等高算力场景提供一站式云仿真验证平台，优化应用效率，提供本地及多家云资源的算力运营与智能调度服务，满足本地和云端 IT 一体化管理，并拥有 EDA 应用适配、智能调度、自动伸缩、多云算力、静态/动态集群、多调度器集成、Flow 自定义等核心技术。

1）EDA 云平台

深入半导体行业仿真与验证等高算力场景提供一站式云仿真验证平台，优化应用效率，智能调度云端算力资源，屏蔽底层 IT 技术细节。

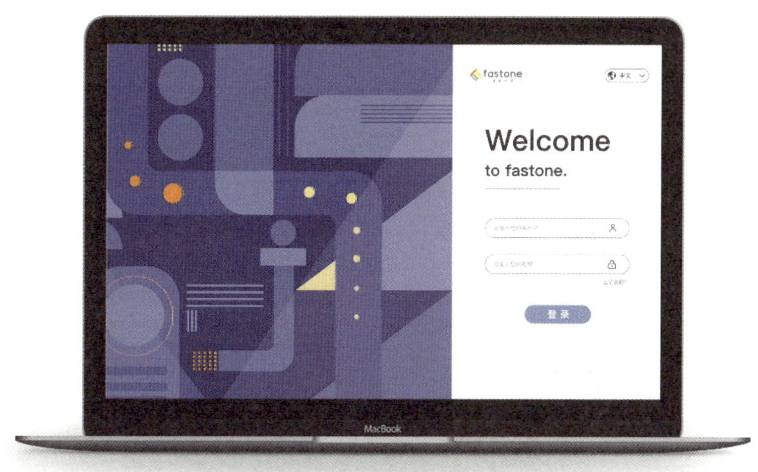

图 5　EDA 云平台

2）EDA 多云 PaaS 平台

为 IC 设计与芯片 Foundry 厂商等部署一站式多云 PaaS 平台，优化应用效率，提供本地及多家云资源的算力运营与智能调度服务，满足本地和云端 IT 一体化管理。

3）软、硬件一体算力解决方案

一体化交付、一站式调优解决方案。根据半导体行业应用优化的标准 x86 服务器，预装行业所需 EDA 软件，按需支持软件功能特性。

4）平台特性

（1）集群（生命周期）管理

fastone 算力运营平台从异构计算资源统一管理的实际需求出发，针对主流 IaaS 资源管理的方法及框架需求进行实现和验证。

平台提供统一资源管理功能，将根据 fastone 算力运营平台构建的本地或云上虚拟化资源池，以及第三方的虚拟化平台构建的资源池统一管理，通过流程化、自动化、可视化的方式，以资源即服务的交付模式，交付给最终的业务部门或者业务使用者，并实现平台自动化的运维。

资源管理平台采用分布式架构设计，部署在计算集群中，每个节点都可提供相应的管理服务，任何单一节点故障都不会引起整个平台的管理中断。平台可提供分级分权的管理，不同的平台用户可以管理平台分配的对应资源，并可针对每种资源对象设置更加精细化的权限管理和配额控制，为云平台中的多用户使用 IT 资源提供更高的灵活性。

（2）智能调度

fastone 算力运营平台基于无服务器框架构建的静态和动态资源池，在作业调度方面有着诸多方面的优点。

① 用户和管理人员可以在 fastone 算力运营平台针对个人设置不同的任务、不同的数据、不同的应用、不同的时间及相关的日志警告级别，用户可将作业提交到静态或者动态资源。

② 在任务调度策略方面，fastone 算力运营平台具备优先级策略、回填策略、抢占式策略、预留策略。

③ 目标策略：时间优先，调度合理的资源，保证当任务运行时，通过 fastone 调度平台，能够以最快的速度完计算任务，节省任务提交时计算集群的构建时间。

④ 资源分配策略：通过 fastone 算力运营平台统一管理资源，用户可以根据相应的策略，选择不同的资源类型，当本地的算力集群资源不足时，用户可随时扩展到云端，云端具有非常好的资源弹性能力以及可观的集群规模，可解决本地的算力不足，保证在业务高峰时弹性扩展集群，完成业务计算需求。算法策略：fastone 算力运营平台具有良好的机器学习能力，根据用户平时提交的任务运行状态，动态学习和分析任务的构建（例如任务类型、应用类型、数据集、数据规模、时间节点、错误故障等），来帮助用户以最短的时间、最低的成本，获取合理的计算资源，满足计算能力的需求，提高业务效率，减少作业从开始到结束的集群构建和运行中出现的故障。

（3）自动伸缩

fastone 算力运营平台可提供自动伸缩（Auto-Scale）功能。

自动构建和销毁集群：fastone 算力运营平台 Auto-Scale 功能可根据用户使用的 EDA 应用、数据集、资源类型、网络、存储、EDA Lib 环境等因素自动构建集群，并且当用户完成任务计算或者一部分作业时，fastone Auto-Scale 将及时销毁计算集群，提高集群构建的效率。

自动扩展集群：当用户本地静态资源不足时，可通过 fastone 算力运营平台即时扩展至多云环境，满足本地算力不足的需求，提高生产效率。

fastone 的 Auto-Scale 功能可以自动监控用户提交的任务数量和资源的需求，动态按需地开启所需算力资源，在提升效率的同时有效降低成本。

此处的“动态按需开启”包括以下三层含义：

① 所有操作都是自动化完成，无须用户干预；

② 在实际开机过程中，可能遇到云在某个可用区资源不足的情况，fastone 会自动尝试从别的区域开启资源；

③ 如果需要的资源确实不够，又急需算力完成任务，用户还可以从 fastone 界面选择配置接近的实例类型来补充。

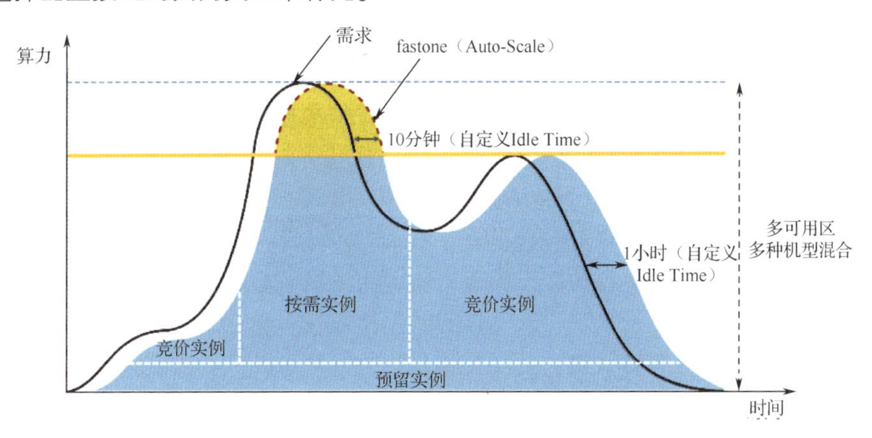

图6　平滑算力

（4）多云算力

fastone 算力运营平台提供多云算力环境，包括传统数据中心、私有云、公有云。fastone 可统一管理和调度多云的资源类型，如计算型、内存型等；另外也可以调度不同的异构资源类型，例如 CPU、GPU 等资源的调度，满足不同 IC 设计流程中使用不同 EDA 工具的要求。

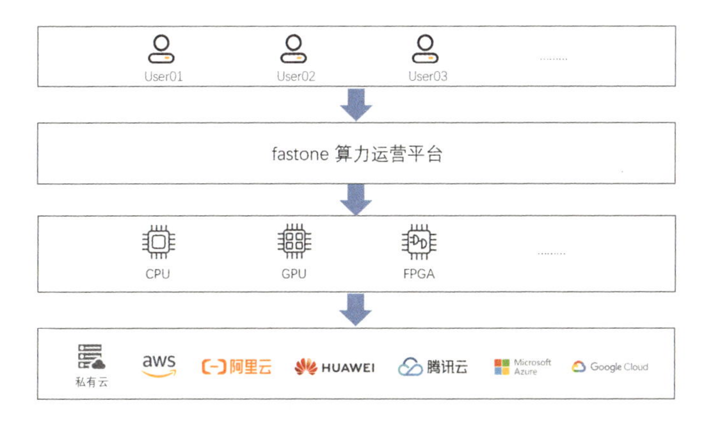

图7　多云算力

通过 fastone 算力运营平台，可快速跨区域构建大规模集群，满足高算力 EDA 用户需求，避免 IC 工程师在计算资源需求上出现资源竞争，提高 EDA 作业效率。

fastone 算力运营平台提供低成本算力供应，针对不同 EDA 业务类型或者 EDA 运行周期及其他相关需求，将作业调度至低成本计算资源类型，有效降低成本。

（5）支持多调度器

fastone 算力运营平台内置 slurm 调度器，可提供静态和动态资源统一管理和调度服务、自动伸缩集群服务、集群生命周期管理服务、多云算力服务、完善的监控服务、智能调度服务、Web/CLI 操作服务、费用管理服务、应用适配服务、完善的技术支持服务。

同时，平台也支持 SGE/LSF/PBS 调度器提供 fastone 部分功能，例如静态资源管理和调度、监控指标有限、无多云动态集群服务和智能调度服务、有限的技术支持服务。

（6）云端自动化部署

传统手动模式上云，至少需要经历以下四步。

第一步：无论使用哪家厂商的公有云，首先都要熟悉该公有云厂商的操作界面，掌握正确的使用方法。

第二步：构建大规模算力集群。

- 配置计算节点、存储节点、VPC、安全组等；
- 安装应用，把 HSPICE 安装在集群环境；
- 配置集群调度器，如 slurm。

第三步：上传任务数据，开启计算。

第四步：任务完成后及时下载结果并关机。

其中，每一步都需要耗费一定的时间：

第一步，需要耗费的时间不定；

第二步，大约需要专业 IT 人员平均 3～5 天；

第三步 / 第四步，如果数据量较大，需要考虑断点续传和自动重传；

第四步，任务完成时间很可能难以预测。

即使是可测的，当有任务预计在某些特定时间段（如凌晨）完成时，也会面临无法及时关闭的风险。

而在手动模式下，通常都是先构建一个固定规模的集群，然后提交任务，当全部任务结束后再手动关闭集群。

当一个几千 core 的集群拉起来之后，当用户处于第二、三、四步手动配置的阶段时，所有机器一直都是开启状态，也就是说在“烧钱中”。而自动化部署则便捷许多：

第一步，可不需要；

第二步，只需点击几个按钮，5～10 分钟即可开启集群；

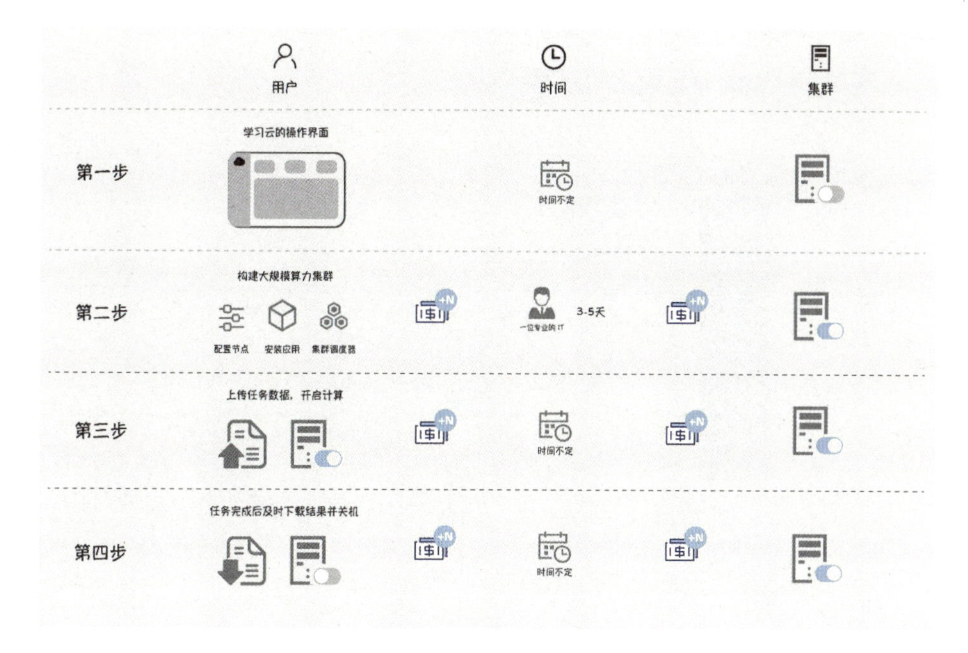

图 8　云端自动化部署

第三步，fastone 算力运营平台的 Auto-Scale 功能可实现自动开关机。

另外，fastone 算力运营平台还自带资源的管理和监控功能。

7．实证场景一：云端验证

在整个实证过程中，我们设置了两个场景。

实证场景一用于对比验证本地 40 核、云端 40 核、云端 80 核三种情况下运算单个 HSPICE 任务所耗费的时间。

结论：

（1）当计算资源与任务拆分方式均为 5×8 核时，本地和云端的计算周期基本一致；

（2）在云端将任务拆分为 10×4 核后，比 5×8 核的拆分方式的计算周期减少三分之一；

（3）当任务拆分方式不变，计算资源从 40 核增加到 80 核，计算周期减半；

（4）当计算资源翻倍，且任务拆分方式从 5×8 核变更为 20×4 核后，计算周期减少三分之二；

（5）fastone 自动化部署可大幅节省用户的时间和人力成本。

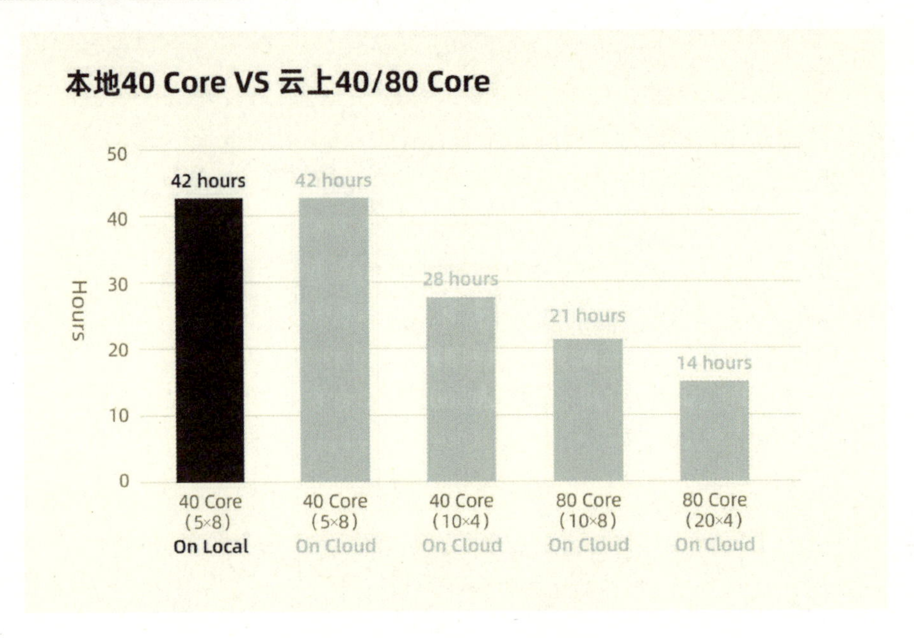

图 9　实证场景一：云端验证

实证场景二用于对比验证本地 40 核、云端 1920 核两种情况下运算大规模 HSPICE 任务所提升的时间。

实证过程：

（1）本地使用 40 核计算资源，拆分为 5×8 核，运行编号为 1 的 HSPICE 任务，耗时 42 小时；

（2）云端调度 40 核计算资源，拆分为 5×8 核，运行编号为 1 的 HSPICE 任务，耗时 42 小时；

（3）云端调度 40 核计算资源，拆分为 10×4 核，运行编号为 1 的 HSPICE 任务，耗时 28 小时；

（4）云端调度 80 核计算资源，拆分为 10×8 核，运行编号为 1 的 HSPICE 任务，耗时 21 小时；

（5）云端调度 80 核计算资源，拆分为 20×4 核，运行编号为 1 的 HSPICE 任务，耗时 14 小时。

8. 实证场景二：大规模业务验证

超大规模计算任务的结论：

（1）增加计算资源并优化任务拆分方式后，云端调度 1920 核计算资源，将一组超大规模计算任务（共计 24 个 HSPICE 任务）的计算周期从原有的 30 天缩短至

17 小时即可完成，云端最优计算周期与本地计算周期相比，效率提升 42 倍；

（2）由 fastone 算力运营平台自研的 Auto-Scale 功能，使平台可根据 HSPICE 任务状态在云端自动化构建计算集群，并根据实际需求自动伸缩，计算完成后自动销毁，在提升效率的同时有效降低成本；

（3）随着计算周期的缩短，设备断电、应用崩溃等风险也相应降低，作业中断的风险也大大降低。在本实例中未发生作业中断。

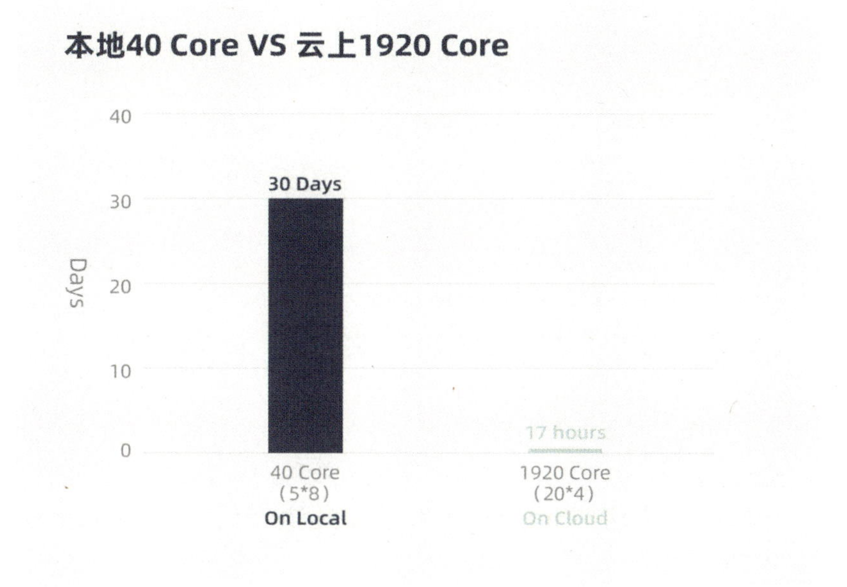

图 10　实证场景二：大规模业务验证

实证效果：

（1）本地使用 40 核计算资源，拆分为 5×8 核，运行编号从 0 到 23 共计 24 个 HSPICE 任务，耗时约 30 天;

（2）云端调度 1920 核计算资源，拆分为 24 组，每组为 20×4 核，运行编号从 0 到 23 共计 24 个 HSPICE 任务，耗时 17 个小时。

9. 实证小结

回顾一下实证目标：

（1）HSPICE 任务在云端能高效运行；

（2）异构的云端资源能更好适配 HSPICE 任务需求，避免资源浪费；

（3）fastone 算力运营平台有效解决了算力不足问题，效率提升 42 倍；

（4）相比手动模式，fastone 算力运营平台自研的 Auto-Scale 功能，既能有效提升部署效率，降低部署门槛，又能大大缩短整个计算周期资源占用率，节约成本。

归纳一下，国产 EDA 云平台主要解决了五个问题。

第一，国产 EDA 云平台自主可控，有助于我国半导体产业摆脱“卡脖子”困境。在 EDA 领域，目前国内无论是政策层面还是市场层面，都对国产芯片有着巨大的需求，EDA 作为集成电路产业的最上游，是万亿数字经济的基础产业。随着“国产化替代”的提出与“十四五”规划的实施，技术创新的重要性越来越凸显，而相关部门也相继出台了不少利好本土半导体行业的政策。

国产半导体产业链逐渐完善，我国在芯片设计、制造、封装、测试环节均有了具备国际竞争力的厂商，为 EDA 工具提供了一批优质的下游客户，我国 EDA 行业有望迎来空前的发展机遇，对于 EDA 云平台的需求也将持续扩大。

目前海外主流 EDA 厂商已开始依托自家软件产品建设企业级 EDA 云平台，以此布局整条半导体产业链。

因此，早日建设自主可控的国产 EDA 云平台，将对研发成熟稳定的国产芯片带来极大助力，有助于我国半导体产业早日摆脱“卡脖子”困境。

第二，云端弹性资源的按需使用解决了 EDA 设计业计算、存储等资源有限的问题。

资源不足会导致要么研发进度被拖慢，要么降低对验证质量的追求，而企业到底需要建设多大规模的数据中心几乎不可能准确预测。随着项目数量的增加，项目进行的不同阶段，需求量往往会出现很大波动。通常，使用率很高的阶段与很少使用或不使用的阶段交替出现。

在 01 时间段，研发人员因为没资源可用，只能排队等待。

在 02 时间段，需求量下来了，大量资源被闲置和浪费。

在 03 时间段，项目周期不得不因为数据中心建设而延后。

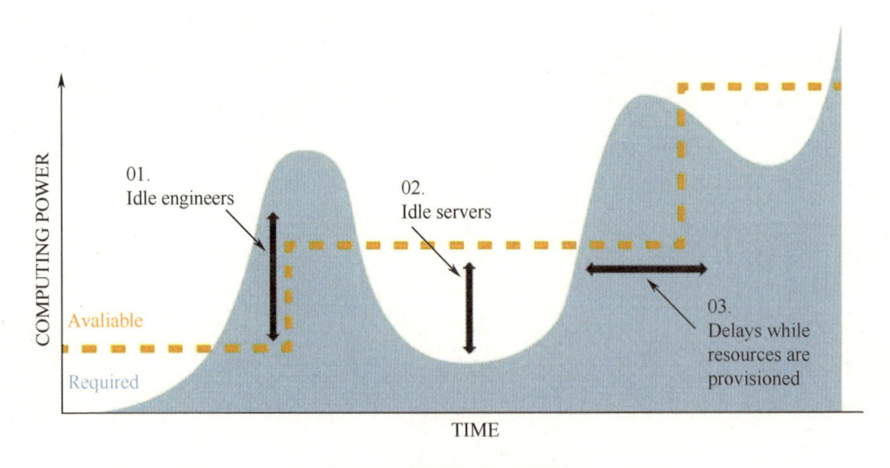

图 11　资源的交互使用

数据中心建设与升级也会有一系列问题：规划、建筑、施工、培训，是一个非常复杂的过程，每一个环节都不能出问题。同时，必须与内部客户合作以确保服务的连续性。另外，可能存在不同业务部门资源的抢夺、业务部门和 IT 部门的沟通等问题。

而云上近乎海量的异构计算资源能满足 IC 设计公司和芯片代工厂不同阶段的各种需求，不管是内存大的硬件，还是主频高的硬件，还有 CPU、GPU 等。

第三，EDA 云平台的自动化管理拉平了不同公司 IT 技术差异。

企业上云并不是直接把数据中心生态系统搬到另一个地方。云和数据中心资源的管理方式、部署模式和收费模式有很大区别，不同的云厂商之间也有不少区别。目前主流云厂商所提供的产品线已经相当完善，有不少面向行业的解决方案。但产品和服务数量实在是过于庞大，入口也很多，最终导致操作层面的复杂性。而因为云上近乎无限的资源池总量带来的超大规模集群的调度和管理，是传统手动模式无法跟上的。而自动化模式可以快速适应环境变化并不断优化使用过程。比如 Auto-Scale 功能，能基于多云环境，使集群规模根据用户计算任务的算力需求，自动增加或减少。

“动态按需开启”包括以下三层含义：所有操作都是自动化完成的，无须用户干预；在实际开机过程中，可能遇到云在某个可用区资源不足的情况，云平台会自动尝试从别的区域开启资源；如果需要的资源确实不够，又急需算力完成任务，用户还可以从云平台界面选择配置接近的实例类型来补充。更不用说涉及线下和云同时使用的混合云场景 IT 自动化管理，或者多区域+多云场景 IT 自动化管理，这些都对 IT 技术能力有很多新的要求。

第四，云平台带来的整体效率的提升降低了企业的 TCO（Total Cost of Ownership），即包括资产所有关联成本的总拥有成本。

云的成本高度依赖于自动化和智能化的运营能力，云上资源的利用效率，云上低价实例资源的使用，不同云厂商各自优势合理配置，实际业务需求与使用资源高度匹配带来的整体效率的提升，都对企业 TCO 的降低有明显改善。

如实例中的低成本可低到实例原价格的 10%。但用户需要有一定的技术实力才能使用，在使用的时候必须考虑不稳定的价格波动，实际有多少资源可用和在云上随着任务结束自动关机。

第五，云平台有望在未来缓解芯片设计行业人才紧缺的局面。

随着我国芯片设计行业的发展，相关行业人才越来越抢手。根据中国电子信息产业发展研究院联合中国半导体行业协会等单位编制并发布的《中国集成电路产业人才白皮书》显示，2022 年我国芯片专业人才将有 25 万左右缺口，主要集中在芯片设计、流片、制造等环节。而芯片设计行业相关人才的缺口在短时间内难以填补，而云平台的出现则为这一困境打开了一扇窗。

EDA 云平台能够为芯片设计人才提供一整套研发环境，不再需要单独搭建 IT 环境，且云平台操作模式与单机完全一致，将学习成本降到最低，让芯片设计人才能够专注在本职工作上，大大提升了研发效率。

而不同公司的 EDA 工具管理水平也存在一定的差异性，未来，云平台有望连接不同公司的设计人才和 EDA 工具管理人员，充分发挥各芯片设计公司各自所擅长的设计和工具管理能力，从而实现芯片设计行业人力资源的全面共享。

作者简介：

张先军，速石科技产品总监。曾任 Dell EMC 高级产品经理，是 Dell EMC 超融合混合云的主要定义者。从事企业级 IT 产品的定义、研发、推广超过 10 年，精通私有云、混合云、公有云的商业模式。

公司介绍：

速石科技（fastone）为有高算力需求的用户提供一站式多云算力运营解决方案。基于本地+公有混合云环境的灵活部署及交付，帮助用户提升 10～20 倍以上业务运算效率，降低成本达到 75%以上，加快市场响应速度。

提供 HPC 优化的一站式交付平台，对 EDA / 药物研发 / 基因分析 / CAE/AI 等行业应用进行分析与加速，通过 Serverless 框架屏蔽底层 IT 技术细节，实现用户对本地和公有云资源无差别访问。

第八章

EDA 之人才培养

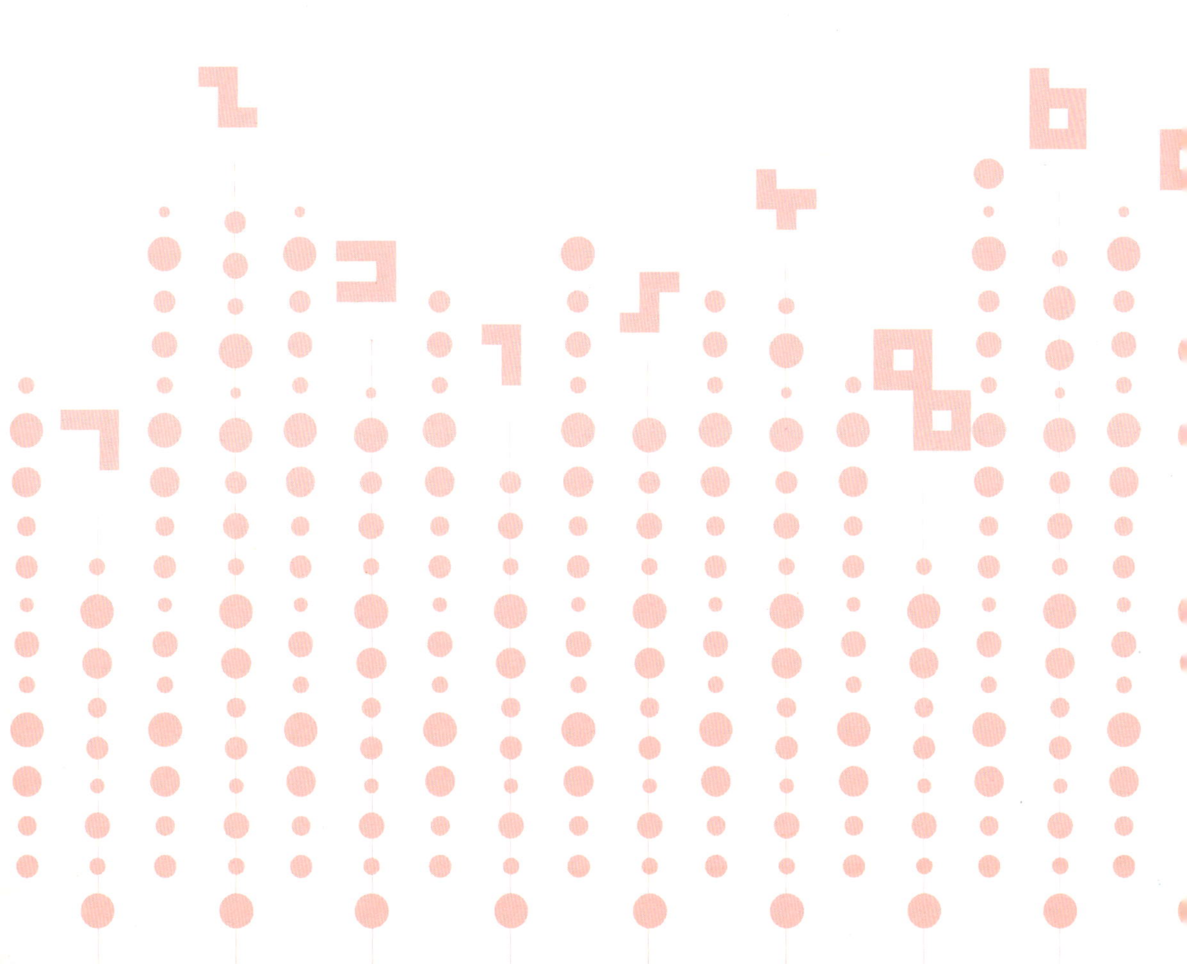

我国 EDA 人才培养的新启航与新趋势

郎志雄

1. 2019 年国产 EDA 工具的新机遇

芯片设计是一个准入门槛极高的领域，对产品可靠性和历史口碑的要求极其苛刻，在虚拟仿真阶段任何微小的瑕疵都有可能造成芯片流片失败。在芯片设计领域，全球几乎没有任何一家 EDA 公司有和三大公司抗衡的实力。曾经，在 EDA 领域创业最成功的结局就是被三大公司收购。

芯片设计环节繁多、精细且复杂，EDA 工具在其中承载了极为重要的作用。摩尔定律任何一代最先进工艺节点，无一不是由拥有最先进工艺制造条件的晶圆厂、顶尖 EDA 团队和设计经验丰富的 Fabless 公司三者协力共同推进的成果。这也是为什么台积电最先进制程的第一批产品总是由苹果、高通、华为来发布，只有顶尖的 Fabless 公司才具备参与调试最先进工艺节点的能力。

2019 年，在众所周知的困境之下，国产 EDA 工具重新进入国内顶尖 Fabless 公司的视野，取得扩大市场份额的契机，进而获得与拥有先进制程的晶圆厂合作的机会。我们也拭目以待并且充满希望，期望 2019 年国产 EDA 的风雨兼程能够催生未来 EDA 格局的重大变革。

尽管国产 EDA 工具在产业链中只能依靠个别点工具盈利，但是在重重困境之下，国产 EDA 工具依托我国产业崛起的优势，充分发挥创新能动性和产业协同创新优势，已经逐步打入全球一流芯片设计公司中，并对行业巨头形成了一定的压力。

例如，华大九天的高速高精度并行晶体管级电路仿真工具 ALPUS，彻底颠覆了传统晶体管电路仿真方法，已经成为业界标杆性创新产品。华大九天的 Xtime 物理设计时序优化与 Signoff 工具和解决方案，得到了业界一线工程师的一致好评，成为数字全流程中的重要一环。

2. 现有 EDA 领域的高校课程体系与人才培养困境

2019 年重新唤醒了大众对 EDA 行业的关注，也给了国产 EDA 产业更多进入一线芯片设计公司和晶圆厂视野的机会。尽管机遇难得，但是 EDA 行业仍然要面对一个不容乐观甚至是尴尬的局面：国内目前并没有充足的 EDA 研发从业人员来充实和壮大国产 EDA 行业，国内高校也没有健全、完善的课程体系来稳定输出大量的 EDA 研发生力军。

为什么 EDA 人才数量少？个人认为主要有以下几个原因：

（1）学生少。EDA 是集成电路、微电子、数学、计算机等多个领域的交叉融合，不仅仅是集成电路或者计算机单个领域的科学与技术问题。通常来说，本科生很难具备如此既宽泛又具体的知识储备和体系，以国际三大 EDA 公司为例，其研发工程师的平均学历都很高。同时，在硕士和博士阶段，单独从事数学、芯片设计、半导体器件和工艺的人较多，但是三者兼具的人非常少。

（2）教师队伍规模小。作为支持半导体产业的工业级软件，EDA 内部也有着数量庞大的细分方向，从仿真、综合到版图，从前端到后端，从模拟到数字再到混合设计，以及后面的工艺制造等，EDA 软件工具涵盖了 IC 设计、实现、验证，以及半导体工艺、半导体器件等所有环节，是集成电路产业的“摇篮”。以 EDA 领域的三大巨头为例，三家公司共开发了上百款 EDA 工具。这也在一定程度上使得国内从事 EDA 领域研究的高校教师队伍规模不大，且研究方向较为分散，较难形成合力。

（3）课程不完善。课程体系和教材建设的完善度均与微电子、集成电路设计、半导体工艺与器件等有较大差距。具有 EDA 研究背景的学者不论是在计算机领域还是集成电路领域都属于小众群体，从研究生院或者教务处的角度看，选课人数太少，直接限定了 EDA 领域专业课很难在本科阶段或者硕士阶段开出，使得难以输出大批量、规模化的 EDA 人才。人才数量有限，则进一步限制了我国 EDA 行业的壮大。

（4）我国当前仅有清华大学、复旦大学、浙江大学、北京航空航天大学、电子科技大学、西安电子科技大学、福州大学、香港中文大学、香港科技大学、上海交通大学等少数学校从事 EDA 方向的研究和人才培养。上述的内地高校中，仅有清华大学计算机系（硕士课程：超大规模集成电路布图理论与算法）、复旦大学微电子学院（博士课程：模拟集成电路 CAD 技术；研究生课程：VLSI 布图设计算法）、西安电子科技大学微电子学院、福州大学数学与计算机学院等几个院系在硕士或者博士阶段开设了相关课程。即使是这些能开出课的高校，也很难构建一个完整、系统的 EDA 人才培养方案和体系。

此外，我国长久以来对工业软件行业关注度和版权意识不够，导致大量的人才转向消费类软件设计。

3. 2019 年，我国 EDA 的新定位，EDA 人才培养的新启航

业界大部分人都将 EDA 行业定位为集成电路产业的附属，在一定程度上忽视了 EDA 行业的重要性和特殊性。2019 年倪光南院士多次呼吁，应将 EDA 提升到工业软件的高度：工业软件中，我国最落后的是面向集成电路设计的工业软件，即 EDA（电子设计自动化）软件。我国的芯片设计制造水平和美国相差不是很多，封装测试和材料装备虽有差距，但可以弥补，但是我们的芯片设计工具差得太远，会给我们造成比较大的被动。其中 EDA、电子工程设计、电子设计自动化工艺是短板中的短板。

同时，在人才培养方面，研发人才存量和增量已经无法匹配当前国产 EDA 行业蓬勃发展的需求，这已经成为行业的共识。因此，与过去的十几年相比，在 2019 年有更多的高校学者和领军企业不断呼吁并身体力行地推动人才培养工作。

1）以 EDA 领域的学科竞赛为人才培养的发起点和验收点，以暑期学校的方式合力探索和推动 EDA 人才培养新模式

在学科竞赛方面，2019 年 8 月，中国研究生创新实践系列大赛——“华为杯”第二届中国研究生创“芯”大赛聚集多家业界顶尖 EDA 公司举办前沿报告演讲和人才招聘；2019 年 12 月初，集成电路 EDA 设计精英挑战赛总决赛在南京江北新区成功举办。EDA 设计精英挑战赛是我国首个专注于 EDA 领域的学生竞赛，首次举办就引起了学术界和企业界的高度关注，并吸引了海内外知名高校的学生参与其中。

在暑期学校方面，2019 年 8 月，复旦大学 ASIC 国家重点实验室主任曾璇教授联合国产 EDA 公司华大九天在北京举行了“EDA 物理设计暑期学校”，其间邀请到了多位 EDA 领域国际知名学者为学生授课；同一时间，北京航空航天大学微电子学院成元庆副教授在 CCF“龙星计划”的支持下，邀请美国明尼苏达大学 Sachin Sapatnekar 教授在电子科技大学举办了“集成电路设计自动化技术基础”暑期课程。

也许在其他传统学科，学科竞赛和暑期学校都是人才培养的一个传统环节。但是，在 EDA 领域，这是意义重大的一步。如前文所述，各个高校 EDA 领域的学者在计算机、集成电路学科都偏小众，且由于产业链环节极其细分，导致国内高校研究方向也较为分散。因此，在大部分时候，单独依靠某个高校很难建立成体系的 EDA 人才培养机制。

此外，集成电路 EDA 设计精英挑战赛、EDAthon、ICCAD 算法大赛等，这些比赛中充分暴露了国内高校课程内容与产业界脱节较为严重。国内本科教育质量保

障体系通常四年调整一次培养方案，面对传统工科行业基本上问题不大，但是面对新工科等新兴学科和领域，尤其是 EDA、计算机、集成电路设计这些技术和知识体系快速迭代的领域，往往很难实时推出前沿的课程。

学科竞赛和暑期学校恰恰非常好地提供了这样的抓手和平台。一方面积极推动高校布局产教融合，落实交叉学科课程建设；另一方面，能够让 EDA 领域不同高校的学者以此为平台，形成合力、共建课程，探索人才培养规模化的新方式；第三，检验人才培养结果，对课程建设和人才培养形成正反馈，优化课程建设方案。

2）推动深度的产教融合

以 Synopsys 公司为例，在技术研发不断探索无人区的同时，还设计和推出了大量且成体系的 EDA 专业课程。通过这些课程，构建了长学期和短学期结合、理论课与实验课相辅相成的人才培养体系。

国产 EDA 公司尽管面临巨大的生存压力，研发人员体量也有限，很难开出类似 Synopsys 公司这么完善的课程体系，但是已经意识到基础人才培养的重要性，并且也做出了大量的工作。

在 2019 年的集成电路 EDA 设计精英挑战赛中，华大九天公司发布了两个赛题：①波形压缩。将给定的电路仿真输出后的波形数据（简称为原始波形文件）进行压缩后存储到磁盘上，然后读取压缩后的文件，对给定的信号进行解压缩。②反求中心线。给定一个任意不含洞的多边形，指定这个多边形的不相邻的两条边。剩余的所有的边会自动分成两组。现求一条中心线，希望这条线上的任意一条边到这两组边的距离都尽可能相等。这两道题目定位细分，兼具科研与竞赛价值，充分展示了国产 EDA 工具研发两个非常独特的切入角度，拓宽了学生的学术视野，吸引了不少博士队伍参加，同时也激发了更多非微电子专业或者研究方向的学生进入 EDA 行业。而且，题意简单明了，普适性强，有 C、C++基础的学生就可以报名参赛，极大地吸引了大量对数学、算法感兴趣的学生，对 EDA 推广有非常好的推动效果。

4. 未来 EDA 人才培养知识体系的新趋势

谈到 EDA 技术，更多映入我们脑海的词也许是“布局布线”“逻辑综合”“器件仿真”等。但是，在过去的几年中，随着 AI、芯片制程、可定制计算技术的巨大革新，EDA 领域也有了前所未有的新内涵。

1）无所不在的 AI

EDA 问题具有高维度、不连续性、非线性和高阶交互等特性，学术界和工业界普遍认为机器学习等算法能够提高 EDA 软件的自主程度，提高 IC 设计效率，缩短芯片研发周期，为整个 EDA 行业、半导体行业带来巨大的机遇。

实际上，人工智能已经开始在 EDA 领域发挥作用，在过去的几年里出现了大幅的进步。在 EDA 领域的学术会议和期刊中，我们已经可以看到机器学习的应用实例，包括：①建立更准确的参数模型，优化参数分析过程，提高 DRC、绕线、拥塞等预测准确度；②探索物理设计空间，提升 VLSI QoR（routability，timing，area，power）。

除学术界外，三大 EDA 公司均积极参与人工智能与 EDA 工具中的落地应用。Cadence 的布局布线工具 Innovus 里已用内置的 AI 算法取代传统的算法，并且有着非常优异的表现。据 Mentor 报道，Machine Learning OPC 可以将光学邻近效应修正（OPC）输出预测精度提升到纳米级，同时将执行时间缩短 3 倍。而在此之前，完成同样的工作量，需要 4000 个 CPU 不间断地运行 24 小时。

2）芯片敏捷设计与开源

芯片敏捷设计已经在美国各界成为一种共识——从学术界、企业界到 DARPA 这样的政府机构，都在积极投入芯片敏捷开发方向的研究中。DARPA 资助 Synopsys 和 Cadence 分别启动了 POSH 和 IDEA 项目，期望通过提出一种芯片敏捷设计平台克服芯片设计日益复杂化和成本的问题。阿里巴巴达摩院、中科院计算所、UCSD、DARPA 等全球顶尖大学、企业、研究机构和政府机构的专家都前瞻性地认为开源芯片与芯片敏捷开发将会是未来降低芯片设计门槛、缩短芯片开发周期的重要途径。而且更为重要的是，开源芯片不仅仅是一个技术问题，也将促进风投和创业，从而推动行业的创新。

作为 DARPA IDEA 计划的一部分，由加州大学圣地亚哥分校 Andrew B. Kahng 教授、高通、ARM 领导的 OpenROAD 项目于 2018 年 6 月推出，以寻求数字芯片敏捷设计 EDA 工具链，期望实现 24 小时完成芯片设计的一种自动化解决方案。同时，在国内，我们看到越来越多的开源指令集和 IP，如阿里的无剑 SoC 开发平台。2019 年，北京大学高能效计算与应用中心（CEDA）主任罗国杰副教授宣布了由国内自主发起的一个开源 EDA 框架——OpenBelt 倡议，OpenBelt 是由北京大学、中科院计算所、清华大学、复旦大学等 EDA 领域研究优势单位合作发起的一个开源 EDA 框架，目的是通过联合国内 EDA 领域的学术界和工业界力量，构建自主、创新、满足后摩尔时代芯片设计的新型设计方法学生态和社区。

3）EDA 上云

随着芯片规模增长、设计复杂度提升、工艺尺寸缩小及 EDA 工具持续优化的机器学习技术和敏捷方法学的变革，传统 IT 愈发难以满足 IC 设计日益暴涨的算力需求。以 Synopsys、Cadence、Mentor 为代表的 EDA 厂商，以 AWS、华为云、紫光云等为代表的云计算提供商，已开始积极布局 EDA 上云。在 2019 年 6 月的 Synopsys SNUG 技术大会上，我们第一次看到 AWS 作为参展厂商来推动 EDA 云上部署方案。2019 年 9 月，在阿里云栖大会上，Synopsys 宣布携手阿里云研究中心和平头哥半导体共同发布《云端设计，与时间赛跑》云上 IC 设计白皮书，并展示了全球第一款利用云上 EDA 工具完成设计的芯片设计案例。EDA 上云将会对 EDA 算法计算资源调度、弹性存储、安全等提出一系列新的问题，有望带来 EDA 算法创新的思路和方法学。

以上技术趋势决定了未来 EDA 人才培养需以学科融合为牵引，打破现有学科界限，探索非传统的人才培养方式，同时加强学术伦理培养，引导开源、共享意识，产教融合推进人才培养。

作者简介：

邸志雄，博士，硕士研究生导师，西南交通大学信息学院电子工程系副主任。研究方向为高性能图像编解码芯片技术研究、布局布线算法研究。近年来主持国家自然科学基金项目、四川省科技厅重点项目等，参与完成了我国自主研制的首颗宇航级高速图像压缩芯片“雅芯-天图”。指导学生多次获得创“芯”大赛、全国大学生集成电路创新创业大赛、集成电路设计 EDA 精英挑战赛、全国大学生 FPGA 创新设计竞赛等国家级赛事的奖项。

从个人 EDA 研发经历看 EDA 研发特点

侯劲松

1. EDA 高校科研如何与产业结合?

我在大学本科期间从事 EDA 开发大约有 1 年半的时间，是从 1992 年底到 1994 年本科毕业，主要从事的方向是：寄生参数提取的二维场求解器。从 1994 年到 1999 年初，攻读博士 4 年半期间主要从事的研发工作是寄生参数提取的三维场求解器。在高校从事 EDA 软件研发的时间合计 6 年。

我们实验室当时的研发与工业界的联系比较紧密，做出的 EDA 软件比较接近实用化。我们在学校的研发中大约有一半的时间是在调试工业界的实用化例子，需要不停地优化和修改程序，满足工业界的需求。当时，产品原型开发出来后，给 EDA 公司试用，经过其测试效果不错。后来我们实验室基于该软件与 EDA 公司签署了合作协议。由于我当时还是学生，对商业协议不太理解，就记得对一个数字耿耿于怀，即：我们实验室研发出来的寄生参数提取工具软件，嵌入该 EDA 公司的流程进行销售，协议中规定，产品销售的 2%给我们学校，其余的 98%归 EDA 公司。当时不太理解：为什么我们辛辛苦苦研发只能得到 2%的收益?

事后我在工业界从业多年，才逐渐理解到：这个协议是一个很好的产学研利益捆绑的协议。其中，软件销售提成的比例并不重要，重要的是把学校和 EDA 公司进行了很好的利益捆绑，学校只有把软件产品做得很好，才能获得销售提成，这些经费可以支持学校继续进行深入研发。

反观国内一些常见的高校与公司合作模式，一般是 EDA 公司提供研发经费后，高校把软件产品原型提供给 EDA 公司，但是后续的支持和服务都由 EDA 公司来做。由于 EDA 公司对高校开发的软件产品细节不是很了解，客户的需求很难及时满足，导致高校的研发成果逐步被淡化，不再被工业界接受。

如果是软件销售提成的模式，由于 EDA 公司销售额越高，高校的提成额也越高，因此当软件产品遇到问题需要优化和修改时，高校就会很积极地去响应 EDA 公司的需求，继续进行实用化完善，满足工业界需求，从而推动高校的科研成果转化。

因此，把 EDA 公司与高校的关系从甲方、乙方的博弈关系转变为利益捆绑关系，是促进国内高校 EDA 研发产业化的重要举措。利益捆绑有两种途径：第一是销售提成模式；第二是股权合作模式。

最近我们在股权合作模式方面有一个新的探索。2019 年我们公司入股一家新成立的 EDA 公司，该公司是专门从事寄生参数提取软件研发的公司，其中高校的知识产权入股大约占三分之一左右。高校把其寄生参数提取最新研究成果的知识产权全部注入该公司。公司成立后，在进行大量例子测试中发现的软件问题，高校总是会进行及时的修改和优化，满足工具快速迭代开发的需求。这其中很重要的原因是：由于股权的利益捆绑，高校有很大的动力从产品实用化中获得利益。如果采用双方签署劳务合同的模式，由于很难界定软件中 bug 的责任，公司与高校就会陷于争执中，无法进行高效的合作。

总结：国内高校从事 EDA 科研的单位应该立足于与产业结合，把核心算法尽量产业化，产业化的思路是与国内 EDA 公司合作进行软件销售提成合作或者技术作价入股。不建议采用高校一次性把源程序卖给 EDA 公司的模式。

不过，目前国内从事 EDA 研发的高校大多数还是以学术研究为主，没有把产业化作为其研发的主要目标，这个现状对国内 EDA 产业的总体发展有一定影响，需要国内高校研究人员进一步思考。

2. EDA 研发长期坚持的重要性

1999 年高校毕业后，我加入了国内一家从事 EDA 软件研发的公司。从 1999 年到 2009 年，我在该公司从事 EDA 研发 10 年。这期间，公司研发人员徘徊在二三十人，开发的核心产品有 6 个：

① Layout Editor（版图编辑工具）；

② Schematic Editor（原理图编辑工具）；

③ DRC（版图设计规则检查）；

④ LVS（版图与原理图一致性比较）；

⑤ PE（寄生参数提取工具）；

⑥ Verilog-AMS 仿真工具（后扩展为 SPICE 仿真工具）。

我主要从事 DRC/LVS/PE 3 个产品的开发。

以上 6 个工具可以归纳为 3 项核心技术，即：

① 版图处理技术（应用产品是当时开发的通用 Layout Editor、超大规模 Layout Editor、DRC 工具、LVS 工具）;

② RC 提取技术（应用产品是当时开发的 PE 准三维提取工具）;

③ 电路仿真技术（应用产品是当时开发的 Verilog-AMS 工具和 SPICE 仿真工具）。

事实上，以上 3 个核心技术不仅在 1999 年到 2009 年是公司的 EDA 核心算法，也是公司从 1986 年成立以来不断投入多年研发出来的最关键技术，同时还是公司 2009 年后产品更新换代不断升级的技术基础。这 3 个核心技术可以说奠定了公司 EDA 的基础。

从公司 EDA 具体产品开发的时间长度分析，层次式（hierarchical）版图 DRC 工具和 LVS 工具从 2002 年就开始进行研发，一直持续到 2020 年产品不断升级换代，前后持续了 18 年。如果把层次式的定语去掉，基于打散（flatten）的 DRC 工具和 LVS 工具的技术研发可以更早追溯到 1995 年左右，该项技术的积累长达 25 年以上。从这个时间跨度数据，我们可以看到，要开发一项 EDA 的核心产品，不是短短的几年时间就可以一蹴而就的，需要长达十几年的技术积累与迭代进步。

公司的另外一个产品寄生参数提取工具是从 1999 年就开始开发的，如果要追溯该项技术的最原始出处，是清华大学从 1991 年开始进行的寄生参数提取的基础技术研究，后来初步进行产品实用化研究。可见，该项技术也有长达 20 多年的技术积累。

另外一项 SPICE 仿真技术最早源于 Verilog-AMS 的仿真工具研发，从 2003 年起进行研发队伍的组建和原型的开发，一直持续进行与仿真相关的算法的研究和改进。曾经有一段时间，也有部分人员觉得该项目很难盈利，是否要放弃该项目？我们最终还是坚持把这个技术保留下来，其中促使我下决心一定要把它坚持下来的一个原因是：有一次与一个重要客户交流，客户认为 SPICE 仿真是模拟电路中一个十分基础的技术，如果缺了 SPICE 仿真，对全流程不利。从上面分析可以看到，公司在 SPICE 仿真方面的积累从 2003 年算起，也有接近 20 年的历史了。

我在该公司的 10 年中（1999 年到 2009 年），当时几个产品在商业上还不太成功。不太成功的标志是：无法与主流 EDA 工具进行正面竞争，在功能和性能上有差距。当时国内 EDA 产业的环境与目前差别很大，当时的现状是：做出的 EDA 工具必须比主流 EDA 工具要好，并且要明显得好，才可能有市场空间。而目前国内 EDA 产业的现状是：首先解决 EDA 工具的有无问题，其次再解决好与更好的问题。相对来讲，目前国内 EDA 产业的需求对 EDA 公司的商业化成功更加友好。有时候，我甚至猜想：如果把今天的国内 EDA 产业环境提前 10 年，也许我们当年开发 EDA 就不会那么痛苦了。

由于在技术上与国外主流 EDA 工具有差距，因此当时我们的 EDA 业务在商业上很困难，产品很难销售。当时我们 EDA 业务的参与人员都感到十分痛苦，几乎看不到希望。痛苦主要表现在：无论自己如何再努力，做出的产品总是无法在商业上成功。

事后过了 10 年，我反思当时自己的工作，应该讲虽然商业上不太成功，但是在技术上的积累还是有一定价值的。最重要的作用是通过做 3 个核心技术的研发，保留了一只 30 多人的研发团队，这 30 多人对 3 个核心技术的掌握程度虽然不能与国际一流 EDA 公司的研发技术相比，但是为今后努力进行技术突破奠定了基础。我离开该公司后的十年内，该公司相继在这些核心技术上有了较大突破，也获得了部分商业成功，其中的许多核心开发人员都经历过当年十分痛苦的阶段但是却始终坚持不放弃，从而看到了成功的希望。

总结：从事 EDA 核心产品开发，需要长达 10 年以上的积累才能逐步获得商业的成功，我加入的第一家 EDA 公司从 1986 年开始到现在有长达 30 年以上的技术研发，才一步步获得了技术上和商业上的部分成功。其间曾经经历了外人不知的十分痛苦的阶段，多次萌生放弃 EDA 业务的念头，但是都坚持下来了。国内其他比较成功的 EDA 公司也同样都有多年的技术积累，要想在一两年内获得 EDA 产品的开发成功是很难的。

3. 高校如何快速培养 EDA 研发人员

我们知道，目前国内 EDA 公司招聘合适的 EDA 研发人员比较困难，高校该如何加速培养 EDA 工程性研发人员呢？

前面提到，我在本科毕业一年半前开始进入 EDA 领域，本科期间花了一年半的时间做 EDA 学科的毕业设计课题。当时我们学校本科是 5 年制，因此从三年级下半学期到五年级有比较长的时间可以从事课题研发。

我本科刚刚开始接触 EDA 学科时，研究领域是寄生参数提取的算法研究。由于之前对此一无所知，导师给我安排的是：首先自学一本《偏微分方程数值解法》的教材。为什么一上来就要学这个教材呢？因为寄生参数提取的本质就是求解静电场的拉普拉斯方程，这是偏微分方程的典型应用。只有把偏微分方程的求解原理理解清楚了，才能真正进入该领域。我大概花了一个月左右的时间把这本数学教材看完了，看完后总的感觉就是一知半解，由于本科专业是计算机科学，并不是数学专业，因此对其中很多的数学公式和数学变换都理解不深。遇到这个情况，下一步该如何应对呢？是继续花一段时间把这本教材理解透彻再进行工程实践呢？还是在实践中反过来促使理论水平的提高呢？

我当时的实际操作是：先实践后理论。先仔细阅读实验室的前辈已经开发出的基本算法原理和程序，在分析和阅读中逐步理解其本质。直接边界元素法是我的导师率先在国际上提出的求解寄生电阻和电容的领先方案，起初采用二维的常数元边界元素法进行寄生参数提取，为了进一步提高精度，需要把常数元提高到线性元或者更高精度的二次元等。我的本科毕业设计课题就是：针对任意形状的二维图形，采用边界元素法计算出任意两个 terminal 之间的电阻值。测试用例是一个典型的圆环器件，采用边界元素法计算出外环边到内环边的电阻。针对这种典型的圆环器件，理论上有一个精确公式，要求采用边界元素法的数值求解方法的精度与理论值误差在 1%以内。

该如何提高计算精度呢？理论上，如果每个离散化区间内的多项式次数越高，边界元素法达到的精度越高。但是，如果采用高次插值策略，会带来数值求解稳定性的问题。因此，我当时想到了曾经学习过的样条函数插值策略，样条函数插值的好处是：不仅在两个区间的交界处连续，而且在交界处的导数也是连续的，可以有效避免稳定性的问题。我把这个策略与导师交流后，导师认为想法不错，不过，为了能更好地提高效率和精度，建议我再考虑一下还有哪些更好的策略。

我经过仔细思考，在样条函数的基础上，又进一步提出了"圆弧样条插值"的策略，在函数多项式次数不高（2 次）的条件下，可以更好地模拟任意形状的二维结构。该策略得到了导师的认可，建议可以基于该思路进行编程实现。

要把一套复杂的偏微分方程数值求解实现，针对刚刚从事 EDA 研究的我来说，还是有一定难度的，其主要实现过程有 3 个难点：第一是复杂二维图形结构的几何离散化，第二是根据边界元素法的原理计算线性方程组的系数，第三是求解大型线性方程组。这 3 点其实也奠定了我今后博士期间从事三维寄生参数提取的基础，只有把这个步骤理解透彻了，才能真正掌握边界元素法的本质。

理解了上述 3 个难点后，开始编程实现，然后进行调试分析。编程实现和调试总计花了半年左右的时间。这个时间事后来看是显得比较长了，但是当时是我第一次接触边界元素法，理解起来确实很有难度，而且又提出了圆弧样条的新策略，在一个本来理解比较困难的算法上添加了自己提出的新策略，编程实现确实需要花一定时间。这个时间主要不在于程序量的多少，而是有些步骤不好理解。

该策略实现后，经过测试，针对典型的圆环器件，理论值与采用数值离散方法实现的值的误差为 10^{-6}，比预期的 1%精度高了很多，这个有些出乎我的意料。我原来对能否达到 1%这个指标都没有信心，没想到精度超出了预期。主要原因就是：我提出的采用圆弧样条策略刚好符合了圆环的几何特征，因此精度较高。不过，在毕业设计期间，有很长一段时间，我一直提心吊胆，到底实现策略是否能达到预期？在程序没有实现之前，心里一点底都没有，甚至担心万一结果做不出来怎么办，毕竟，在实现中有多个关键环节，任何一个环节只要有一点理解不对，它的结果就会相差十万八千里。而且，要分析错在哪里比较困难，因为数值计算程序的中间运行数据是没有具体判断标准的，一旦最终的结果错了，要一步步去推导到底是哪步错了比较困难。

经过在 EDA 领域 1 年半的学习，我开始对 EDA 学科有了一个初步认识：它是一门交叉学科，需要用到计算数学、微电子学、物理学、计算机科学等多门学科的知识。本科毕业时，我并没有思考：这个一年半的本科课题的研究时间是否合理？我当时觉得自己投入了几乎 100%的时间从事该项目研发，似乎用一年半时间做这样一个课题，且达到了预期效果，已经很不错了，难道还有哪些不足吗？

多年后，我再去回顾这个过程，觉得花费一年半的时间有些长了。在本科一年半的时间中，如果能够每半年做一个课题和大作业。那么一年半时间就可以做出 3 个课题，这 3 个课题最好是 3 个不同的领域，而不是在一个领域做 3 个不同方法的研究。也就是说，在本科期间可以尽可能地提高知识的广度，还不急于在深度上下功夫。我当时是在深度上下功夫较多，为了能够使得计算精度和计算效率足够好，花了很多时间进行优化，虽然对个人的创新性培养大有好处，但是从全局领域看，如果 EDA 学科都按照这个模式培养人才，人才培训速度不够，无法满足国内 EDA 产业快速补充人才缺口的需求。

因此，如果现在让我回到高校去培养本科阶段的 EDA 人才，我会采取与我当初不同的模式，给同一个学生布置多个不同的课题，每个课题给定一个完成时间节点，在时间约束条件下，完成各个不同的课题。比如，如果还是从事寄生参数提取，还是一年半的时间，我会给学生 3 个不同的课题：第一，用边界元素法实现单个结构的寄生电容提取，用常数元即可，不要求用高次元。第二，把数值求解的方法与工业界用的准三维查表法结合起来，实现一个针对大规模数据的寄生参数提取原型。第三，把芯片器件节点提取的 LVS 流程与寄生参数提取流程结合起来，实现从 gds 到网表的全流程提取。

这个要求有些高，要在短短一年半的时间内实现上述需求，是否达不到呢？关键问题是：每个课题的指标都是要求做出原型，不要求实用化，只要学生理解原理，对最基本的测试用例可以通过，就算完成指标。

针对硕士阶段 EDA 人才的培养，我的建议是：该专业的 3 年学习时间，分解为 6 个学期，要求学生每个学期的主要任务就是完成一个大作业，开发一个特定的 EDA 工具原型。比如：第一学期，要求学生开发一个 DRC 工具简化功能原型；第二学期，要求学生开发一个 LVS 工具简化功能原型；第三学期，要求学生开发一个 RC Extraction 简化功能原型；第四学期，要求学生开发一个 SPICE 工具简化功能原型；第五学期，要求学生开发一个 Layout Editor 简化功能原型；第六学期，要求学生开发一个 Analog Router 简化功能原型。

上述 6 个小工具，如果全部串起来，就是一个典型模拟电路全流程设计的工具原型。虽然学生开发出的工具原型与商业化的 EDA 工具有很大差距，但是通过每个大作业的实习，他对该领域内的关键问题都有了清晰的了解，知道在哪些方面存在不足，将来他加入 EDA 企业后，如果继续从事该领域的开发，就会快速入手，提升 EDA 企业的研发水平。同时，也不排除某些出色的学生在从事大作业开发时，提出了一个很好的思路，实现的工具原型水平很高，将来可以把某些思路应用到 EDA 企业中。

假设国内有 10 个高校开设类似的专业，每个专业每年培养 10 名类似的人才，则一年累计培养 100 名研发人员，5 年左右就可以填补该领域在国内 EDA 产业的人才缺口。

那么，这些研究生的指导教师从哪里来？除了目前国内高校的 EDA 教师，还需要再补充一些兼职指导教师，从国内的 EDA 企业中选择研发能力强的工程师作为高校的兼职指导教师，指导研究生从工业界的应用出发，更符合产学研结合的需求。

这种培养方式强调了广度，没有强调深度，与传统人才培养的模式不一样，主要是为了应对国内 EDA 人才短期内需要批量快速培养的目标。因此，它是一个应急的策略，不是一个持久的策略。

以上是本人对国内 EDA 产业发展一些不成熟的看法，欢迎指正。联系方式：houjs@microscapes.com.cn。

作者简介：

侯劲松，国内 EDA 从业者，具有多年 EDA 研发经验。

30 年前清华大学“微波与数字通信国家重点实验室 CAD 中心”的 EDA 环境

周祖成

背景

1947 年肖特基发明了晶体管。新中国成立后早期归国的黄昆、谢希德、林兰英等一批半导体物理学家，在国内高校和研究院介绍“半导体物理”和“晶体管电路”。

1956 年黄昆老师在北京大学开办了“半导体班”，我常给学生讲，那是半导体专业的“黄浦军校”，王阳元院士、许居衍院士、侯朝焕院士等都是出自黄昆老师的“半导体班”！

1958 年，集成电路被发明。而 1965 年我国的半导体工艺开启了“硅平面工艺”时代，到 1967 年就研制出了中、小规模的集成电路，和最早研制集成电路的美国的差距也就是七年左右，和日本也只差 3 年左右。

1966—1976 年，国际上集成电路在 CMOS 工艺推动下进入“大规模集成电路”时期，按摩尔预言，每 18 个月集成度翻一翻，性能（速度、面积和低功耗）提高一倍而成本维持不变，国内的集成电路和国际上的差距越来越大。

1978 年 12 月 26 日，首批访美的一行 52 名黑眼睛黄皮肤、身着统一制式西装和大衣的中国学者的身影出现在美国肯尼迪国际机场，他们将为祖国的崛起奉献自己的光和热。他们之中，100%学成归国，有 7 人后来成为院士。直到 1977 年“恢复高考”，1978 年召开全国科学大会……

“科学的春天”召唤我们走向国家高技术研究发展计划（863 计划）。

在知识分子荟萃的清华大学，“科学的春天”到了！就像校庆前后繁花似锦的“清华园”，山光积翠，荷塘春色，花团锦簇人更美。

无线电系返回了清华大学本部，使我们这些已过“而立之年”的人，不得考虑一些往事。

那些年过半百“知天命”的我们的老师们，用了各种关系为青年教师和研究生开学术讲座；常迥教授请《数字信号处理》一书的作者——美国的奥本海默教授给我们讲授“数字信号处理”，每当奥本海默教授讲授期间向教师提问遇到了语言障碍时，充当翻译的常教授往往还代为回答提问。

那些早已过了“而立”之年的研究室主任们正夜以继日地规划着专业的未来，或引领着专业团队承担前沿科技项目（如“数字通信”和“信息光电子”）；或作为外派的“高访”探寻专业发展的未来（如“系统集成”和“量子技术”）；而我们这些过“而立”之年毕业后留校任教的教师，“人到中年，承上启下”，要边学习、边工作。

回京后，张克潜主任提出（科研教学）三转向、三突破：从微波发展到光；从模拟通信发展到数字通信；从分离元件发展到小规模集成电路，直至大规模集成电路。

我着“迷”CCD（电荷耦合器件），返回校本部后很快就买到美国仙童公司的 CCD 器件（取样模拟信号处理的大规模集成电路）。用它代替水银延时线做雷达视频延时线，实现一个取样模拟雷达视频处理器。所以 1979 年下半年完成了“CCD-MTI”的视频部分，使 513 雷达加装“CCD-MTI”后的“改善因子”达到战术的要求，系主任来到实验现场的雷达车上，要求我们这个项目要成为系里返回北京后第一个通过鉴定的项目。做现场鉴定后回北京申报了当年的科研成果，获得了 1982 年部级科技进步二等奖。

我们用从国外购买的 16 位字长的计算机和大规模集成电路做成“雷达信号的恒虚警检测和自动录取器”，设备通过鉴定后申报电子工业部科技成果，获 1981 年部级科技进步二等奖！

凭借雷达专业的基础知识和科研的敏感性，跟踪国外雷达技术，在国内领先很正常。但国外在计算机技术的推动下，雷达信号检测从基础性的时域随机信号相关性检测向频域模糊信号的多维度检测发展；检测的对象从单纯的飞行物向低速（战车、步兵）和超高速（导弹和五代战机）目标扩展；检测的环境从纯空域相参目标的发现与引导到有电子战干扰与欺骗和强杂波与微弱反射的非相参目标的检测。检测对象的变化使处理的数据已经从结构化数据转到半结构化数据，以至于像 SAR 处理的大量是非结构化的图像数据。这就牵涉到下面十年干什么。

尽管看到改革开放的变化，但许多老师的观念仍有些“保守”。要继续在“雷达信号与检测”领域里深耕，就必须调整自己的知识结构。加上国家拿不出足够的经费给高校科研，雷达专业的教师都面临一段业务调整时期。

室主任回国后给我看的都是国外最新DSP和图像处理的芯片资料，使我耳目一新。

从1970年开始，信息与电子系统设计的器件就从晶体管、中小规模集成电路到大规模的存储器和乘法器；处理器从MC68000单板机到IBM的PC-XT；习惯于从读系统底层的主要芯片的说明书开始，设计相关联的试验线路，在实验板上做测试验证（用示波器和逻辑分析仪看结果），验证通过后设计（印制电路）板级系统，然后做整机联调，这实际上是在“自底向上”地做电子系统设计。

“自底向上”的设计和国外“自顶向下”的设计的信息与电子系统，差距会越来越大。随着电子设计自动化（EDA）工具的采用和信息与电子系统的片上系统集成（SoC），不更新知识，被淘汰的危险越来越近。

后工业化时代的信息革命将至，以“物质”“能源”和“自动化”为中心的技术活动，正在让位于以“信息”为中心的技术活动。对每位教师，进入“信息技术”又是一道坎，别无他法，只能重新学习！

从用集成电路和计算机“自底向上”地做信息与电子系统的阶段（差不多是1974—1984年的十年）；提升到“自顶向下”地用现场可编程器件和用计算机编程协同设计阶段（1984—1994年）；进而完整地“自顶向下”地设计信息与电子系统的片上集成（1995年以后）。走这三步对我们这些年近半百的清华老师来讲，也非易事！

没什么捷径，“闻道有先后，术业有专攻”“古之学者必有师”“人非生而知之者，孰能无惑，惑而不从其师，为惑也”。

“生乎吾前，闻其道也，固先乎吾，吾从而师之”，当年茅於海和冯重熙老师把我们领进了这个门，学计算机如此，用EDA工具做电子设计也是如此。

1986年国家实施“863计划”，教研室申请信号处理中的关键芯片（如乘法器和DSP）的算法和电路设计的项目。从通信电子系统（雷达专业）跨界进入集成电路设计领域，接近“半百”年龄的一代人还是有自知之明的，至少有三道“坎”摆在每位教师面前。

第一道，“半导体”的“坎”：

清华还不错，基础课开了“半导体物理”，专业基础课开了“晶体管放大和运算电路”以及“晶体管脉冲与数字电路”。

1958年清华无线电电子学系（现在的电子工程系）引进李志坚院士（从苏联刚回国），创建了“半导体专业”。返京后，1980年又成立了微电子研究所，传授集成电路设计的知识，开了“大规模集成电路”课程。在“微所”的生产线上，学生通过做一支三极管的教学实验，来了解半导体的工艺流程。

第二道，计算机和编程的“坎”：

“雷达信号检测和雷达信息的综合处理”用计算机快十来年了，但在计算机上编程还是要软件专业人员做，编程作为基本的设计方法，迫使我们这些“硬件”工程人员从此要“软”化，实属不易。实验室大量引进计算机和工作站，你不学怎么办？只好“HP”“IBM”“Appolo”“DEC”“CV”“SUN”不论哪一家介绍产品都去听，拿资料回家慢慢摸索，努力地过这道“坎”，最终基本上完成了实验室设备（计算机工作站）和 EDA 工具软件的引进。

第三道“坎”是英语：

以前学“俄语”，1960 年后才按“第二外国语”学的英语。只上了一年基础英语（语音和语法）就让我们阅读，凭着年轻，完全是符号记忆式的阅读，所以称为“哑巴英语”。室主任就安排去校办开的“英语口语”班学习，不管有没有机会出国，至少是能集中一段时间提高外语能力，大家都是十分珍惜的。这才有机会跨过英语这道“坎”。

集中精力看室主任交代阅读的资料。1986 年室主任敏锐地指出：“过去国外公司是一本‘产品说明书’（内容一年不变），现在是一年几本（内容不同），甚至快到每周都寄来新产品的小册子（如 TI 的 DSP 产品说明书）。”

认真阅读 DSP、乘法器、图像处理器等大量芯片的产品说明书之后，我提出了“VHSIC”实验室的项目建议，并进入国家“863 计划”，开始跨界进入集成电路设计领域。

“集成”的优势体现在电子信息产业“上游”的核心是集成电路产业链的设计业，即通过集成把设计规范、协议、标准和算法映射到芯片的架构设计中，它管控知识产权，居于领先位置，并带动电子信息产业与国际接轨。

而设计前端的 EDA 工具，是电子设计工程师实现从 PCB（自底向上）设计向芯片（自顶向下）设计质变和跃迁的关键，也可以说是一场“跨界”。尽管觉悟在 20 世纪 80 年代中，但后来到了 20 世纪 90 年代就越来越清晰！

出国考察时，看到国外大学的实验室里已经没有多少实验台和示波器（或逻辑分析仪），更多的是在实验室（或机房）用计算机和 CAD 工具进行设计了。而我们还是在实验台（或者插线板）上做电路实验，然后用“探戈”设计印制电路板，调板级系统和联整机的“自底向上”地做电子系统设计。

尽管我们的硬件设计能力不差，但从设计一开始（读元器件说明书）就限制在国外该元器件设计者的思路里，摆脱不了能买到的国外器件（芯片）对你设计的制约，更谈不上什么创新了。我们渐渐地理解，我们不是输在设计的能力上，而是输在了源头上，终于找到“卡脖子”的“脖子”了！

我们向“863 计划”领域办公室提出了“两头在内，一头在外”的发展我国集成电路产业的建议（“两头在内”是指设计在国内，产品的市场在国内；“一头在外”是指加工暂时在国外），因为当时国内只有以制造晶体管为目标的半导体生产线，它是难以支持亚微米级“VHSIC”流片要求的。

20 世纪 80 年代后期，已到“知天命”之年，还“折腾”吗？90%的教师都迫切需要知识更新，不然拿什么教学生？记得在面试一位十分优秀的大学生时，我们问她：“你这么优秀，为什么不直接出国念书？还选择读清华？”她就直言：“你们能教得了我基础知识，我就跟你们学；你们教不了我了，我会选择出国！”我很钦佩这个学生的坦率，也确实感受到知识更新的压力。

集成电路设计并非简单地把板级（PCB）设计映射到硅片上去，但随着实验室的建设和具体研究工作的展开，才知道即将面临的工作和我原来熟悉的科研工作有了质的差别。

它促成了电子设计的自动化（EDA），首先是从定义设计规范开始就有别于原来熟悉的“自底向上”的板级系统设计，简言之，原来的设计是建立在“已有什么（芯片）设计什么（系统）”。而现在是从定义设计规范开始，“没有什么去设计什么”。

要定义的设计规范可以是行业规范（如 5G）和接口协议（如 HDMI），也可以是算法和人工智能行业的行业标准 IP，设计规范是设计者创意的集中体现；实现设计者创意实现的手段反映了设计师采用技术思路的先进性。

以优化设计为例，就是在给定的边界条件下（速度、功耗和面积）获取满足设计目标的“最佳解决方案”。而这个“最佳解决方案”应该是能验证设计创意、有先进工艺支持并促成市场化的创新产品。所以，从原来熟悉的专业中走出来，去闯一个新的领域，责任和兴趣兼而有之。

到 1987 年，高技术“863 计划”项目——“VHSIC 实验室”项目基本落实，清华大学“VHSIC 实验室”引进 Mentor Graphics 的 EDA 工作环境。1989 年 Mentor 开设北京办事处，是最早向清华大学捐赠 EDA 工具的外国公司。

图 1　清华大学“VHSIC 实验室”引进 Mentor Graphics 的 EDA 工具和接受捐赠

通过两次 Mentor Graphics 的培训（1988 年中国香港，1991 年新加坡），实验室给研究生开“大规模集成电路设计”课程时，Mentor 送了 *VHDL (VHSIC Hardware Description Language*（McGraw-Hill，1991 年版）、*Design Of VLSI Gate Array ICs*（1987 Emest E. Hollis 版）和“CMOS3 Cell Library”（*The Addision-Wesley's VLSIT Systems Series* 中的一卷，1988 版）。这些工具书加速了我们入门 EDA。

有趣的是，2021 年上市的格科微电子（上海）有限公司的赵立新董事长，30 年前在“VHSIC 实验室”做毕业设计的题目就是“用 Mentor 的 ACSim（模拟电路建模仿真工具）实现 CCD 图像传感器的建模与仿真”（清华大学出版社也出版过一本我和茅於海老师编写的《电荷耦合器件在信号处理图象传感中的应用》）。但没想到，这个题目影响了他一生，他 2003 年回国创业，2021 年格科微公司上市，“从 CCD 到 CMOS”，始终在做图像传感器。

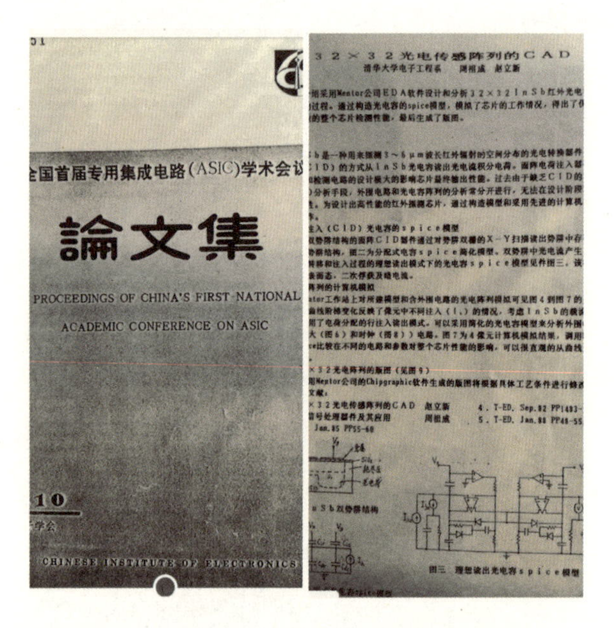

图 2　在 1990 年首届 ASIC 会议上联合发文

集成电路那些事

到 20 世纪 80 年代末，我们这批年近 50 岁、大学毕业留校的教师的“雄心壮志”不多了，本能地“听话出活”，敢闯出去办公司的微乎其微。系里 20 世纪 60 年代初承担的国家项目较多，相应地，留校的教师也多一些（主要是 1958—1965 年留校的，仅雷达教研室就留下快 20 人）。多数人在自己的业务领域里也小有成就，退休前就这么再干十来年，吃“老本”也是干得下去的，当然也看到了变化，但下决心改行，难呀！

实际上是要跨出三步：

- 第一步是用大规模集成电路和计算机（后处理数据）“自底向上”地设计电路与系统；
- 第二步是用可编程器件的插板置于计算机机箱做“自顶向下”的电路与系统设计；
- 第三步是实现电路与系统在芯片上集成（SoC）的“自顶向下”的集成电路设计。

“自顶向下”的集成电路的设计和“自底向上”的 PCB 的设计不在一个层次。如果说 PCB 的工程师在工艺、技师的层次，展示的是熟练的技能和技艺，佼佼者是“大国工匠”。那么，集成电路的设计者是在设计师和专业工程师的层次，他们展现的是把电路与系统新的行业技术规范（标准、协议和框架）通过设计综合和优化到最佳，用软硬件协同设计把行业标准的知识产权固化到集成电路中。创新是设计师的原动力，责无旁贷地引领信息社会的生活和工作方式是设计师现实的担当，实现未来的梦想是设计师终生的追求！

从学科建设上看，20 世纪末清华大学电子工程系的“通信与电子信息系统”和“电子科学与技术”两个一级学科已坐稳第一把交椅，但“回京”之后，原无线电系的“半导体教研室”独立成“清华大学微电子学研究所”，还是使清华大学电子工程系痛失了“电子信息系统片上集成的平台”。

自“863 计划”起，意识到这个缺失的“老先生”们，抓紧这个机会分别在“信检”和“通信”两个教研室启动了“电子信息系统片上集成平台”的建设。

前面介绍了“信检”的“VHSIC 实验室”建设，同时“通信”的冯老师也借电子部的支持抓紧建设“通信 ASIC 联合实验室”。

1985 年，在电子工业部科技委员会青岛会议时，谈到了进入 20 世纪 80 年代后，大规模集成电路的发展与前景，领导指出引进生产线的同时“市场换核心技术”的做法已经越来越难，因为外方不肯转让知识产权。随着整个电子信息系统的片上集成，国内曾希望“反设计”集成电路亦不可能。因此急需培养能独立设计专用集成电路的电子信息系统的设计师和工程师，这是一条振兴民族电子工业的出路。

当时电子工业部支持了“青岛会议”的意见，除了把当年的相关科研费用拨给了清华大学电子工程系，还在当年集中起 11 个电子工业部所属工厂和研究所在清华大学以集资形式（集资 170 万元）建立起“清华大学专用集成电路联合实验室”，目标是引进美国计算机辅助设计的工作站环境和 EDA 软件，培养专用集成电路（ASIC）设计的人才。当时在清华“通信 ASIC 联合实验室”引进的这套系统是美国商业部历史上第一次批准出口中国的专用集成电路（ASIC）设计平台。

“通信 ASIC 联合实验室”承接“八五”攻关项目中的四块用于光纤通信的专用

集成（门阵列）电路的设计。1987 年设计出两块二、三次群复接器电路（THMTOO1 和 THMROO1，片上集成了 8000 个门）。该芯片拥有的自主知识产权（减少抖动的专利）技术，获得国家发明二等奖。国家科委领导做了如下批示："看了非常高兴，并向清华的相关教师转致衷心感谢，希望尽快商品化，批量供应，还希望清华的同志们再接再厉，向四次群和更高速前进！"

清华大学校党委将"促进在电子工业的系统设计人员中推动专用集成电路设计技术"的意见上报到电子工业部，结合"通信 ASIC 联合实验室"的示范作用，部里用"部长基金"给实验室装备了一批专用集成电路设计工作站。

20 世纪 90 年代后期光纤通信已趋成熟并迅速占领市场，为推动通信 ASIC 发展，清华大学电子工程系又提出研发面向网络型的准同步数字系列（N-PDH）的数字复接芯片 HMX3101，开发出四次群复接器电路 M4320（CMOS 工艺）。清华大学多名教授、研究生和本科生，以各种形式支持了华环公司的工作，"产教融合"促成一大批高级人才的培养。

但在 20 世纪 90 年代初，光纤还只是小规模地在少数几条线上做试验，以同轴电缆为基础的传输系统成为长途电话的通话瓶颈，长途电话的扩容迫在眉睫。于是邮电工业总公司和我们签了"长话倍增扩容 ADPCM 设备"的研制合同。

"自顶向下"的现场可编程和用计算机编程协同设计的特点是：改变传统的通信电路从时序出发设计 RTL 级电路，而是把 PCM 的数据序列和 ADPCM 的数据序列看成是在开关函数管理下的两个数据集之间的相互映射。如果是后者，就比较容易用计算机技术中的微时序管理，即用一个时间-事件队列的方式处理。

为此，我们只用了半个月的时间排好两个 PCM 数据序列向一个 ADPCM 数据序列映射 / 反映射的微程序图，边编程（用 FPGA 的开发系统），边在 Mentor 的 EDA 系统上做 PCB 设计。

为表彰在促进科学技术进步工作中做出贡献，特颁发此证书，以资鼓励。

获奖项目：BLD6482 型 ADPCM 电话倍增设备

奖励日期：1996 年 12 月

奖励等级：二等奖

证 书 号：962146

主要完成者：周祖成

图 3　1996 年我们设计的 ADPCM 获奖

从样机到山东省两条通信线路上联试，也就半年时间。通过鉴定的 ADPCM 设备，让我们申报 1996 年电子工业部科技进步奖成功，还获得当年的“清华大学最高效益奖”。产品一直卖到 2016 年，并且是华环公司目前售出设备中唯一没有返修的！当然，它还验证了在通信系统设计中用微时序控制两个不同领域之间数据重排的设计方法是成功的。然而，这还只是设计方法的改进，离信息与电子系统的片上集成还有一段路要走。

如果说在 20 世纪 70 年代中期到 80 年代中期设计雷达的检测与信息处理设备时，还只是用计算机（单板机到 PC）和大规模集成电路改善传统“自底向上”的设计；那么经过“863”项目的提升，到 90 年代初设计“ADPCM”设备时，小试了“自顶向下”的现场可编程和用计算机协同设计的方法。然而这离从提出行业标准，并把自有的知识产权固化到设计的芯片中去，还差一大步。

正好学校申请下来“微波与数字通信国家重点实验室”项目，其中有“CAD 中心”。

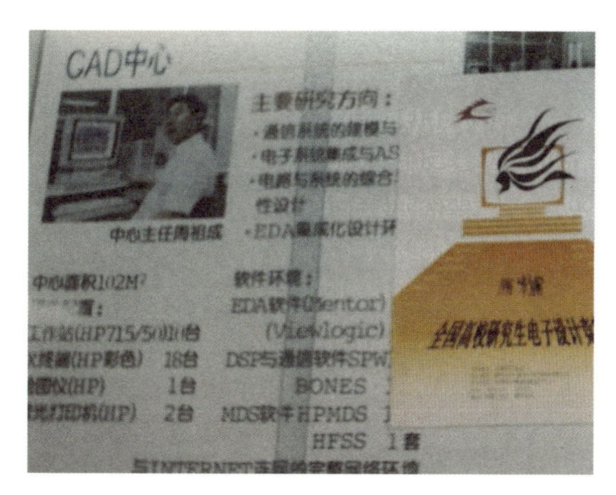

图 4　微波与数字通信国家重点实验室 CAD 中心

“CAD 中心”得到清华大学电子工程系和“微波与数字通信国家重点实验室”的大力支持！电子工程系常务副主任薛老师在系务会上建议“CAD 中心”机房改扩建：从主楼 9 区 3 楼新划拨 120 平方米的面积和原来“通信 ASIC 联合实验室”（80 平方米）一起，重新装修成 200 平方米的“微波与数字通信国家重点实验室 CAD 中心”。

负责教学工作的副系主任刘老师要求“CAD 中心”尽快提出教学和课程设计上机的计划，系里安排教学经费和教辅人员。由于系和国家重点实验室领导的共识，1992 年，清华大学“微波与数字通信国家重点实验室”的曹老师安排“CAD 中心”派人去美国 Cadence 公司接受 SPW 工具的培训。

图 5 “微波与数字通信国家重点实验室”派我去美国 Cadence 公司接受培训

实验室在 1990 年买了两套 Cadence 的 SPW（信号处理工作站）软件，培训用 Cadence 的 SPW 工具做 DSP 的设计，用 C 语言编程，SPW 做仿真和验证，这和我们常用计算机编程设计的差别还是很明显的。DSP 的强项是它带有多位数（bit）的快速数字乘法器（这也是 DSP 和 CPU 的最大差别），使得数字信号处理的乘加运算非常方便。

例如，你设计一个 IIR 和 FIR 的数字滤波器，大量的延时－加权－求和运算，用 DSP 就非常方便。尤其是用 SPW 处理 DSP 的设计对象（典型的低通、高通和带通），只要输入相应的参数，很快就仿真出你所需的结果！当然，进一步是褶积运算、矩阵的乘法、FFT/IFFT、各种通信的调制／解调方式（QAM/QPSK/OFDM），在 SPW 上进行设计和验证都非常方便。

这次培训对于后来我们和杨林的团队搞“中国数字电视标准”起了很重要的作用。项目前期双方的机房通过网络联网，设计的构思、描述都及时在各自的工作站上由 SPW 软件工具完成。当 C 语言的“地面无线中国数字电视的标准”完成仿真验证后，只要用 EDA 工具完成 C 到 Verilog 代码的转换，做完优化和工艺映射，就可以做芯片的后端设计了。

在 Cadence 培训的意外收获是 *VHDL*（*VHSIC Hardware Description Language*）（McGraw-Hill，1991 年版）的作者 Douglas L. Perry 通知我们：“可以把 1991 年版的版权赠送给你们，这样可以把翻译自此书的讲义（当时在给清华研究生的课程“专用集成电路及其计算机辅助设计”中使用；清本 3113.7233，清研 80230108 1989—1991 年），替换为正式出版的书。”当然，这是件好事。他给我们授权译著他作品的“授权书”（去纽约 McGraw-Hill 公司办手续），我们请他为中译本写了前言。

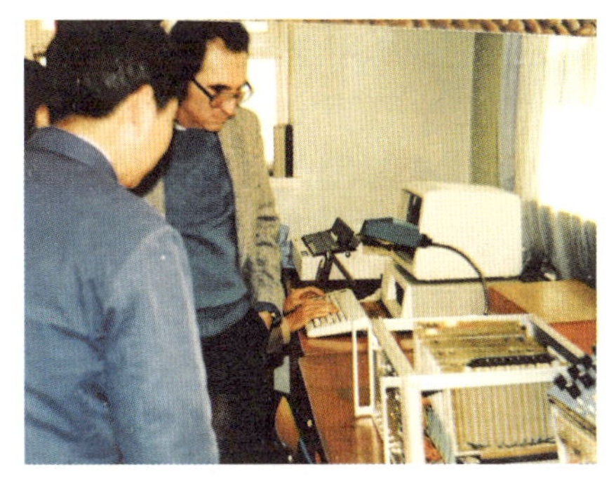

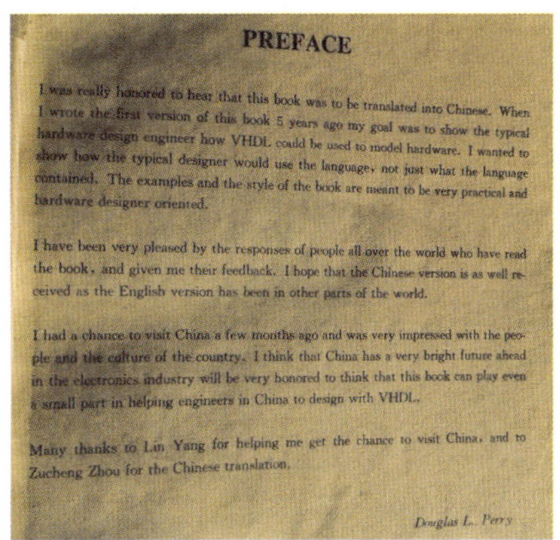

PREFACE

I was really honored to hear that this book was to be translated into Chinese. When I wrote the first version of this book 5 years ago my goal was to show the typical hardware design engineer how VHDL could be used to model hardware. I wanted to show how the typical designer would use the language, not just what the language contained. The examples and the style of the book are meant to be very practical and hardware designer oriented.

I have been very pleased by the responses of people all over the world who have read the book, and given me their feedback. I hope that the Chinese version is as well received as the English version has been in other parts of the world.

I had a chance to visit China a few months ago and was very impressed with the people and the culture of the country. I think that China has a very bright future ahead in the electronics industry will be very honored to think that this book can play even a small part in helping engineers in China to design with VHDL.

Many thanks to Lin Yang for helping me get the chance to visit China, and to Zucheng Zhou for the Chinese translation.

Douglas L. Perry

图 6　Douglas L.Perry 应邀为作品的中译本写的前言

1992 年“微波与数字通信国家重点实验室 CAD 中心”建成。电子工程系和国家重点实验室的领导建“CAD 中心”的力度如此之大，建好“电子信息系统片上集成的设计平台”就成了当务之急。平台的水准应该是 20 世纪 90 年代国际先进水平（HLD，High Lever Design）；平台的设备应该成为国内示范的窗口；平台任务应该是培养电子信息系统片上集成的高端设计人才。

图 7　学生在“微波与数字通信国家重点实验室 CAD 中心”上机

1992年下半年，一个全新的200平方米的“CAD中心”出现在东主楼9区3楼的北端。目标明确以后就下决心干，引进设备（计算机工作站和服务器）和加装EDA软件。利用原来建“VHSIC实验室和惠普公司建立的联系，“CAD中心”开始承担惠普公司（北京）客户培训的任务，惠普捐赠给“中心”几台HP工作站，还帮“CAD中心”建了投影、音像和电教环境。从和惠普的合作开始，在东主楼9区门口东墙上，每谈成一个合作协议，就挂一块铜牌！

图8 在东主楼9区门口东墙上的“共建”铜牌

接着Mentor Graphics在京的明导公司，向“CAD中心”捐赠EDA工具，在东墙加上一块铜牌；跟着是VeriLogic公司捐赠了全套PC上的EDA软件，也在东主楼9区门口东墙挂牌……还有Cadence、Pads、Synopsys都向“CAD中心”捐赠了EDA工具。

在接待SUN公司的教育副总裁时，她一次捐赠就解决了一个教学班用的30台SUN工作站和终端，还帮我们充实了教学实验室的服务器。外国公司进中国当然是为了赚钱，但他们赚了钱以后，还能回馈给学校。

一次副校长带一个美国大学校长的团队到我们“CAD中心”参观。参观的美国大学校长们惊讶地发现，我们当时实验室拥有的设备和软件，在他们自己的学校也没有。

结识了美国Synopsys公司的副总裁陈志宽先生，又促成1995年Synopsys公司捐赠“微波与数字通信国家重点实验室CAD中心”20套当时最先进的集成电路和系统的优化软件DC（Design Compiler），并和清华大学共建了“清华大学—Synopsys HLD（高层次设计）中心”。“CAD中心”在国内外的展示度已经够高了！

“CAD中心”接待院士（高文、保铮）、企业家（张瑞敏、李东生）、学成回国的学子（魏少军，清华大学微电子所所长；高德远，西北工业大学副校长，航空部国家集成电路实验室主任……）。筹建华为“海思”的华为基础部“集成电路中心”主任叶青来访时，复制了“CAD 中心”的软、硬件的全套清单；中科院、兄弟院校的参观也应接不暇。

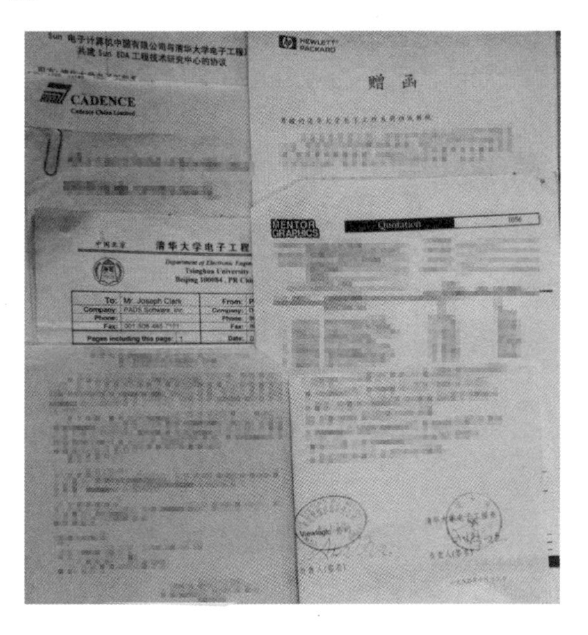

图 9　SUN、HP、Synopsys、Cadence、Mentor Graphics、VeriLogic、Pades、Xinicx 和 Altera 等纷纷向实验室捐赠软、硬件，总价值达 1544 万美元

硅谷系友杨林 1993 年来实验室表示愿意和“CAD 中心”合作“双向寻呼机”的移动通信；1997 年他回国做“地面（无线）数字电视中国标准”，也首选了“CAD 中心”，并和我们签了“地面（无线）数字电视中国标准”的第一个合同。

从行业标准做起，确定了“中国标准”“中国专利”和“中国芯片”的三原则，这才是我们集成电路真正的“脖子”！当然，做标准最重要的是产业的认可！不是靠学校和研究所单方面努力就能有结果的（充其量也只能是科研成果，得个奖而已）。后来在“5G”标准的制订中，这种情况得到了一定的改变。

Altera 公司还两次冠名赞助了清华大学承办的“研电赛”（“CAD 中心”发起的中国研究生 EDA 竞赛）；还向清华大学电子工程系的教学实验室捐赠了 50 台“口袋里的实验室”（这是用 Altera 的 FPGA 和 IP 包做的教学实验装置，便携，可以随时随地联网做数字逻辑和微处理编程的教学实验）。

“微波与数字通信国家重点实验室 CAD 中心”是一个平台：一个集成电路设计和电子信息系统片上集成的工具平台（以后称“EDA 工具平台”）；一个集成电路设计高端人才培养的教学平台（以后称“人才平台”）。

用本人在应用和介绍EDA工具方面的影响,自93年以来促成了国外四大EDA厂商和HP与SUN公司向清华大学赠送了价值1500万美元的软、硬件（表(5)）．这些捐赠改善了学校电子系统仿真、集成设计与制造、系统集成与微电子设计的条件．

表5　厂家	赠送软件(万美元)	赠送硬件(万美元)	协议执行	合同执行
Viewlogic	220		已签	完成
Mentor Graphics	403		已签	完成
Alta Group	80		已签	完成
HP		21(1台服务器、10个终端和其他配置)	已签	完成
Synopsys	500		已签	完成
PADs	10		已签	以执行
SUN		10(15台工作站)	已签	完成
Cadence	300		正在通过教委办免税	
总计	1513	31	共计　1544万美元	

图 10　清华大学“微波与数字通信国家重臬实验室 CAD 中心”EDA 工具一览

“CAD 中心”平台建设的一个任务——“EDA 工具平台”

从“入门”EDA（设计构思的编程描述和正确性验证），到“入行”EDA［设计综合（优化和映射）］，再到“入市”（适应市场窗口的快速变化）是三个层次。我们花了 20 年时间，建立清华大学“VHSIC 实验室”（1986—1990）、清华大学“微波与数字通信国家重点实验室 CAD 中心”（1991—2000）、“深圳 – 清华大学研究院 EDA 实验室”（到 2019 年仍是深圳市一类实验室）。

集成电路产业链包括了设计业、制造业、封测业、材料和装备。国务院 2000 年的 18 号文件确立了集成电路设计业是产业链的龙头！而清华大学“CAD 中心”先进的 EDA 工具平台的建立，为集成电路设计业奠定了基础！

图 11　清华大学的校刊“新清华”也经常报道 EDA

1995 年，时任新思科技副总的陈志宽博士代表公司将当时价值 500 万美元的

20 套 Design Compiler 逻辑综合工具捐赠给清华大学，并成立“清华大学-新思科技高层次设计（HLD）中心”，为中国集成电路人打开了一扇面向国际前沿集成电路设计方法学的窗户，让 EDA 综合工具第一次进入中国集成电路行业人的视野，从“CAD 中心”的 EDA 平台里，走出了众多中国集成电路行业的中坚力量。

陈志宽副总裁在清华做了题为“High Level Design”的演讲。清华大学的关志诚副校长、金国藩院士、电子工程系科研副主任彭吉虎教授和相关负责人出席了大会。

图 12　清华大学、新思科技共建“高层次设计中心（HLD Center）”

2020 年的清华园，新“奇点”又蓄势待发，“人工智能”将促进中国集成电路新一轮“奇点”的爆发，所有新技术的发展，如果不和 EDA 结合就很难发展。人工智能产业化离不开芯片，没有芯片的人工智能就仅仅是算法。24 年前，我们用 ASIC 解决的是算力。

“如果 25 年前在电路级的设计优化是 Design Compiler，现在在系统级的优化称作 AI Compiler 呢？”，Synopsys 的廖博士欣然赞同，并促成清华大学和新思公司共建 AI Compiler Center 的建议。

2018 年，陆建华院士和新思科技对于共建 AI Compiler Center 取得共识，并从 2018 年到 2019 年促成了“清华大学-新思科技人工智能联合教学实验室”的建设，更明确“工业软件 EDA”对未来信息产业的重要性。“清华大学－新思科技人工智能联合教学实验室”将在“AI Compiler”的平台上，将人工智能各种算法的 IP，映射到集成电路的相应“架构”，实现芯片设计前端的 HLS（系统级的高层次综合），以推动 EDA 工具迈入 2.0 时代，并促使 EDA（自动化）走向 EDI（智能化）。

2019 年 6 月 22 日　新思科技向清华大学捐赠的仪式在清华大学罗姆楼举行。

图 13　电子工程系系主任黄旭东教授、Synopsys 公司陈志宽博士在仪式上签字

图14　清华大学-新思科技人工智能联合教学实验室

图15　捐赠仪式后，陈志宽博士做“大道致简，互信归一”的学术报告

谈及再度合作，陈志宽在学术报告中指出："人工智能技术毫无疑问将成为人类未来科技发展的基础之一，一个新的'奇点'会引爆设计方法学并建立新的生态系统。"也正是由 EDA 工具来实现上、下游不同环节的紧密联动，和企业共建人才培养的基地，落实"产教融合"。

2019 年 12 月 19 日，新思科技（Synopsys）总裁兼联席首席执行官陈志宽博士受聘为清华大学顾问教授！

图 16 Synopsys 总裁兼联席首席执行官陈志宽博士受聘为清华大学顾问教授和受聘仪式参会人员

陈志宽与清华大学在二十五年前就结下了不解之缘。在 2019 年与清华大学再度合作，捐赠价值 1750 万美元的基于 AI 的芯片设计工具给学校，成立"人工智能联合教学实验室"，该实验室将在人工智能领域的课程合作、科研项目等方向展开全面合作，面向本科及研究生培养人工智能领域高端人才。

图 17 清华大学常务副校长王希勤教授出席并颁发聘书

“CAD中心”平台建设的另一个任务——“人才培养平台”

现任新思科技总裁兼联席CEO陈志宽在回忆当时的捐赠初衷时解释说：“清华大学周祖成教授为中国引入最前沿设计方法的努力令人钦佩，而这些努力的背后，代表着中国对发展集成电路产业的巨大关注。因此，我们对中国集成电路人才培养的未来充满信心，也坚定了进入中国的决心。”

EDA是IC设计必需的工具。随着IC设计复杂度的提升，对集成电路设计人才开发和使用EDA工具的要求也随之提高。在“示范性微电子学院”中开设“EDA专业”，培养开发和使用EDA工具做集成电路设计的人才，改变目前仅仅在清华、复旦等少数几所高校中有EDA专业的局面。为此，我们推动了尽快确认“集成电路”（还是“微电子”？）作为一级学科，相应的EDA专业作为“二级学科”，让学生有明确的专业方向可选，让老师有理有据地围绕EDA专业开出相关的专业课程。

培养目标应是EDA的“专业人才”，而不是以“就业”为目标的“通才”。在人才层次上要重视高端人才的培养，拒绝平庸，且用工具做设计和开发软件工具并重。为此高校老师带领研究生承担国家的重大专项，在实战中培养EDA工具研发和应用的领军人才！

从不了解EDA到跨界进入EDA行业的人才都是些“高能粒子”。硅谷成功的经验之一是（高端）人才的流动，我们既要支持非半导体的电类专业的人跨界进入EDA行业，又要欢迎海外归来的EDA从业人才，尤其是从三大厂家归国的专业人员。

要支持国产EDA软件的“大学计划”，改善学校EDA人才培养的环境，养成使用国产EDA软件的“习惯”，这对他们就业的选择和专业能力的提升都是有好处的。

集成电路的制造商对高校教师的集成电路设计开展“MPW”免费流片。从2018年（北方）中芯国际首创“全国研究生创‘芯’大赛”的一等奖免费MPW流片开始，目前已经有“华力”“南方科技”“华虹”几家集成电路制造商结成联盟，支持创“芯”大赛的一等奖免费MPW流片。这对研究生在校期间和老师共同完成一个“芯片”设计和流片，提升自己的实践能力是非常有利的。

“CAD中心”一成立就着手进行EDA和集成电路人才平台的建设，通过国家“863项目人才培养计划”和“211工程”，争取到“系统集成（System on a Chip）和微电子”学科项目（520万元）和专用集成电路（ASIC）和电子系统集成“教学设计中心”项目（270万元），建立了相应的人才培养环境。

为本科生和研究生开出相关课程：“专用集成电路及其计算机辅助设计”（清本3113.7233，清研8023.0108 1989—1991）、“电子系统仿真和VHDL”（清研8023.0112工程硕士精品课程1995.2）、“通信系统仿真和ASIC设计”（清研8023.0107 工学硕士精品课程 1995.9）。这些课程除了讲授都引入了课程设计，即有三分之一的时间在机房完成课程安排的上机项目（如验证和优化等）。

课程的选课人数很多，除本校本系的本、硕、博学生，还有本校其他院所的学生（如工物、精仪等），也有校外的学生（北大、中科院等其他高校及航天和公安部研究所的旁听生），本着“有教无类”的精神，只要教室坐得下（开课时是按 40 人选课安排教室，后来调整到 80 人教室），尽量说服教务员让学生进教室听课！有些高校的进修老师，也尽量安排他们上机做课程设计。“CAD 中心”还吸引了国内高校的进修教师，如厦门大学的黄联芬老师、西南科技大学的姚远程老师等，本系的一些青年教师都利用实验室的 EDA 工具做设计。

图 18 开课、编讲义、写书和设计芯片

高层次人才的培养，仅靠“CAD 中心”这个学科交叉的平台是不够的，从“863 计划”开始，体会到培养一批高素质的集成电路设计人才的紧迫性。为方便大家上机，我们迅速编译了大量的工具软件讲义，出版了《电子设计硬件描述语言 VHDL》（1994 年）、《专用集成电路（ASIC）和集成系统（SoC）自动化设计方法》（1997 年）、《SystemC 片上系统设计》（2004 年）、《数字电路与系统教学实验教程》（2010 年）。

基于“CAD 中心”在国内的影响，1994 年机械电子工业部情报所的宋所长与清华大学的“微波与数字通信国家重点实验室 CAD 中心”联合，在《国际电子报》，从 1994 年 09 月 05 日到 1995 年 05 月 08 日，九个月的时间每周用一个版面介绍电子设计自动化。

图 19 清华大学图书馆馆藏《国际电子报》

第一讲

电子设计和电子设计自动化

图 20 1994—1995 年《国际电子报》载文介绍 EDA

长达九个月的讲座，起到了普及 EDA 和推动高校和研究所对 EDA 人才的培养，促进了 20 世纪末很多高校开设 EDA 的课程。另外也为正在用 EDA 做设计的工程师提供了一个交流的平台。

教师凭着对科技的敏锐，尽快把科研的成果转化到教学中，有自己带的研究生协同，可以在项目中培养研究生！这就是所谓的“科研也是教学”吧。反过来“教学也是科研”，尤其是后来和研究生共同承担起“中国数字电视标准”的开发，国外回来的师兄们谈选择我们实验室共同开发“中国数字电视标准”，是因为我们“CAD

中心”有他们在海外研究时所需的开发环境（电子工程系系友杨林、于燕斌和张文函都提到过）。

“中国数字电视标准”前期在“CAD 中心”研发时，先后有 2 位博士生、4 位硕士生和多位本科生和我们一起工作，既要完成项目，又要带学生，很难划分清哪些是在教、哪些是在学、哪些是科研、哪些是教学。因为实验室的确需要高层次的人才！他们也认识到“CAD 中心”确实给了他们发展的空间。

从“863 计划”开始建设 EDA 平台近十年，越来越体会到培养一批高素质的集成电路设计人才的紧迫性，除了写文章介绍集成电路设计的 EDA 工具，还要让更多的高校老师和研究生有机会接触最新的 EDA 设计环境，把清华大学“CAD 中心”的 EDA 平台变成国内高校研究生教学交流的平台。

1995 年在石家庄评审电子工业部 54 所的世行贷款引进项目时，我和华为公司的副总郑宝用（清华校友）闲谈，他提出华为公司想在清华大学设立奖学金，一方面是为了回馈社会；另一方面也是支持人才的培养。我理解郑总的心意，建议郑总支持一个研究生层次的集成电路设计 EDA 工具的电子竞赛，促进高校高层次、创新型人才的培养。于是华为公司出钱，清华大学来组织赛事，立即在“CAD 中心”筹办了首届“华为杯”中国研究生 EDA 竞赛！

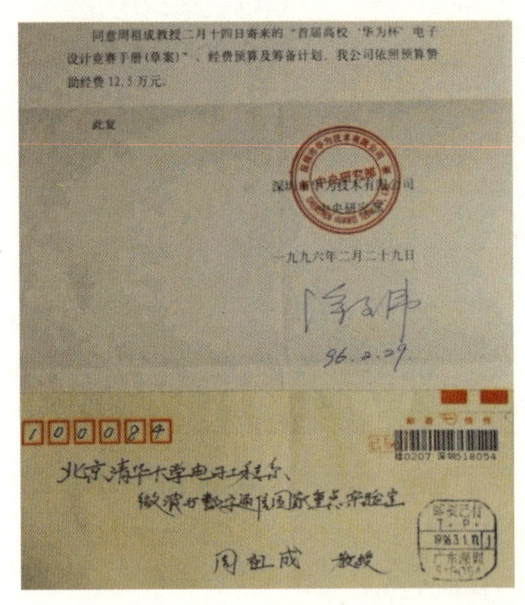
同意周祖成教授二月十四日寄来的“首届高校‘华为杯’电子设计竞赛手册(草案)”、经费预算及筹备计划，我公司依照预算赞助经费 12.5 万元。

此复

深圳市华为技术有限公司
中央研究部
一九九六年二月二十九日

96.2.29

100084
北京清华大学电子工程系
微波与数字通信国家重点实验室
周祖成 教授

图 21　1996 年华为公司徐文纬向清华大学周老师拨款赞助首届“研电赛”的信件

按国家社团管理的规定，必须有一个一级的专业学会参加。中国电子学会和清华大学共同发起“中国研究生的 EDA 竞赛（后来就叫“研电赛”，以区别于大学生的电子设计竞赛）。

“CAD 中心”发起并推动在清华大学承办了前七届全国研究生电子设计竞赛。1996 年全国首届“华为杯”研电赛在“CAD 中心”开赛。全国只有 11 所高校，13 支队伍，近 100 人参加。到 2021 年第十六届研电赛时，全国参赛研究生 15360 人，参赛单位 254 个，参赛队伍 5120 支，全国按地域划分了 8 个分赛区。

从“研电赛”中还独立出来研究生“华为杯”创“芯”大赛。创“芯”大赛也有 500 支队伍参加。在 2010 和 2018 年先后被教育部接纳为“研究生创新实践活动的系列赛事”，并成为赛事的主办方。

华为技术有限公司称赞“周祖成教授是中国研究生电子设计竞赛、中国研究生创‘芯’大赛的发起人和积极推动者”，还给周祖成教授颁发了“突出贡献奖”证书。

图 22 华为公司给周祖成教授颁发“突出贡献奖”证书

我们 25 年来坚持“厂校融合”，以“创意、创新和创业”的三创标准“育星、选星和创芯”，成批量地为信息产业和集成电路产业选出了急需的高端人才。

很欣慰，清华大学的“CAD 中心”还是清华学子学成归来初期的创业落脚的平台。在 2000 年前后回国创业的清华校友胡胜发（清华 1981 级本科）就是从深研院的“深圳清华大学研究院 EDA 实验室”这个平台起步的，实验室为其提供了场地、EDA 工具和 4 名清华本、硕学生。胡胜发的安凯公司现在发展得很好，他始终难忘刚回国创业落脚在“深圳清华大学研究院 EDA 实验室”的经历，并在 2018 年赞助了“华为杯”首届全国研究生创“芯”大赛。

回顾中国集成电路高速发展的 25 年，忆及清华大学“微波与数字通信国家重点实验室 CAD 中心”和它的“EDA 工具平台”和“人才培养平台”，我们做了我们这代人的事，相信我们培养的人一定会“胜于蓝！”

作者简介：

周祖成，清华大学（退休）教授、博士生导师。在职时是清华大学“微波与数字通信国家重点实验室CAD中心”主任。